电子通信行业职业技能等级认定指导丛书

# 广电和通信设备电子装接工（技师、高级技师）指导教程

组　编　工业和信息化部教育与考试中心

主　编　景凤霞

副主编　安立军

参　编　陈光华　陈　强　郝金艳　辛　建
　　　　王　毅　林　蓉　宋春杨

审　核　李瑞华　李　瑞　刘建平



電子工業出版社

Publishing House of Electronics Industry

北京 · BEIJING

## 内 容 简 介

本书以《国家职业技能标准——广电和通信设备电子装接工》为依据，紧紧围绕“以企业需求为导向，以职业能力为核心”的编写理念，力求突出职业技能培训特色，满足职业技能培训与鉴定考核的需要。

本书是广电和通信设备电子装接工（技师、高级技师）职业技能培训与鉴定考核用书，也可供相关人员参加在职培训、岗位培训使用。



**图书在版编目（CIP）数据**

广电和通信设备电子装接工（技师、高级技师）指导教程 / 工业和信息化部教育与考试中心组编. -- 北京 : 电子工业出版社, 2024. 9. -- ISBN 978-7-121-48760-6

Ⅰ. TN914

中国国家版本馆 CIP 数据核字第 2024251VN2 号

责任编辑：蒲　玥
印　　刷：北京七彩京通数码快印有限公司
装　　订：北京七彩京通数码快印有限公司
出版发行：电子工业出版社
　　　　　北京市海淀区万寿路 173 信箱　邮编：100036
开　　本：787×1092　1/16　印张：15.25　字数：390 千字
版　　次：2024 年 9 月第 1 版
印　　次：2024 年 9 月第 1 次印刷
定　　价：55.00 元

# 前　言

当今世界，科学技术迅猛发展，产业技术加速更新换代。随着电子信息产业的转型升级，整个产业对人才培养也提出了新的要求。为促进电子信息产业人才培养与产业需求相衔接，助力“制造强国”“网络强国”建设，工业和信息化部教育与考试中心组织专家以工业和信息化部、人力资源社会保障部发布的电子信息产业相关职业标准为依据，结合电子信息产业新标准、新技术、新工艺等电子行业现行技术技能特点，编写了这套电子通信行业职业技能等级认定指导丛书。

这套书内容包括电子产品制版工、印制电路制作工、液晶显示器件制造工、半导体芯片制造工、半导体分立器件和集成电路装调工、计算机及外部设备装配调试员、广电和通信设备电子装接工、广电和通信设备调试工等国家职业技能标准中的知识和技能。

这套书的编写紧贴国家职业技能标准和企业工作岗位技能要求，以职业技能等级认定为导向，以培养符合企业岗位需求的各级别技术技能人才为目标，以行业通用工艺技术规程为主线，以相关专业知识为基础，以现行职业操作规范为核心，按照国家职业技能标准规定的职业层级，分级别编写职业能力相关知识内容。图书内容通俗易懂、深入浅出、灵活实用，能够使读者更好地掌握本职业的主要技术技能，以满足企业技术技能人才培养与评价工作的需要。

这套书的编写团队主要由企业一线的专业技术人员及长期从事职业能力水平评价工作的院校骨干教师组成，确保图书内容能在职业技能、工艺技术及专业知识等方面得到最佳组合，并突出技能人员培养与评价的特殊需求。

这套书适用于电子行业职业技能等级认定工作，也可作为电子行业企业岗位培训教材以及职业院校、技工院校电子类专业的教学用书。

本书由工业和信息化部教育与考试中心组编，北京电子控股有限责任公司具体编写，并经过相关部门领导和专家的最后审定。本书在编写过程中得到了北京电子控股有限责任公司、中国航天科工集团第三研究院第三十五研究所、北京电子信息技师学院、北京兆维电子（集团）有限责任公司、北京北广科技股份有限公司、北京信息职业技术学院、中国航天科工集团第二研究院六九九厂、中国航天科工集团第三研究院第八三五九所、北京牡丹电子集团有限责任公司、北京自动化控制设备研究所、北京市第五十一职业技能鉴定所，以及部分专家、学者和广大工程技术人员的大力支持与帮助，特此表示感谢。

参加本书编写和编审的主要人员有景凤霞、安立军、陈光华、陈强、郝金艳、辛建、王毅、林蓉、宋春杨、李瑞华、李瑞、刘建平等。

限于编者的水平以及时间等外部条件，书中难免存在疏漏之处，恳请使用本书的企业、培训机构及读者批评指正。

工业和信息化部教育与考试中心

# 目　录

各章练习题
参考答案

# 第 1 章　职业道德

道德，是人类生活所特有的，以善恶为标准，依靠宣传教育、社会舆论、传统习俗和内心信念来调整人与人、人与社会及人与自然之间相互联系的行为规范的总和。职业，是人们从事的比较稳定且有合法收入的工作。职业道德，是同人们的职业活动紧密联系的符合职业特点所要求的道德准则、道德情操与道德品质的总和，它既是对本职人员在职业活动中行为的要求，又是职业对社会所负的道德责任与义务。每个从业人员，不论是从事哪种职业，在职业活动中都要遵守道德。

职业道德是社会主义职业道德的重要组成部分，要求从业者具有较高的思想觉悟、熟练的工作技能和热诚的服务态度。作为高级技术工人职业道德已经成为他们的基本常识，他们的职业道德是多年来所传承下来的精华，并且深入到他们工作中的方方面面。他们还要用自己的言行带动新人，将优良传统继续传承下去。

## 1.1　职业守则

职业守则是从业者在职业工作中的一般职业准则，它体现出从业者的基本素质，提高从业者整体素质，营造积极向上、团结协作、作风严谨、和谐有为的良好氛围，塑造从业者良好职业道德。

### 1.1.1　尽职尽责、精益求精

基本道德规范包括爱国守法、明礼诚信、团结友善、勤俭自强、敬业奉献。

（1）爱国守法：树立国家利益至上的观念，维护祖国的独立和统一、尊严和荣誉，为建设富强、民主、文明、和谐的国家做力所能及的贡献；要求我们自觉遵守国家法律，依法行使公民权利和履行公民义务。

（2）明礼诚信：职业领域和公共场所，能够讲文明、懂礼貌、守规则，行为得体；讲诚实、守信用，诚心待人，诚信处事。

（3）团结友善：团结合作、共同进步；与人为善、友好相处、互相帮助、奋发图强、开拓创新、积极进取的精神。

（4）勤俭自强：保持勤劳节俭、艰苦朴素的生活作风，发扬自力更生、奋发图强、开拓创新、积极进取的精神。

（5）敬业奉献：在职业岗位上，要忠于职守、精益求精、克己奉公、造福社会。

作为从事职业活动的公民应具有以下素质。

（1）一丝不苟，精益求精。

（2）质量第一，用户第一。

（3）遵章守纪，严格操作。

（4）钻研技术，精通业务。

### 1.1.2 遵纪守法

纪律与法律都是人们的行为规范，两者都要求人们遵守。但违纪不一定违法，而违法必定违纪。法律具有规范人们行为的作用。法律作为一种特殊的行为规范，它规定人们应该享有什么权利、履行什么义务，使人们明确哪些行为是合法的、哪些行为是违法的，从而对人们的行为起到规范的作用。法律具有制裁违法犯罪行为、保护公民合法权益的作用。

要从思想上高度认识遵纪守法的重要性，进一步增强“以遵纪守法为荣，以违法乱纪为耻”的观念。遵纪守法是具体的，必须落实到日常生活和工作学习中，从细处着眼，防微杜渐；遵纪守法又是长期的，要持之以恒，贯穿始终；遵纪守法还是自觉的，要转化为自身的实际行动。

遵守中华人民共和国各项法律法规，严守纪律，严格遵守规章制度，维护企业的荣誉与利益。从业者，应以专业标准为尺度，从严要求，规范、专业、高质量完成各项任务。

## 1.2 法律、法规

法律具有协调人与人之间的关系、解决人与人之间的纠纷或矛盾的作用。每个公民应遵守除《中华人民共和国宪法》之外，在工作中为了各个方面的权利义务、保证产品质量，还要求从业者要掌握基本的法律法规。这些法规有《中华人民共和国质量法》《中华人民共和国标准化法》《中华人民共和国环境保护法》《中华人民共和国计量法》《中华人民共和国劳动法》《中华人民共和国劳动合同法》。

## 1.3 爱护设备与工具

作为高级工人，工具在他们的工作中就如同身体的一部分，工具是有生命的，是提高生产效率、提高质量的保证。高级工人可以熟练地操作工具，还能制作专用工具。这些工具是改善生产环节，提高生产质量和效率的保证。

### 1.3.1 爱护设备

在企业中，机器设备是产品生产的重要装备。生产技术部根据企业内的基础设施、设备的实际情况，负责建立管理档案，制定《设备管理制度》，对设施、设备实施全过程的管理。企业的设备保养制度是保证产品质量和人身安全的一种保障。这个保障体系以预防为主，定期进行保养的原则，分为例行保养、一级保养、二级保养、三级保养、季节性保养。

设备保养的分级和作业内容是根据实际运行中设备的工况情况变化、设备的结构、运行的条件、环境条件等来确定的，也是根据零件磨损规律、老化规律，把程度相近的项目集中起来，在达到正常磨损、老化等将被破坏前进行保养，保持设备整洁，发现和消除故障隐患，防止设备早期损坏，达到设备维持正常运行的目的。

设备的例行保养是各级保养的基础，直接关系到运行安全、能源的消耗、机件的使用寿命。例行保养作业由运行操作人负责执行，其作业中心内容以清洁、安全、巡视为主，坚持启动之前、运行中、停机后的检查制度。检查操纵机构、运行机件、安全保护装置的可靠性，维护整机和各总成部位的清洁、润滑油情况、紧固松动件等。

在生产过程中，若发生机械设备故障，则应及时通知设备管理负责人联系检修人员维修，并填写“设备维修记录表”。维修后，经使用人员检验正常运行后再进行正常工作。

### 1.3.2 设备的维护保养

设备的维护保养不是普通工人可以做的。高级工人对复杂的设备进行维护是合理使用设备的重要环节。必须用强制性的保养制度取代那些随坏随修、以修代保、进行频繁的大拆大卸的做法。

设备的维修保养就是在以预防为主的思想指导下，把设备保养作业项目按其周期长短分别组织在一起，分级定期执行，设备的保养分为一级保养、二级保养、三级保养。

1．一级保养

一级保养是各级技术保养的基础，各级技术管理部门必须十分重视一级保养工作的质量，以操作者为主，维修工人配合进行保养。其主要作业内容以清洁、润滑、紧固为主，检查操纵、传动机构及各种阀门，确保指示仪表安全、无异常情况。

2．二级保养

二级保养以清洁、检查、调整、校验为中心内容，由专业维修人员负责执行。除了执行一级保养作业项目，还应检查运动部件的润滑油状况，清洗各类滤清器，检查安全机件的可靠性。消除隐患，调整易损零部件的配合状况，旋转运动部位的磨损程度，校验指示用仪器仪表和控制用仪器仪表、计量用仪器仪表，延长使用寿命，维护设备的技术性能。

3．三级保养

三级保养以解体清洗、检查、调整为中心内容。拆检齿轮变速和电磁变速器，清除污垢、结焦，视需要对各部件进行解体、清洗、检查，清除隐患，排除缺陷。对设备进行全面检查，视需要进行除锈、补漆，对电气设备进行检查、试验。

冬、夏气温相差悬殊，设备的工作条件也发生明显变化。为此，在进入冬夏两季之前，应结合二级保养进行保养作业，以避免因气温变化造成设备性能不良和机件损坏。

### 1.3.3 爱护工具

工具是劳动者的肢体延展部分，它的作用是提供人们无法直接完成的动作。工具可以分成通用工具和专用工具。通用工具是指这类工具在很多操作环境中都在使用的工具。专用工具是指在这个工序、这个行业专属的工具称为专用工具，这类工具一般自行制造。专用工具是提高生产效率、产品质量的必要手段，这类工具也称为工装。

爱护工具体现在不能超范围使用工具。按照规定还要对工具进行保养维护。工具不能超期服役。量具要定期进行校准，如果有磨损必须停用。带有力矩的工具同样需要定期做检定，保证它的力矩精度在技术范围内。

在工作中，违规使用工具是经常存在的，这种行为会影响工具的使用。损坏工具，由于没有使用规定的工具操作，使用了“替代品”，造成这个“替代品”自身的损伤，再去完成它应该做的工作时无法胜任。

# 1.4 爱岗敬业、提高技能

为了满足工作要求，要不断提高自己的核心专业能力，能够胜任复杂的工作要求。要在竞争激烈的环境中保持技术的先进性，需要积极让自己成为“多技能”人才，增加不同技术能力的历练。高级技工钻研业务不但可以提高产品的质量，而且可以对操作的各个环节进行优化，节约工时、节约材料、提高效率。

## 1.4.1 爱岗敬业

认真对待自己的岗位，对自己的岗位负责，尊重自己的岗位职责。

爱岗敬业的具体要求如下。

（1）干一行、爱一行、专一行是正确的职业态度。

（2）树立干一行、爱一行的职业观。

（3）培养干一行、专一行的职业技能意识。

## 1.4.2 提高理论水平和操作能力

提高专业技能，是作为技术工人职业道德的一部分。不断提高产品质量是技术工人的岗位职责，劳动者要不断地提高科学文化水平、丰富生产经验，才能很好地完成自己的工作。先进的劳动技能，才能在生产中发挥更大作用。文化水平、专业素质，影响专业技术的发展。因此，技术工人要加强理论修养，提高专业技能。

技术工人的基础素质是其工作后技能的起点，对技能发展产生重大的影响，也是决定工人工作能力的一个重要方面。对技术工人的第一个要求在“德”上严格要求，对技术工人进行职业道德的教育，增强职工对职业道德意识，把职业道德标准真正运用落实在今后的工作中；对技术工人的第二个要求是要职工有“求实进取”的精神，学习先进的理论基础知识，在实践操作中不断地积累，要有求实进取精神。只有这样的技术工人才是真正意义上合格的技术人才。理论与实践相结合，提高自己的业务技能水平，这样才能成为技术骨干力量。提高技术工人的技能不可能一蹴而就，这需要个人和企业的共同努力，积极营造条件，注重技术工人的技能提高，坚持把此项工作作为持之以恒、不懈努力的一项重要的战略性工作任务来抓。

# 1.5 团结协作、听从调度

团队作为一个合作单元，它的运转有赖于员工的良好协作、部门的协调配合。随着社会化大生产时代的到来，团队的规模越来越大，内部分工越来越细，为了保证部门和员工都能围绕团队的目标和意愿进行，就必须要求部门与员工具有强烈的协调意识。一个团队、一个单位里，部门与部门、员工与员工之间的关系不是脱节、孤立的，而是相互依存、相互影响、相互联系的关系。处理好团队合作中部门与部门、员工与员工之间的关系，对于形成组织系统的合力、促进科研生产具有重大意义。

如果不是齐心协力、相互配合，而是各自为战、缺乏协调，那么在工作中遇到麻烦或遇到失误后，部门之间、员工之间不是从自身找原因，而是相互推诿、相互扯皮。在面对利益的时候，便蜂拥而上，争抢不休，没有一点协作与大局意识。还有一种现象“各扫门前雪”，仅从自己的利益出发，不能从整体角度考虑，团队的利益得不到充分保证。关系的融洽，反映着一个团队运转是否有序，管理是否高效。

### 1.5.1 团结协作

要做到团结协作有以下几种方法。

（1）建立和谐关系，创造良好的人际氛围。同事、领导之间形成和谐的信赖的关系，那么同事、领导相处的气氛就会更融洽，更有助于形成相互尊重、理解的工作氛围和友好的工作环境，可以最大限度地发挥员工的聪明才智和工作热情。

（2）积极参与集体活动，增强团结协作精神。参加集体活动可以增强团队的团结协作意识，进而产生协同效应。在遇到困难的时候就能集体想办法、出主意，积聚集体的智慧和力量。

（3）营造你追我赶、力争上游的工作氛围。竞争是保持团队锐气的必要条件，它能促使团队在学习上更努力、工作上更用心、作风上更顽强，从而加快前进的步伐。提倡团队的协作精神和互补精神，就是要在目标一致的前提下团结起来，携手协作，力争做出一流的成绩。

（4）充分信任同事和周围的人。信任别人是一种良好的美德。在与同事相处时，一定要给予充分的信任，同时自己要谦虚一点、宽容一点、主动一点。要圆满完成既定的各项任务，就要搞好团结协作，才能把工作做得更好。

### 1.5.2 听从调度

调度，意思为调动，调度工作是企业管理工作中的一个重要组成部分。调度室是企业科研生产的指挥中心，是协助企业领导组织日常安全生产的指挥部和参谋部，是联结企业生产各环节和各职能部门的枢纽，是企业实现现代化管理的重要手段。

调度人员负责统筹安排生产工作，统一安排生产资源。

调度工作的范围如下。

（1）严格执行企业规章及有关安全生产的规定、指示、命令、组织安全生产。对威胁安全生产的重大问题及时下达调度命令，组织有关部门和单位采取措施积极处理，处理好各类事故的组织抢救和分析处理工作。

（2）组织好各部门、各生产环节之间的协调配合，解决生产过程中出现的问题，确保各项生产经营指标的完成。

（3）深入现场调查研究，全面了解现场安全生产状态，为科学安排安全生产提供资料，确保信息畅通、调度得当、运转有序。

（4）认真做好上情下达、下情上报工作，这是调度工作的原则，也是开展各项工作的重要前提和根本保证。对指示、工作安排或上级通知、通报及时地、不折不扣地下达，随时督促、检查执行情况，认真做好记录。对基层汇报的情况和问题，要及时汇报。建立完整的原始记录，调度资料要定期归档保管。

# 练 习 题

## 一、单选题

1. 关于道德，准确的说法是（　　）。
   A. 道德就是做好人好事
   B. 做事符合他人利益就是有道德
   C. 道德是处理人与人、人与社会、人与自然之间关系的特殊行为规范
   D. 道德因人、因时而异，没有确定的标准

2.（　　）是公民道德建设的核心。
   A. 集体主义　　B. 爱国主义　　C. 为人民服务　　D. 诚实守信

3. 关于职业道德，正确的说法是（　　）。
   A. 职业道德有助于增强企业凝聚力，但无助于促进企业技术进步
   B. 职业道德有助于提高劳动生产效率，但无助于降低生产成本
   C. 职业道德有利于提高员工职业技能，增强企业竞争力
   D. 职业道德只是有助于提高产品质量，但无助于提高企业信誉和形象

4. 职业道德的“5 个要求”既包含基础性的要求也有较高的要求。其中最基本的要求是（　　）。
   A. 爱岗敬业　　B. 诚实守信　　C. 服务群众　　D. 办事公道

5. 在职业活动中，有的从业人员将享乐与劳动、奉献、创造对立起来，甚至为了追求个人享乐，不惜损害他人和社会利益。这些人所持的理念属于（　　）。
   A. 极端个人主义的价值观　　B. 拜金主义的价值观
   C. 享乐主义的价值观　　D. 小团体主义的价值观

6. 职业化是职业人在现代职场应具备的基本素质和工作要求，其核心是（　　）。
   A. 对职业道德和职业才能的重视　　B. 职业化技能的培训
   C. 职业化行为规范的遵守　　D. 职业道德的培养和内化

7. 下列说法正确的是（　　）。
   A. 职业道德素质差的人，也可能具有较高的职业技能，因此职业技能与职业道德没有什么关系
   B. 相对于职业技能，职业道德居次要地位
   C. 一个人事业要获得成功，关键是职业技能
   D. 职业道德对职业技能的提高具有促进作用

8．下列关于职业道德与职业技能关系的说法，不正确的是（　　）。

A．职业道德对职业技能具有统领作用

B．职业道德对职业技能有重要的辅助作用

C．职业道德对职业技能的发挥具有支撑作用

D．职业道德对职业技能的提高具有促进作用

9．既是一种职业精神，又是职业活动的灵魂，还是从业人员的安身立命之本的是（　　）。

A．敬业　　B．节约　　C．纪律　　D．公道

10．企业在确定聘任人员时，为了避免以后的风险，一般坚持的原则是（　　）。

A．员工的才能第一位　　B．员工的学历第一位

C．员工的社会背景第一位　　D．有才无德者要慎用

## 二、判断题

1．忠诚要求从业者履行职责时不能带有私心或以权谋私。（　　）

2．坚持团队精神意味着当自主与协作发生冲突时，放弃自主，配合团队。（　　）

3．职业化管理是使从业者在职业道德上符合要求，在文化上符合企业规范。（　　）

4．敬业是企业的重要无形资产，是其竞争力的重要组成部分，是企业壮大的一部分。（　　）

5．职业纪律是企业内部的规定，与国家法律无关。（　　）

# 第 2 章 法律法规

## 2.1 《中华人民共和国产品质量法》的相关知识

扫码查阅

1993 年 2 月 22 日第七届全国人民代表大会常务委员会第三十次会议通过。根据 2000 年 7 月 8 日第九届全国人民代表大会常务委员会第十六次会议《关于修改〈中华人民共和国产品质量法〉的决定》第一次修正。根据 2009 年 8 月 27 日第十一届全国人民代表大会常务委员会第十次会议《关于修改部分法律的决定》第二次修正。根据 2018 年 12 月 29 日第十三届全国人民代表大会常务委员会第七次会议《关于修改〈中华人民共和国产品质量法〉等五部法律的决定》第三次修正。

## 2.2 《中华人民共和国标准化法》的相关知识

扫码查阅

国家对现代化生产进行科学管理的有关标准化的法律规范的总称。主要内容包括：标准化机构的设置和权限；标准编制的对象和程序；标准化的纲要和计划；标准的应用范围；推广新标准的时间；贯彻标准化的制度、责任以及违反标准化规定时的处罚等。

## 2.3 《中华人民共和国环境保护法》的相关知识

扫码查阅

中华人民共和国环境保护法是为保护和改善环境，防治污染和其他公害，保障公众健康，推进生态文明建设，促进经济社会可持续发展，制定的法律。由中华人民共和国第十二届全国人民代表大会常务委员会第八次会议于 2014 年 4 月 24 日修订通过，自 2015 年 1 月 1 日起施行。

## 2.4 《中华人民共和国计量法》的相关知识

《中华人民共和国计量法》是为了加强计量监督管理，保障国家计量单位制的统一和量值的准确可靠，有利于生产、贸易和科学技术的发展，适应社会主义现代化建设的需要，

扫码查阅

维护国家、人民的利益，而制定的法律。

1985 年 9 月 6 日第六届全国人民代表大会常务委员会第十二次会议通过。根据 2018 年 10 月 26 日第十三届全国人民代表大会常务委员会第六次会议《关于修改〈中华人民共和国野生动物保护法〉等十五部法律的决定》第五次修正。

## 2.5 《中华人民共和国劳动法》与《中华人民共和国劳动合同法》的相关知识

扫码查阅

《中华人民共和国劳动法》共有 13 章，分别是总则、促进就业、劳动合同和集体合同、工作时间和休息休假、工资、劳动安全卫生、女职工和未成年工特殊保护、职业培训、社会保险和福利、劳动争议、监督检查、法律责任、附则，具体阐述了劳动者的权利与义务。

为了保证劳资双方的权益，《中华人民共和国劳动合同法》明确地阐述了劳资双方的关系。

## 练习题

**单选题**

1.《中华人民共和国产品质量法》规定产品质量责任包括（　　）。

A．企业赔偿责任、商家赔偿责任

B．产品责任、民事责任、行政责任、刑事责任

C．一切责任

D．法律责任

2. 按《中华人民共和国产品质量法》规定，销售者的下列行为可以减轻或从轻处罚的是（　　）。

A．不知道该产品是《中华人民共和国产品质量法》禁止销售的产品

B．提供出产品的进货渠道

C．举报出该产品的生产窝点

D．有证据证明其不知道该产品为禁止销售的产品，并如实说明其进货渠道

3. 未经（　　）批准，不得制造、销售和进口国务院规定废除的非法定计量单位的计量器具和国务院禁止使用的其他计量器具。

A．国务院计量行政部门

B．县级以上人民政府计量行政部门

C．省级以上人民政府计量行政部门

D．市以上人民政府计量行政部门

4. 计量器具新产品定型鉴定由（　　）进行。

A. 计量行政部门授权的技术机构　　B. 检定机构

C. 法定计量检定机构　　D. 企业自主检定

5. 计量检定应遵循的原则是（　　）。

A. 统一准确　　B. 经济合理、就近就地

C. 严格执行计量检定规程　　D. 计量法的规定

6. 根据《中华人民共和国标准化法》，在下列需要统一的技术要求中，应当制定标准的是（　　）。

A. 工业产品的品种、规格、质量、等级或者安全、卫生要求

B. 工业产品的设计、生产、检验、包装、储存、运输、使用的方法或者生产、储存、运输过程中的安全、卫生要求

C. 建设工程的设计、施工方法和安全要求

D. A、B、C 全是

7. 根据《中华人民共和国标准化法》，企业生产的产品没有国家标准和行业标准的，应当制定（　　）标准，作为组织生产的依据。

A. 地方　　B. 企业　　C. 部门　　D. 综合

8. 劳动合同依法被确认无效，给对方造成损害的，（　　）应当承担赔偿责任。

A. 用人单位　　B. 有过错的一方　　C. 劳动者　　D. 工会

9. 劳动者在下列情况中，应当按照约定向用人单位支付违约金的是（　　）。

A. 劳动者违反竞业限制约定　　B. 劳动者违反服务期约定

C. 劳动者违反用人单位规章制度　　D. 劳动者被判承担刑事责任

10. 环境保护法特征有（　　）。

A. 律制度在规范的组成上具有系统性

B. 法律制度在适用的对象上具有特定性

C. 法律制度在执行中具有强制性

D. 以上都是

# 第3章 基础知识

## 3.1 机械、电气识图知识

### 3.1.1 机械加工夹具

**1．夹具的定义**

在机械制造业中广泛采用能迅速将工件固定在准确位置上并完成对工件的切削加工、检验、装配、焊接等工作的工艺装备，称为夹具，例如机床夹具、检验夹具、装配夹具、焊接夹具等。

**2．夹具的作用**

（1）能稳定地保证工件的加工精度。用夹具装夹工件时，工件相对于刀具及机床的位置精度由夹具保证，不受工人技术水平的影响，使一批工件的加工精度趋于一致。

（2）能减少辅助工时，提高劳动生产效率。使用夹具装夹工件方便、快速，工件不需要画线、找正，可显著地减少辅助工时；工件在夹具中装夹后提高了工件的刚性，可加大切削用量；可使用多件、多工位装夹工件的夹具，并可采用高效夹紧机构，进一步提高劳动生产效率。

（3）减轻工人操作强度，降低对工人的技术要求。在工件加工中采用夹具，取消了复杂的画线、找正工作，且采用了增力、机动等夹紧机构，使装夹工件省时省力，降低了工人的操作强度及对工人的技术要求。

（4）能扩大机床的使用范围，实现一机多能。根据加工机床的成形运动，附以不同类型的夹具，即可扩大机床原有的工艺范围。例如，在车床的溜板上或摇臂钻床工作台上装上镗模，就可以进行箱体零件的镗孔加工。

**3．机床夹具的分类**

（1）按夹具的应用分为通用夹具、专用夹具、可调夹具、组合夹具、随行夹具等。

① 通用夹具：指结构已经标准化，且有较大适用范围的夹具。

② 专用夹具：针对某一工件的某道工序专门设计制造的夹具。

③ 可调夹具：通过更换或调整夹具上的个别零件，就可满足相同或相似结构，但具有不同结构尺寸工件加工需求的一类夹具。

④ 组合夹具：用一套预先制造好的标准元件和合件组装而成的夹具。

⑤ 随行夹具：自动线加工中，随同工件按加工工艺需要一起移动的夹具。

（2）按机床类型分为车床夹具、钻床夹具、铣床夹具、磨床夹具、镗床夹具和组合机床夹具等。

（3）按夹具所用夹紧动力源分为手动夹具、气动夹具、液压夹具、气液联动夹具、电磁夹具、真空夹具等。

### 3.1.2 电气电路图

为了准确、清晰地表达无线电和电子设备的电路结构，使看图者能够正确、方便地理解电路图的内容，绘制电路图时除了要使用统一的图形符号和文字符号，还应遵循一定的画法规则。

#### 1. 信号处理流程的方向

信号处理流程方向是指电路中所处理的信号（包括信息信号和控制信号），从最初的输入端到最终的输出端的走向。虽然各种电路图的结构功能和复杂程度千差万别，有的电路图只有简单的一条信号通道，有的电路图具有多条互相牵涉的信号通道，但是仍存在一些基本的规则。

1）一般电路的信号处理流程方向

电路图中信号处理流程的方向一般为从左到右，即将先后对信号进行处理的各个单元电路按照从左到右的方向排列，这是最常见的排列形式之一。另外，也有些电路图的信号处理流程按照从上到下的方向排列。例如，图 3-1 所示超外差收音机电路框图，其信号处理流程就是典型的从左到右排列。无线电信号从左边天线 W 处输入，依次经变频、中放、检波、低放、功放，最后从右边扬声器 BL 处输出声音。

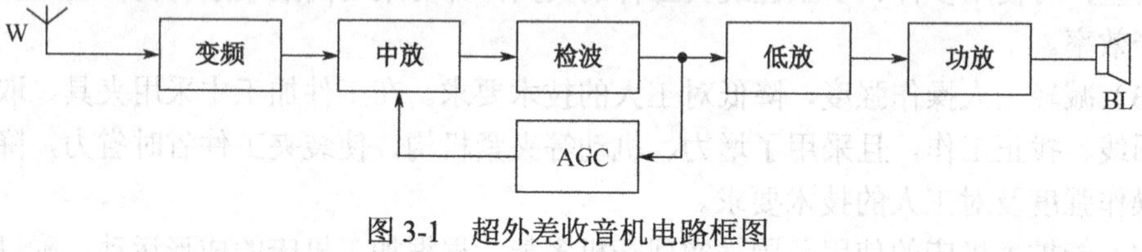


图 3-1　超外差收音机电路框图

2）反馈电路的信号处理流程方向

有些电路图中具有反馈电路，反馈信号的流程方向一般与主电路通道的流程方向相反，即如果主电路的信号处理流程方向为从左到右，则反馈信号的流程方向为从右到左；如果主电路的信号处理流程方向为从上到下，则反馈信号的流程方向为从下到上。例如，在图 3-1 中，自动增益控制电路（AGC）是一反馈电路，反馈信号的流程方向为从右到左，与主电路的信号处理流程方向相反。

对某些较复杂的电路图，由于某种原因，在总体符合以上规则的情况下，部分信号处理的流程做了逆向的安排，但通常会用箭头符号指示出流程方向。例如，图 3-2 所示电子钟电路框图，为了符合人们看图时的“时”“分”“秒”的视觉习惯，就采用了从右到左、从下到上的非常规的信号流程方向。

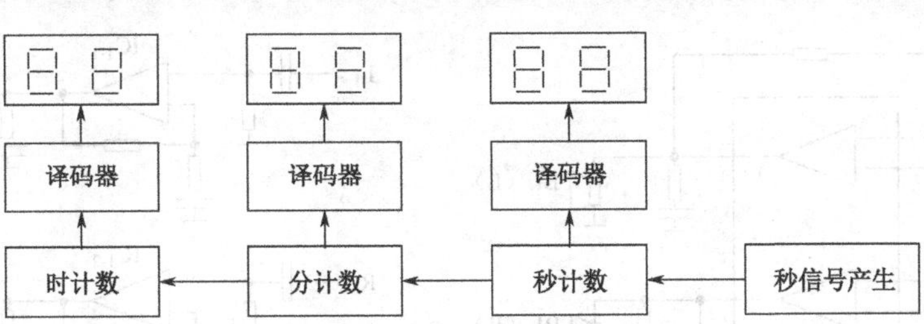

图 3-2 电子钟电路框图

## 2. 图形符号的位置与状态

元器件图形符号在电路图中的方位可以根据绘图需要放置，既可以横放，也可以竖放；既可以朝上，也可以朝下；还可以旋转或镜像翻转。例如，NPN 型晶体管符号在电路图中就可以有多种方位的画法，如图 3-3 所示。

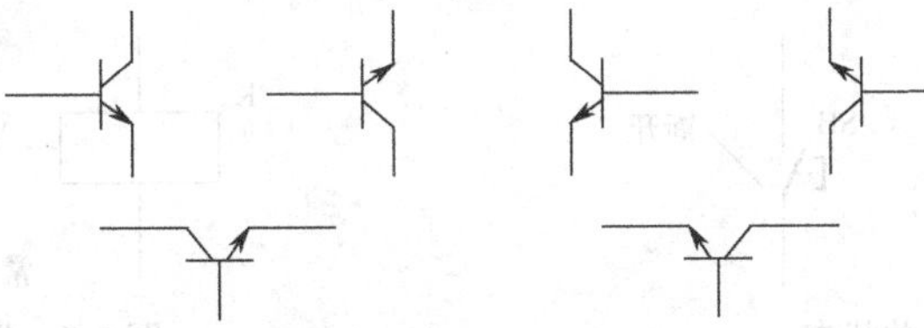
图 3-3 晶体管符号的方位

1）集中画法与分散画法

有些元器件包括若干组成部分，在电路图中可以根据需要采用集中画法或分散画法，下面对这两种情况进行具体说明。

（1）该元器件具有多个同时动作的部件，如波段开关、多组触点的继电器等。以多组联动的波段开关为例，既可以把各组开关集中画在一起，并用虚线相连表示联动，如图 3-4（a）所示，也可以把各组开关分别画在它们控制的电路附近，用文字符号“$S_{1-1}$”“$S_{1-2}$”“$S_{1-3}$”表示它们是同属 $S_1$ 的多组联动开关，如图 3-4（b）所示。

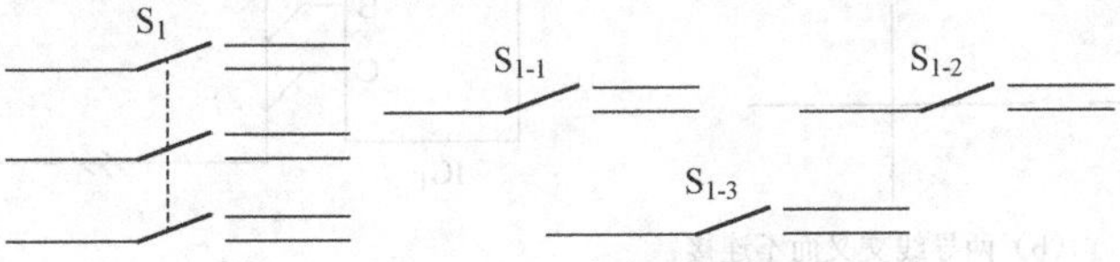

（a）集中画法 （b）分散画法

图 3-4 波段开关的两种画法

（2）该元器件包含若干独立单元，这种情况以集成电路为多，如双功放、四运放、六反相器等。以双功放集成电路为例，如图 3-5 所示，一般来讲，较简单的电路图多采用集中画法，较复杂的电路图通常采用分散画法。

2）操作性器件的状态

开关、继电器等具有可动部分的操作性器件，在电路图中的图形符号所表示的均为不工作的状态，即开关处于断开状态（图 3-6）；继电器处于未吸合的静止状态，其常开触点处于断开位置，其常闭触点处于闭合位置（图 3-7）。

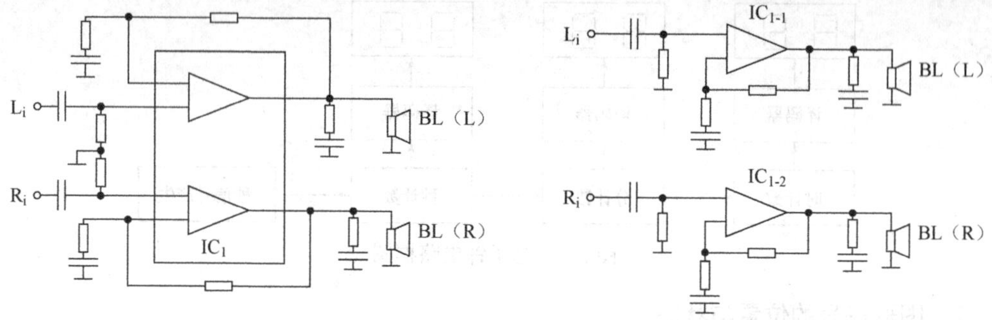


（a）集中画法　　（b）分散画法

图 3-5　双功放集成电路的两种画法

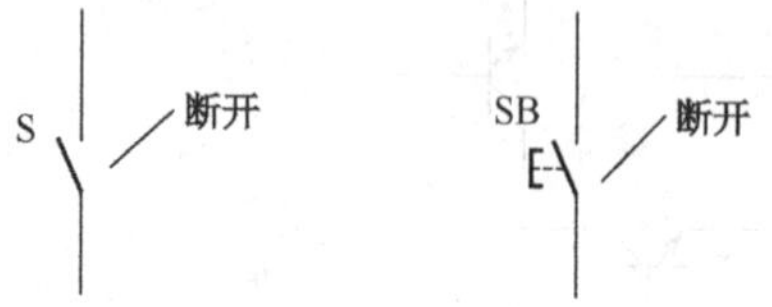


图 3-6　开关状态

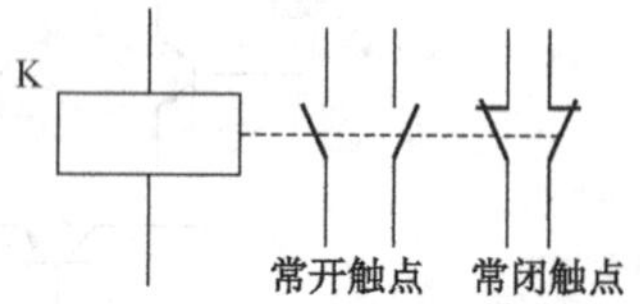


图 3-7　继电器状态

3）连接导线的表示方法

元器件之间的连接导线在电路图中用实线表示，导线的连接与交叉画法如图 3-8 所示。图 3-8（a）所示的横竖两导线交点处画有一圆点，表示两导线连接在一起；图 3-8（b）所示的两导线交点处无圆点，表示两导线交叉而不连接。连接导线也可以用简化的画法，图 3-9 中 $IC_1$ 与 $IC_2$ 之间的连线上画有 3 道小斜杠，表示这里有 3 条导线分别将 $IC_1$ 与 $IC_2$ 的 A 与 A、B 与 B、C 与 C 连接在一起，而这 3 条导线之间并不连接。

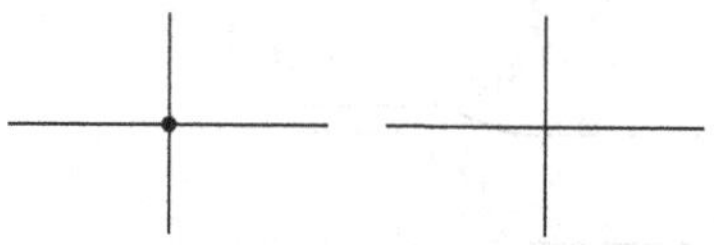

（a）两导线连接　（b）两导线交叉而不连接

图 3-8　导线的连接与交叉画法

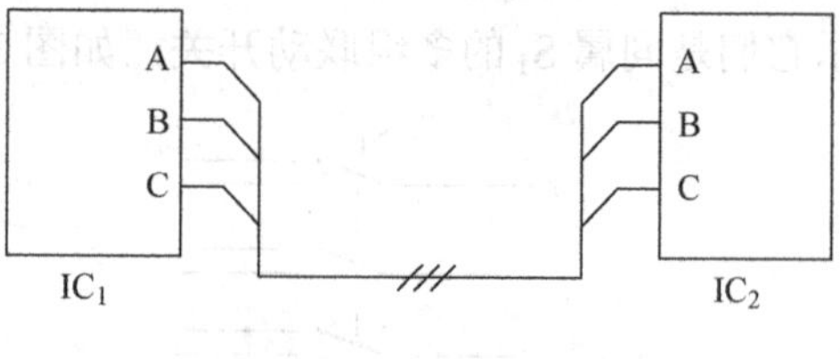


图 3-9　导线的简化画法

当连接导线的两端相距较远、中间相隔较多的图形区域时，可以采用中断加标记的画法。例如，在图 3-10 中，$IC_1$ 的 B 端与 $IC_2$ 的 G 端之间的连接导线采用了中断画法，并在中断的两端标注相同的标记“a”，分析电路图时应理解为两个“a”端之间有一条连接导线。某些元器件之间具有非电的（如机械的）联系，则用虚线在电路图上表示出来。在图 3-11 所示的收音机电路图中，用虚线将音量电位器 $R_P$ 与电源开关 S 联系起来，表示电源开关 S 受音量电位器 $R_P$ 的控制，它们是一个联动的带开关电位器。

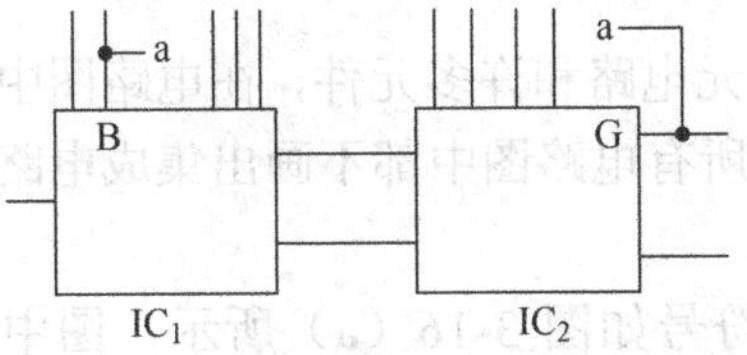


图 3-10 导线中断画法

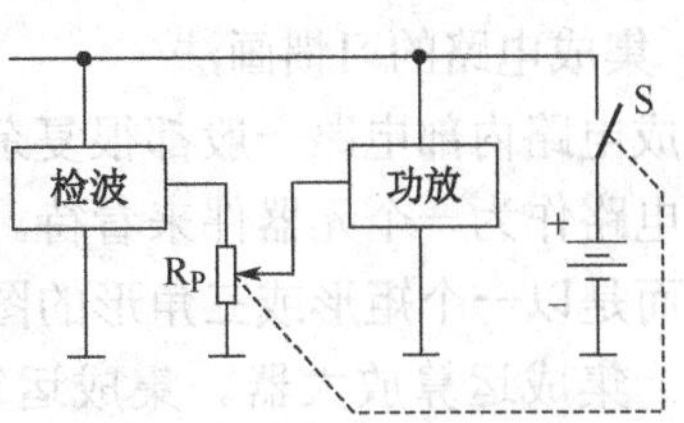


图 3-11 收音机电路图

4）电源线与地线的表示方法

图中通常将电源线或双电源中的正电源线安排在元器件的上方，将地线或双电源中的负电源线安排在元器件的下方，如图 3-12 所示。一般情况下，接地符号是向下引出的，但有时出于绘图布局上的需要，接地符号也可以向上、向左或向右引出，如图 3-13 所示。

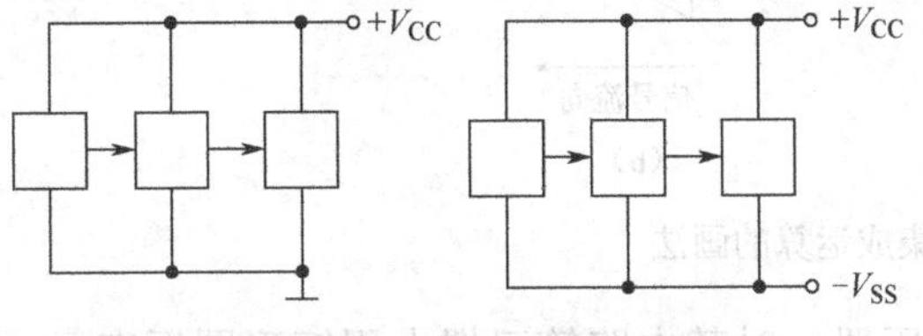


（a）单电源 （b）双电源

图 3-12 电源线与地线的安排

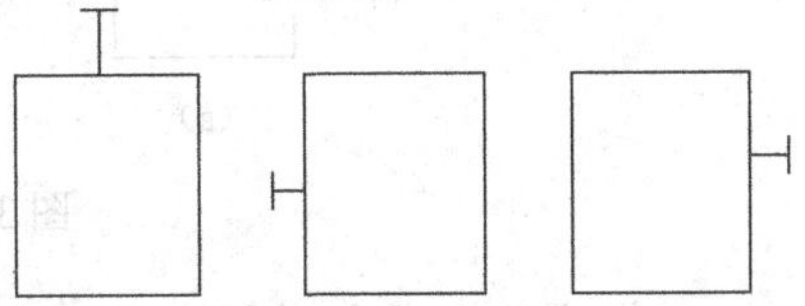

图 3-13 接地符号的位置

在较复杂的电路图中往往不将所有地线连在一起，而代之以一个个孤立的接地符号［图 3-14（a）］，所有地线符号应理解为是连接在一起的［图 3-14（b）］。有些电路图中的电源线也常采用这种分散表示的画法，同样应理解为所有标示相同（如都是+9 V）的电源线都是连接在一起的。

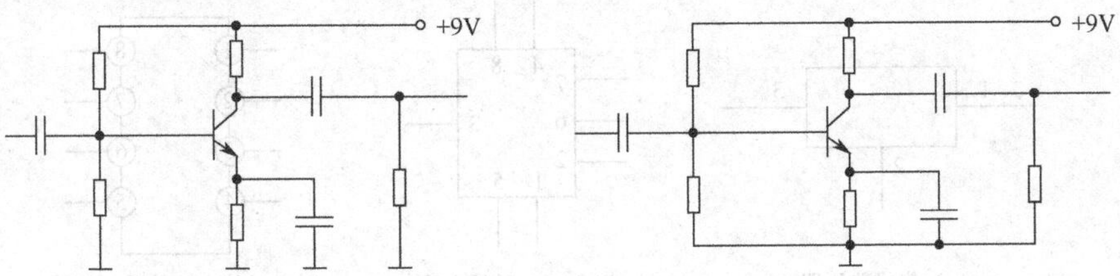


（a） （b）

图 3-14 地线的画法

通常电路图中不画出集成运放及数字集成电路的电源线，因为这不影响分析电路功能，但分析电源电路和实际制作时不能忘记其电源线，如图 3-15 所示。

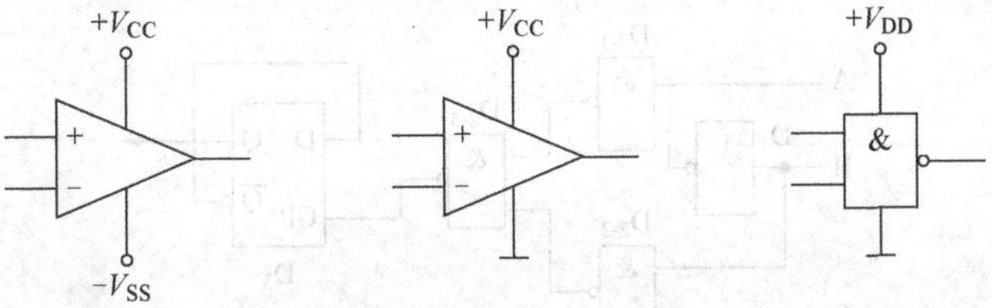


图 3-15 集成电路的电源线

5）集成电路的习惯画法

集成电路内部电路一般都很复杂，包含若干单元电路和许多元件，在电路图中通常只将集成电路作为一个元器件来看待。因此，几乎在所有电路图中都不画出集成电路的内部电路，而是以一个矩形或三角形的图框来表示。

（1）集成运算放大器。集成运算放大器图形符号如图 3-16（a）所示，图中“▷”表示信号的传输方向，“∞”表示理想条件，其左侧有正、负两个信号输入端，右侧为输出端。图 3-16（b）所示为习惯通用符号，三角形图框的顶点方向为信号处理流程的方向。

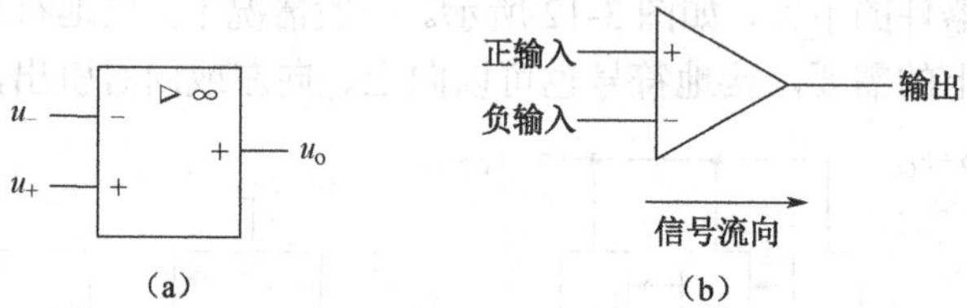


图 3-16　集成运算的画法

（2）集成稳压器和时基电路。集成稳压器、时基电路等习惯上用矩形图框表示，如图 3-17 所示。各引出端均标注引脚编号，引出端功能需查阅相关资料。引脚编号可以标注在矩形图框外［图 3-17（a）］，也可以标注在矩形图框内［图 3-17（b）］，还可以标注在矩形图框上［图 3-17（c）］。矩形图框上的各引脚可以按顺序排列［图 3-17（c）］，也可以根据绘图需要不按顺序排列［图 3-17（b）］。绝大多数集成电路都采用这种矩形图框表示法。

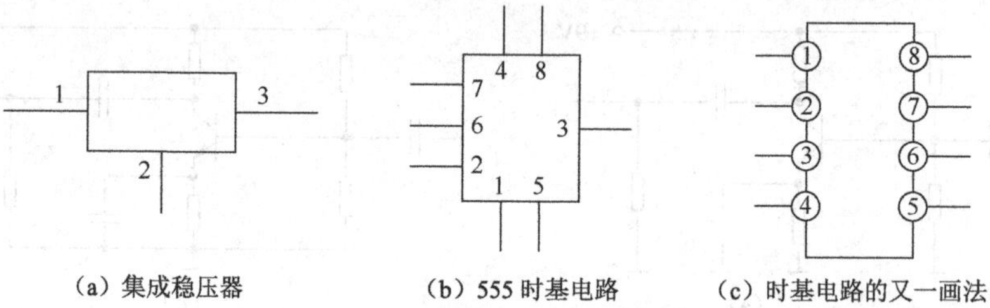


图 3-17　矩形图框表示的集成电路

（3）数字集成电路。数字集成电路在电路图中一般采用分散画法，直接用逻辑图形符号表示。门电路、触发器等都采用这种画法，如图 3-18 所示。

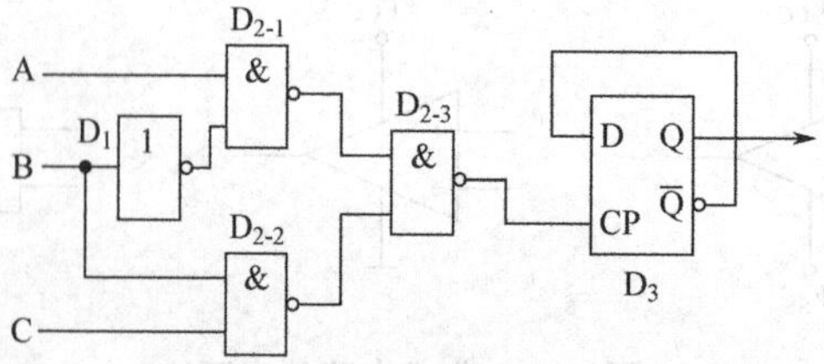


图 3-18　门电路与触发器的画法

# 3.2 常用电工、电子元器件的基础知识

## 3.2.1 新型电子元器件

### 1. 发光二极管

发光二极管是采用磷化镓或砷化镓等半导体材料制成的。发光二极管与普通二极管一样都由 PN 结构成，具有单向导电性，但发光二极管不是用它的单向导电性，而是让它发光作为指示器件的。发光颜色以红、绿、黄、橙、蓝等单色为主，也有一些能发出双色和三色光的发光二极管。国产发光二极管有 FG、BT、LET 等系列。发光二极管应用得十分广泛，不仅手机、电视机中的指示灯采用发光二极管，而且路口的红绿灯也采用高亮度发光二极管替代白炽灯。

### 2. 红外发光二极管

红外发光二极管的结构、原理与普通发光二极管基本一样。它们都只有一个 PN 结，只是两者所用的材料不同。红外发光二极管的材料为铝砷化镓，其光波波长为 940nm 左右，属于红外波段。红外发光二极管有全塑封装和透明的黑色树脂封装两种。红外发光二极管应用得十分广泛，如各种遥控器的发射管均采用红外发光二极管。另外，它与光敏器件配合使用可制成光耦合器。

### 3. 激光二极管

激光二极管是一种能将电能转换成激光束的新型器件，它采用双异质结构的镓铝砷三元化合物或铟镓铝磷四元化合物构成，激光二极管的额定功率为 3～5W，其光波波长为 630～780nm，其中 LD、CD 中的激光二极管波长为 780nm，而 DVD 中的激光二极管波长是 630nm 或 650nm。激光二极管的应用十分广泛，如用于条形码阅读器、激光打印机、视频光盘设备和测量仪器的瞄准指示等方面。

### 4. 光电二极管

光电二极管（也称为光敏二极管）是一种光电转换器件，其结构与普通二极管类似，只是在接收光照的部分加上一个透明窗口，其他部分用金属和塑料封装。常见的光电二极管有硅 PN 结型、锗雪崩型和肖特基型，其中硅 PN 结型应用得最多，光电二极管的型号有 2DU、2CU 两种，其光谱范围为 400～1000nm。光电二极管的基本原理是：光照到 PN 结时，PN 结吸收光能并转换为电能，它有以下两种工作状态。

（1）当光电二极管加上反向电压时，二极管的反向电流将随光照的强度而改变，而且光照强度越大，反向电流越大。它一般都在这种状态下使用。

（2）当光电二极管不加电压时，利用 PN 结在受光照时产生正向压降的原理，把它用作微型光电池。

光电二极管广泛用于红外遥控接收、光纤通信、光电转换仪器等方面。

### 5. 光电三极管

光电三极管（也称为光敏三极管）也是一种光电转换器件，它与普通三极管一样具有两个 PN 结，采用半导体材料制成。为了更好地实现光电转换，它的基区面积比普通三极管大，而发射区面积小。光电三极管只引出集电极和发射极两个引脚，光窗口是基极。光电三极管具有电流放大作用，适用于光电检测、光电传感器等方面。使用时，一般加上红色有机玻璃滤光，减少环境光的影响。

### 6. 光耦合器

光耦合器是以光为媒介、用来传输电信号的器件。它将发光器与受光器封装在同一管壳内，当输入端加上电压时，发光器发出光线，受光器接收光照后便会产生光电流，由输出端输出，从而实现了电-光-电的转换。常用的光耦合器有光电二极管型和光电三极管型，其电路符号如图 3-19 所示。在光耦合器中发光器就是发光二极管，受光器就是光电二极管、光电三极管。由于光耦合器具有抗干扰能力强、使用寿命长、传输效率高等优点，可被广泛用于电气隔离、电平转换、固态继电器、仪器仪表等电路中。

（a）光电二极管型　（b）光电三极管型

图 3-19　光耦合器的电路符号

### 7. LED 数码管

LED 数码管是一种最常见的数字显示器件，它以发光二极管为基础，把发光二极管制成条形，再按照共阴极或共阳极的方式连接，组成数字“8”，然后封装在同一管壳内。图 3-20 所示为 LED 数码管的笔段排列及内部电路结构。图 3-20（b）所示为共阳极连接方式，当笔段电极接低电平、阳极接高电平时，相应笔段可以发光。图 3-20（c）所示为共阴极连接方式，当阳极接低电平、笔段电极接高电平时，相应笔段发光。使用时，按规定使某些笔段的二极管发光，即可组成 0～9 的一系列数字，而且笔段电极都要外接限流电阻。

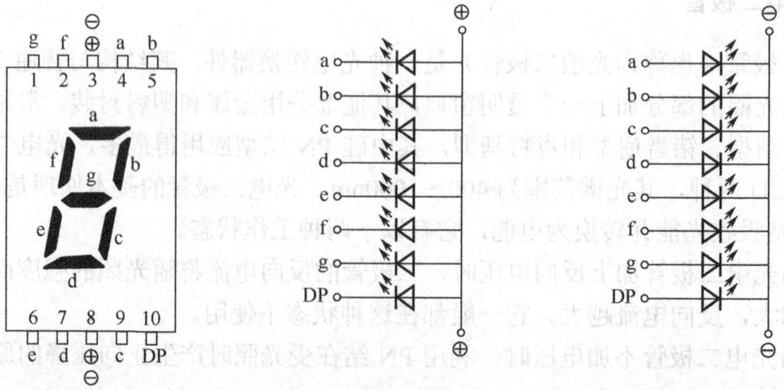


（a）LED 数码管外形　（b）共阳极连接　（c）共阴极连接

图 3-20　LED 数码管的笔段排列及内部电路结构

LED 数码管具有体积小、质量轻、亮度高、抗冲击性能好、寿命长等特点，因此它被广泛用于数字仪器仪表、数控装置、计算机的数显器件。

### 3.2.2 特殊电子元器件检测

#### 1. 稳压二极管性能检测

稳压二极管是指在电路中专门用来起稳定电压作用的二极管，简称稳压管。稳压二极管在反向击穿前的导电特性与普通的整流、检波二极管相似，因此可以通过检测正、反向电阻值的方法，判别它的正、负极。下面介绍稳压二极管与普通二极管的区分方法及稳压值的简易检测方法。

1）稳压二极管与普通二极管的鉴别

常用稳压管的外形与普通小功率整流二极管相似，外形及图形符号如图 3-21 所示。使用万用表就可以很方便地辨别其型号。首先把被测二极管的正、负极性判断出来。然后将万用表拨在 $R\times10k\Omega$ 挡上，黑表笔接二极管的负极，红表笔接二极管的正极，若此时的反向电阻值变得很小，则说明该管为稳压管；反之若测出反向电阻值仍很大，则说明该管为整流或检波二极管。这是因为万用表的 $R\times1\Omega$、$R\times10\Omega$、$R\times100\Omega$、$R\times1k\Omega$ 挡内部使用的电池为 1.5V，一般不会将二极管击穿，所以测出的反向电阻值比较大。而用 $R\times10k\Omega$ 挡时，内部电池的电压一般都在 9V 以上。当被测稳压管的击穿电压低于该值时，可以被反向击穿，使其电阻值大大减小。对于反向击穿电压值较大的稳压管，可换用内部电池电压更高的万用表进行检测。

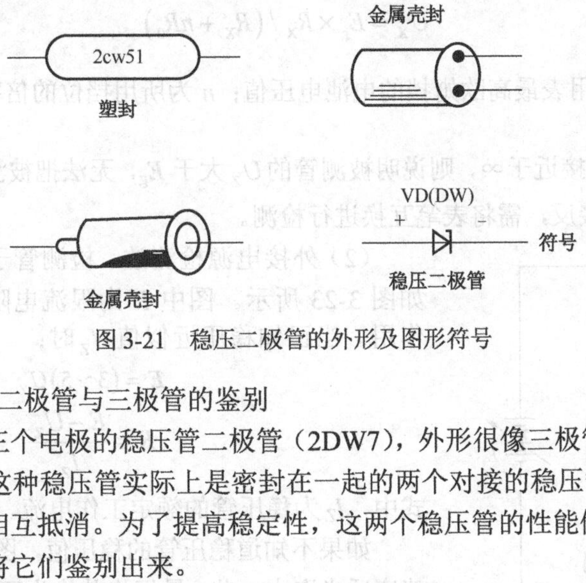


图 3-21 稳压二极管的外形及图形符号

2）三电极稳压二极管与三极管的鉴别

目前有一种有三个电极的稳压管二极管（2DW7），外形很像三极管，其外形及内部结构如图 3-22 所示。这种稳压管实际上是密封在一起的两个对接的稳压管，这样可以使两个稳压管的温度系数相互抵消。为了提高稳定性，这两个稳压管的性能做得比较对称，根据这一点可以方便地将它们鉴别出来。

具体检测方法是：将万用表首先拨在 $R\times10\Omega$ 或 $R\times100\Omega$ 挡上，黑表笔接管子的任意电极，红表笔依次接其余的两个电极。若同时出现阻值几百欧姆且比较对称的情况，则可基本断定该管子为稳压管，而且黑表笔所接触的电极为中心端③。然后再将万用表拨在 $R\times10k\Omega$ 挡上，红表笔接刚测出的电极③，黑表笔依次接触其余两个电极，若阻值都变得很小而且比较对称，则可进一步断定该管子为稳压管。与此相反，若①、②两电极对③虽然有较小的正向电阻，但是很不对称，而且在 $R\times10k\Omega$ 挡上也没有击穿现象，则说明该管子为三极管。

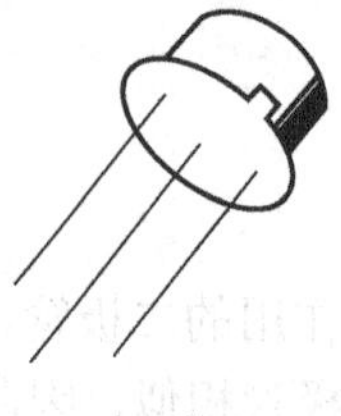
（a）外形

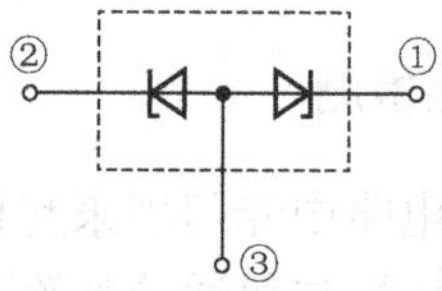

（b）内部结构

图 3-22　2DW7 的外形及内部结构

对于 2DW7 这种稳压管，当其中的一个稳压管击穿，另一个完好时，此管仍可使用。此时的稳压值比原来略低，大约为 0.6V，温度特性也变差一些。

3）稳压值的简易检测

对于型号标志比较清楚的稳压管，由于制作工艺上的限制，即使同一厂家生产的同批同型号产品，其稳定值也不一样。为了了解稳压管的具体稳压值，就必须进行检测。对于已失去型号标志的稳压管，使用前必须进行检测。

（1）万用表检测法。由于稳压二极管是在反向击穿状态下工作的，因此检测稳压二极管的稳压值应该使被测管进入反向击穿状态，这就要求检测时必须选用万用表的高阻挡。当万用表使用 $R\times10k\Omega$ 挡时，测得反向电阻 $R_x$，则可以使用以下公式计算稳压值

$$U_X = E_g \times R_X / \left(R_X + nR_0\right)$$

式中，$E_g$ 为检测万用表最高欧姆挡的电池电压值；$n$ 为所用挡位的倍率数；$R_0$ 为万用表的中心阻值。

如果实测的 $R_x$ 接近于∞，则说明被测管的 $U_Z$ 大于 $E_g$，无法把被测管击穿；若 $R_x$ 接近于 0，则说明表笔接反，需将表笔互换进行检测。

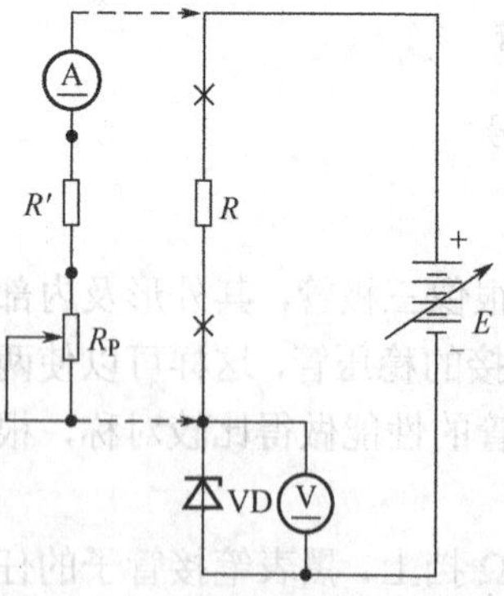

图 3-23　稳压值检测电路

（2）外接电源检测法。检测管子稳压值的具体电路如图 3-23 所示。图中 $R$ 为限流电阻，对稳压管起保护作用。当已知稳压近似值 $U_Z$ 时：

$$E = (3\sim5)U_Z$$

$$R = \frac{E - U_Z}{I_Z}$$

式中，$I_Z$ 为稳压管的额定工作电流。

如果不知道稳压管的稳压值，图 3-23 中 $E$ 及 $R$ 的数值应适当取大一些，最好将其换为可调电阻或电位器，而且还应串入一只直流电流表。先使 $R_P$ 的值最大，再慢慢减小 $R_P$ 的数值，开始时电流无明显变化，当调至某一点后通过稳压管的电流突然有变化，而其两端电压基本不变时，那么电流刚变化时电压表的读数即为该稳压管的实际稳压值。若 $R_P$ 的数值已经降得很小，电流表中的指示数仍很小，

则说明稳压管还没有被击穿，此时应增大 $E$ 的数值并重新测量。在上述的检测过程中应仔细观察电压表和电流表指针的变化情况。当 $R_P$ 由最大值逐渐减小时，其两端的电压开始慢慢增大，而通过的电流却很小，而且基本不随 $R_P$ 的变化而变化。当 $R_P$ 的数值减小到一定程度时，通过的电流突然增大，而电压表两端的电压却突然下降，且以后基本维持不变，这种现象说明稳压管已进入击穿状态。其实，只要根据电压表的这一现象，即使无电流表，也能判断稳压点。

稳压管在使用过程中应始终保证其工作在反向击穿状态。一般情况下，在额定值内通过的电流越大，稳压效果越好。但是工作电流并不是越大越好，它受额定功率的限制，在满足要求的情况下，通过的电流应小于额定工作电流。

**2. 变容二极管的性能检测**

用万用表的 $R\times10\text{k}\Omega$ 挡测量变容二极管的正、反向电阻均应为∞。利用数字万用表可以很方便地检测其好坏，并能检测结电容值及其随反向偏压变化的规律。

**3. 半桥式、全桥式组件的性能检测**

1）半桥式组件的检测

半桥式组件的外形和结构图如图 3-24 所示。半桥式组件的内部是由两个相互独立的整流二极管组成的。判断其性能好坏及鉴别其正、负极性较为简单，只需分别检测两个二极管的正、反向电阻即可。一般正向电阻约为 200Ω（$R\times100\Omega$ 挡），反向电阻为∞（$R\times10\text{k}\Omega$ 挡）。

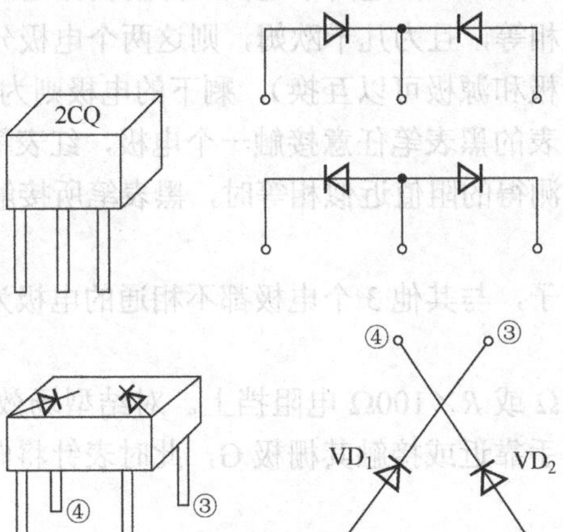


图 3-24　半桥式组件的外形和结构图

2）全桥式组件的检测

全桥式组件的外形和结构图如图 3-25 所示。对于全桥式组件，由于其内部的 4 个整流二极管两两相接，因此使得极性判别及性能检测比较复杂。由图 3-25 可知，对于①、②两个端点来说，$VD_1$、$VD_2$ 和 $VD_3$、$VD_4$ 分别串联后再并联。在正常情况下，其正、反向电阻值应当有很大差别。若其中一条支路击穿短路，则其正、反向电阻皆为零。若某一条支路有断路故障，则不易用检测正、反向电阻值的方法进行判断。对于③、④两个端点而言，每条支路中的两个二极管同极性相连接，在正常情况下，其正、反向电阻值都应很大。但若4个二极管中有一个击穿短路，其正、反向电阻值将有很大差别。若有两个二极管短路，则正、反向电阻都将变得很小。与上述情况类似，若两条支路中有断路故障，通过检测正、反向电阻值的方法也是查不出来的。

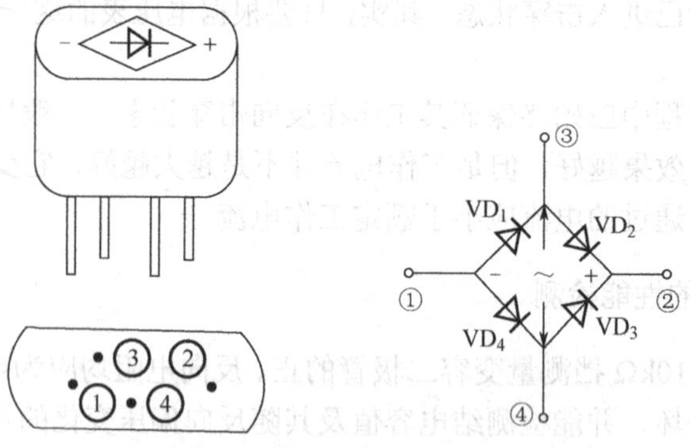


图 3-25　全桥式组件的外形和结构图

经过分析全桥式组件的内部结构可以看出，通过检测①与③、③与②、②与④、④与①之间的正、反向电阻，可分别鉴别 $VD_1$、$VD_2$、$VD_3$、$VD_4$ 的正、负极性。

### 4．场效应管的性能检测

1）场效应管电极的识别

将万用表拨在 $R\times1k\Omega$ 挡上，任选两个电极，分别测出它的正、反向电阻值。若某两个电极的正、反向电阻值相等，且为几千欧姆，则这两个电极分别为漏极D和源极S（对于结型场效应管而言，漏极和源极可以互换），剩下的电极则为栅极G。

此外，也可以将万用表的黑表笔任意接触一个电极，红表笔依次接触其余两个电极，测其电阻值。当出现两次测得的阻值近似相等时，黑表笔所接触的电极为栅极，其余两个电极分别为源极和漏极。

对于有4个电极的管子，与其他3个电极都不相通的电极为屏蔽极，在使用中接地。

2）放大倍数的检测

将万用表拨在 $R\times1k\Omega$ 或 $R\times100\Omega$ 电阻挡上。对结型场效应管，两支表笔分别接触它的漏极D和源极S，用手靠近或接触其栅极G，此时表针将向右摆动。摆动幅度越大，则放大倍数越大。

对于MOS场效应管来说，为了防止栅极击穿，一般检测前首先在其栅极和源极间接一个几兆欧姆的电阻，然后按照上述方法检测，表针向右摆动幅度大的，则放大倍数也大。尽管如此，为了防止损坏MOS场效应管，最好还是不进行这种检测。

3）饱和漏极电流 $I_{DSS}$ 和夹断电压 $U_P$ 的测试

饱和漏极电流 $I_{DSS}$ 为栅极、源极之间的电压等于零，而漏极、源极之间的电压大于夹断电压时，对应的漏极电流。夹断电压 $U_P$ 为漏极电流基本为零时的栅极、源极之间的电压。简易测试电路如图3-26所示。在图3-26中，表头用100μA普通磁电式电流表，若内阻不到20kΩ，则可串联一个适当阻值的电阻；$R_P$ 取10kΩ、1W线绕电位器；按钮开关可用单刀双掷开关代替，电源用 9～15V 电池。由于电路处于常断状态，因此电路没有设置电源开关。

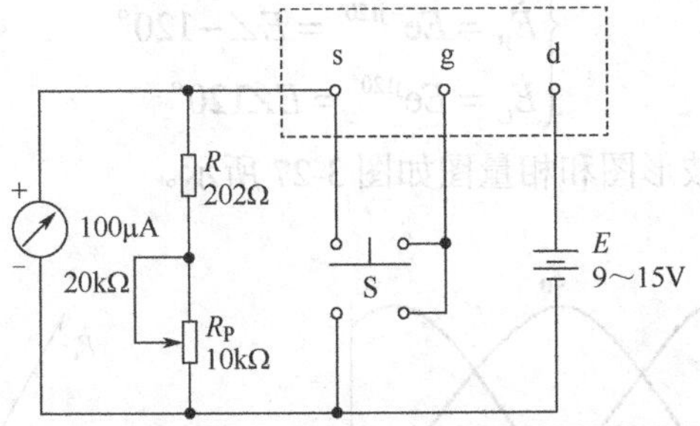


图 3-26 场效应管饱和漏极电流和夹断电压的测试

检测 $I_{DSS}$ 时，先将 $R_P$ 调至零欧姆。插上被测管，此时表头指示值即为 $I_{DSS}$ 值。调整 $R_P$ 使电表指示满刻度，按下开关 S，此时指针将从满刻度“100”退回到某一位置，设其值为 $\alpha$（0<$\alpha$<100），则其夹断电压 $U_P$ 为

$$U_P=0.2\alpha / \left(\sqrt{\alpha}-10\right)\text{（V）}$$

$\alpha$ 与 $U_P$ 的对应关系如表 3-1 所示。

表 3-1 $\alpha$ 与 $U_P$ 的对应关系

| $\alpha$ | 0 | 10 | 20 | 30 | 40 | 50 | 60 | 70 | 80 | 90 | 100 |
|---|---|---|---|---|---|---|---|---|---|---|---|
| $U_P$ | 0 | 0.293 | 0.724 | 1.33 | 2.18 | 3.41 | 5.32 | 8.57 | 15.2 | 35.1 | ∞ |

$U_P$ 与 $\alpha$ 的对应关系如表 3-2 所示。

表 3-2 $U_P$ 与 $\alpha$ 的对应关系

| $U_P$ | 0 | 1.0 | 2.0 | 3.0 | 4.0 | 5.0 | 6.0 | 7.0 | 8.0 | 9.0 | 10 | 20 | 50 | ∞ |
|---|---|---|---|---|---|---|---|---|---|---|---|---|---|---|
| $\alpha$ | 0 | 25 | 38.2 | 47.1 | 53.6 | 58.6 | 62.6 | 65.9 | 68.6 | 71 | 72.9 | 83.9 | 92.7 | 100 |

### 3.2.3 三相电源及三相负载

#### 1. 三相交流电源

1）三相交流电动势的产生

三相交流电是由三相交流发电机产生的。三相发电机主要由定子和转子两部分构成。在定子上嵌入 3 个绕组，每个绕组的形状、尺寸、匝数均相同，且在空间位置上相互间隔 120°。转子上有一电磁铁，在原动机拖动下以匀角速度 $\omega$ 沿逆时针方向旋转。这样在每个绕组上所产生的感应电动势的最大值相等，频率也相同，但在相位上互差 120°。这 3 个电动势分别用字母 $e_A$、$e_B$、$e_C$ 表示，若设 $e_A$ 的初相位为零，则三相电动势的解析式可表示为

$$\begin{cases} e_A=\sqrt{2}E\sin\omega t \\ e_B=\sqrt{2}E\sin(\omega t-120°) \\ e_C=\sqrt{2}E\sin(\omega t-240°)=\sqrt{2}E\sin(\omega t+120°) \end{cases} \tag{3-1}$$

相量表示式为

$$\begin{cases}\dot{E}_A = E\angle 0^\circ = E \\ \dot{E}_B = E e^{-j120^\circ} = E\angle -120^\circ \\ \dot{E}_C = E e^{j120^\circ} = E\angle 120^\circ\end{cases} \tag{3-2}$$

三相交流电动势的波形图和相量图如图 3-27 所示。

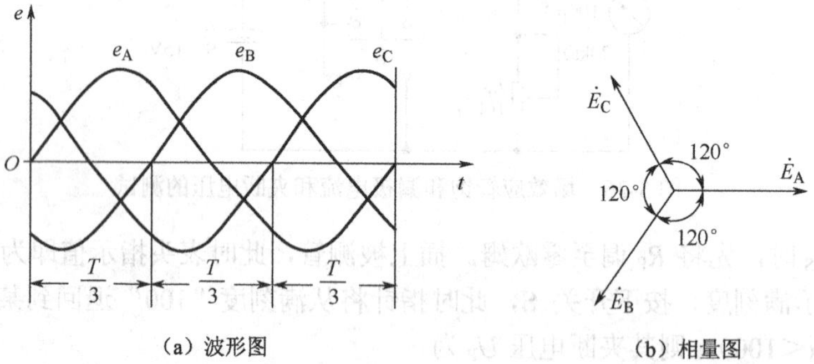


图 3-27　三相交流电动势的波形图和相量图

2）三相四线制电源

将三相发电机中三相绕组的末端接成一个公共点，称为星形（Y）接法，该点称为电源中点，用 N 表示。从 3 个始端分别引出 3 根接负载的导线，称为端线（或相线）。这样就构成了三相四线制供电，如图 3-28（a）、（b）所示。

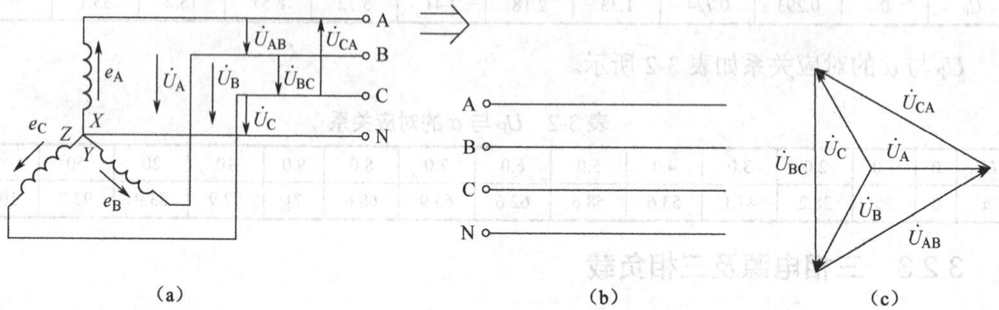


图 3-28　三相四线制电源

在三相四线制电路中，相线与中线的电压称为相电压，用 $\dot{U}_A$、$\dot{U}_B$、$\dot{U}_C$ 表示。相线与相线的电压称为线电压，用 $\dot{U}_{AB}$、$\dot{U}_{BC}$、$\dot{U}_{CA}$ 表示。因此，三相四线制电源可输出线电压和相电压两种电压。线电压与相电压用相量图表示如图 3-28（c）所示。当忽略电源内阻时，相电压等于相电动势。星形电源的线电压与相电压的关系为

$$\begin{cases}\dot{U}_{AB} = \sqrt{3}\dot{U}_A e^{j30^\circ} \\ \dot{U}_{BC} = \sqrt{3}\dot{U}_B e^{j30^\circ} \\ \dot{U}_{CA} = \sqrt{3}\dot{U}_C e^{j30^\circ}\end{cases} \tag{3-3}$$

由式（3-3）可知，线电压和相电压的数量关系为 $U_{线} = \sqrt{3}U_{相}$，两者的相位关系是线电压超前对应的相电压 30°。

### 2. 三相负载的连接

1）三相负载的星形连接

将三相负载分别接在三相电源的一根相线和中线的接法称为星形（Y）接法，如图 3-29 所示。

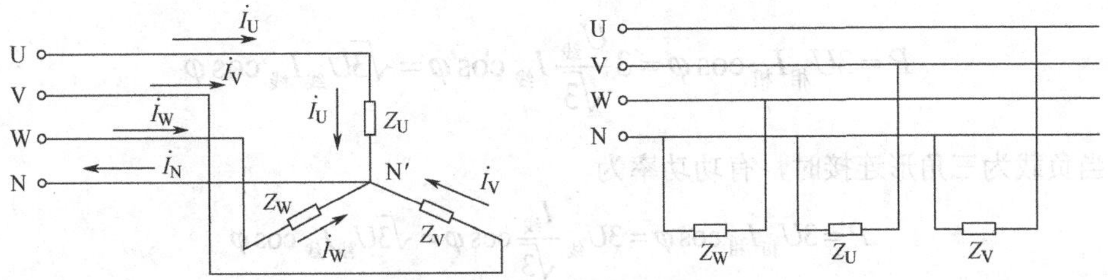


图 3-29 三相负载的星形连接

在忽略线路损耗的条件下，加在每相负载上的相电压等于电源的相电压。流过每相负载的电流等于电源的线电流，即 $\dot{I}_{相}=\dot{I}_{线}=\dfrac{\dot{U}_{相}}{Z}$。

中线电流为 3 个电源线电流之和，即 $\dot{I}_N=\dot{I}_A+\dot{I}_B+\dot{I}_C$。

2）三相负载的三角形连接

将三相负载分别接在三相电源每两根相线之间，就称为三相负载的三角形（△）连接，如图 3-30 所示。由于各相负载接在两根端线之间，因此负载的相电压就是电源的线电压，即 $U_{线△}=U_{相△}$。

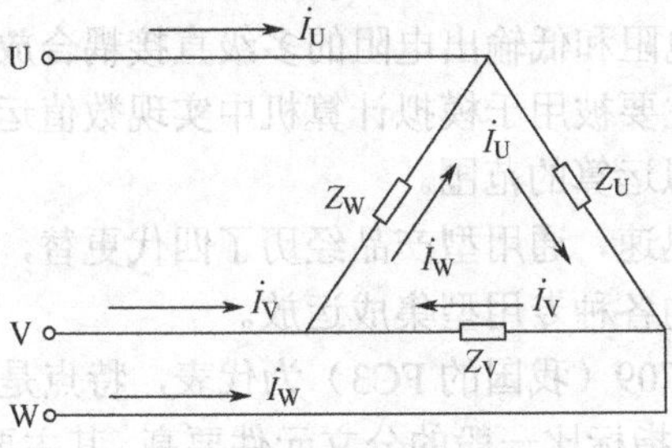


图 3-30 三相负载的三角形连接

对于三相对称负载，线电流与负载的相电流关系为

$$\begin{cases} \dot{I}_{AB}=\sqrt{3}\dot{I}_A e^{-j30^\circ} \\ \dot{I}_{BC}=\sqrt{3}\dot{I}_B e^{-j30^\circ} \\ \dot{I}_{CA}=\sqrt{3}\dot{I}_C e^{-j30^\circ} \end{cases} \tag{3-4}$$

式（3-4）说明，当负载接成三角形时，若负载对称，线电流的大小为相电流的 $\sqrt{3}$ 倍，在相位上比对应的相电流滞后 30°。

### 3. 三相电功率

在三相交流电路中，三相负载消耗的总功率为各相负载消耗功率之和，即

$$P = P_A + P_B + P_C \tag{3-5}$$

若负载对称，各相电压、相电流相等，功率因数也相同，则每相负载消耗的功率也相同，因而式（3-5）可变为

$$P = 3P_{相} = 3U_{相}I_{相}\cos\varphi$$

当负载为星形连接时，有功功率为

$$P = 3U_{相}I_{相}\cos\varphi = 3\frac{U_{线}}{\sqrt{3}}I_{线}\cos\varphi = \sqrt{3}U_{线}I_{线}\cos\varphi$$

当负载为三角形连接时，有功功率为

$$P = 3U_{相}I_{相}\cos\varphi = 3U_{线}\frac{I_{线}}{\sqrt{3}}\cos\varphi = \sqrt{3}U_{线}I_{线}\cos\varphi$$

因此，不论负载是接成星形还是三角形，其有功功率均为

$$P = \sqrt{3}U_{线}I_{线}\cos\varphi \tag{3-6}$$

注意，虽然负载星形连接与三角形连接的计算公式相同，但同一三相负载在同一三相电源上的两种接法所消耗的功率不同。由于三角形连接时线电流是星形连接时的$\sqrt{3}$倍，所以三角形接法所消耗的功率是星形接法的$\sqrt{3}$倍。

### 3.2.4 集成运算放大电路

#### 1. 集成运算放大器概述

集成运算放大电路简称集成运放，它是模拟集成电路中应用最为广泛的一种，它实际上是一种高增益、高输入电阻和低输出电阻的多级直接耦合放大器。之所以被称为运算放大器，是因为该器件最初主要被用于模拟计算机中实现数值运算。实际上，目前集成运放的应用早已远远超出了模拟运算的范围。

集成运放的发展十分迅速，通用型产品经历了四代更替，各项技术指标不断改进。同时，发展了适应特殊需要的各种专用型集成运放。

第一代集成运放以μA709（我国的FC3）为代表，特点是采用了微电流的恒流源、共模负反馈等电路，它的性能指标比一般的分立元件要高。其主要缺点是内部缺乏过流保护，输出短路容易损坏。

第二代集成运放以20世纪60年代的μA741型高增益运放为代表，它的特点是普遍采用了有源负载，因而在不增加放大级的情况下可获得很高的开环增益。电路中还有过流保护措施，但是输入失调参数和共模抑制比指标不理想。

第三代集成运放以20世纪70年代的AD508为代表，其特点是输入级采用了“超$\beta$管”，且工作电流很低，从而使输入失调电流和温漂等参数值大大下降。

第四代集成运放以20世纪80年代的HA2900为代表，它的特点是制造工艺达到大规模集成电路的水平。将场效应管和双极型管兼容在同一块硅片上，输入级采用MOS场效应管，输入电阻达100MΩ以上，而且采取调制和解调措施，成为自稳零运算放大器，使失调电压和温漂进一步降低，一般无须调零即可使用。

目前，集成运放和其他模拟集成电路正向高速、高压、低功耗、低零漂、低噪声、大

功率、大规模集成、专业化等方向发展。

除了通用型集成运放，有些特殊需要的场合要求使用某一特定指标相对比较突出的运放，即专用型运放。常见的专用型运放有高速型、高阻型、低漂移型、低功耗型、高压型、大功率型、高精度型、跨导型、低噪声型等。

### 2. 集成运放的基本组成

集成运放的类型很多，电路也不尽相同，但结构具有共同之处，其一般的内部组成原理框图如图 3-31 所示，主要由输入级、中间级、输出级和偏置电路 4 个主要环节组成。输入级主要由差动放大电路构成，以减小集成运放的零漂，它的两个输入端分别构成整个电路的同相输入端和反相输入端。中间级的主要作用是获得高的电压增益，一般由一级或多级放大器构成。输出级一般由电压跟随器（电压缓冲放大器）或互补电压跟随器组成，以降低输出电阻，提高集成运放的带负载能力和输出功率。偏置电路则是为各级提供合适的工作点及能源。此外，为获得电路性能的优化，集成运放内部还增加了一些辅助环节，如电平移动电路、过载保护电路和频率补偿电路等。

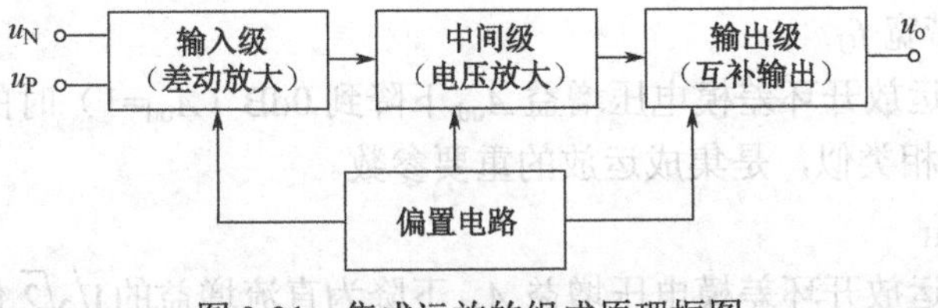


图 3-31 集成运放的组成原理框图

集成运放的图形符号如图 3-32 所示（省略了电源端、调零端等）。集成运放有两个输入端，分别为同相输入端 $u_P$ 和反相输入端 $u_N$；一个输出端 $u_o$。其中，“−”“+”分别表示反相输入端 $u_N$ 和同相输入端 $u_P$。在实际应用时，需要了解集成运放外部各引出端的功能及相应的接法，但一般不需要画出其内部电路。

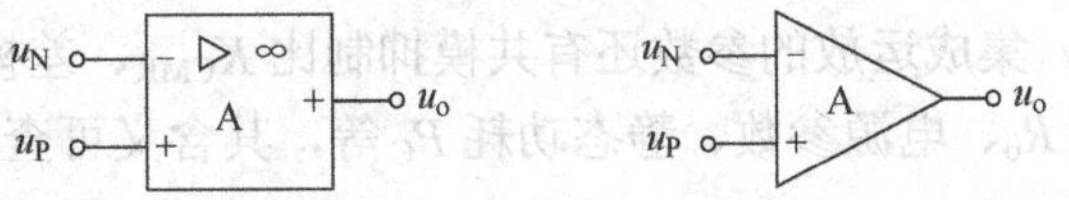


（a）国标符号　　（b）惯用符号

图 3-32 集成运放的图形符号

### 3. 集成运放的主要参数

集成运放的参数选择是否正确是使用运放的基本依据，因此了解其各性能参数及其意义是十分必要的。集成运放的主要参数有以下几种。

1）开环差模电压增益 $A_{od}$

开环差模电压增益 $A_{od}$ 是指集成运放在开环、线性放大区并在规定的测试负载和输出电压幅度的条件下的直流差模电压增益（绝对值）。一般集成运放的 $A_{od}$ 为 60～120dB，性能较好的集成运放 $A_{od}$＞140dB。

值得注意的是，一般希望 $A_{od}$ 越大越好，实际的 $A_{od}$ 与工作频率有关，在频率大于一定值后，$A_{od}$ 随频率的升高而迅速减小。

2）温度漂移

集成运放的零点漂移的主要来源是温度漂移，而温度漂移对输出的影响可以折合为等效输入失调电压 $U_{IO}$ 和输入失调电流 $I_{IO}$。因此，可以用以下指标来表示集成运放的温度稳定性，即温漂指标。

在规定的温度范围内，输入失调电压的变化量 $\Delta U_{IO}$ 与引起 $U_{IO}$ 变化的温度变化量 $\Delta T$ 之比，称为输入失调电压/温度系数 $\Delta U_{IO}/\Delta T$。$\Delta U_{IO}/\Delta T$ 越小越好，一般为±（10～20）μV/℃。

3）最大差模输入电压 $U_{id,max}$

$U_{id,max}$ 是指集成运放的两个输入端之间所允许的最大输入电压。若输入电压超过该值，则可能使集成运放输入级 BJT 的其中一个发射结产生反向击穿，显然这是不允许的。$U_{id,max}$ 大一些好，一般为几到几十伏特。

4）最大共模输入电压 $U_{ic,max}$

$U_{ic,max}$ 是指集成运放输入端所允许的最大共模输入电压。若共模输入电压超过该值，则可能造成集成运放工作不正常，其共模抑制比 $K_{CMR}$ 将明显下降。显然，$U_{ic,max}$ 大一些好，高质量集成运放的最大共模输入电压可达十几伏特。

5）单位增益带宽 $f_U$

$f_U$ 是指使集成运放开环差模电压增益 $A_{od}$ 下降到 0dB（$A_{od}$=1）时的信号频率，它与三极管的特征频率 $f_T$ 相类似，是集成运放的重要参数。

6）开环带宽 $f_H$

$f_H$ 是指使集成运放开环差模电压增益 $A_{od}$ 下降为直流增益的 $1/\sqrt{2}$ 倍（相当于−3dB）时的信号频率。由于集成运放的增益很高，因此 $f_H$ 一般较低，为几至几百赫兹（宽带高速运放除外）。

7）最大输出电压 $U_{o,max}$

最大输出电压 $U_{o,max}$ 是指在一定的电源电压下，集成运放的最大不失真输出电压的峰-峰值。

除上述指标之外，集成运放的参数还有共模抑制比 $K_{CMR}$、差模输入电阻 $R_{id}$、共模输入电阻 $R_{ic}$、输出电阻 $R_o$、电源参数、静态功耗 $P_C$ 等，其含义可查阅相关手册，这里不再赘述。

**4．理想集成运放的特点**

在集成运放的线性应用电路中，集成运放与外部电阻、电容和半导体器件等一起构成深度负反馈电路或兼有正反馈而以负反馈为主。此时，集成运放本身处于线性工作状态，即其输出量和净输入量呈线性关系，但整个应用电路的输出和输入也可能是非线性关系。

需要说明的是，在实际的电路设计或分析过程中常常把集成运放理想化。理想集成运放具有以下理想参数：开环电压增益 $A_{od}\rightarrow\infty$；差模输入电阻 $r_{id}\rightarrow\infty$；输出电阻 $r_{od}$=0；共模抑制比 $K_{CMR}\rightarrow\infty$，即没有温度漂移；开环带宽 $f_H\rightarrow\infty$；转换速率 $S_R\rightarrow\infty$；输入端的偏置电流 $I_{BN}=I_{BP}=0$；干扰和噪声均不存在。

在一定的工作参数和运算精度要求范围内，采用理想集成运放进行设计或分析的结果与实际情况相差很小，误差可以忽略，但大大简化了设计或分析过程。

集成运放实际是一种高增益的电压放大器，其电压增益可达 $10^4$～$10^6$ 或以上。另外，其输入阻抗很高，BJT 型集成运放达几百千欧姆以上，MOS 型集成运放则更高；而输出电阻较小，一般在几十欧姆左右，并具有一定的输出电流驱动能力，最大可达几十到几百毫安。

由于集成运放的开环增益很高，且通频带很低（几到几百赫兹，宽带高速运放除外），因此当集成运放工作在线性放大状态时，均引入外部负反馈，而且通常为深度负反馈。由前面关于深度负反馈放大器计算的讨论可知，集成运放两个输入端之间的实际输入（净输入）电压可以近似看成 0，相当于短路，即

$$u_P=u_N \tag{3-7}$$

但由于两个输入端之间不是真正的短路，因此称为“虚短”。

另外，由于集成运放的输入电阻很高，而净输入电压又近似为 0，因此流经集成运放两个输入端的电流可以近似看成 0，即

$$i_{IN}=i_{IP}=0 \tag{3-8}$$

相当于开路。但由于两个输入端之间不是真正的开路，因此称为“虚断”。利用“虚短”和“虚断”的概念，可以十分方便地对集成运放的线性应用电路进行快速简洁的分析。

### 5. 集成运放的应用

1）反相输入比例运算电路

图 3-33 所示为反相输入比例运算电路。该电路输入信号加在反相输入端上，输出电压与输入电压的相位相反，故得名。在实际电路中，为减小温漂、提高运算精度，同相端必须加接平衡电阻 $R_P$ 并接地。$R_P$ 的作用是保持运放输入级差分放大电路具有良好的对称性，减小温漂，提高运算精度，其阻值为 $R_P=R_1//R_f$。后面电路同理。

由于集成运放工作在线性区，净输入电压和净输入电流都为零。

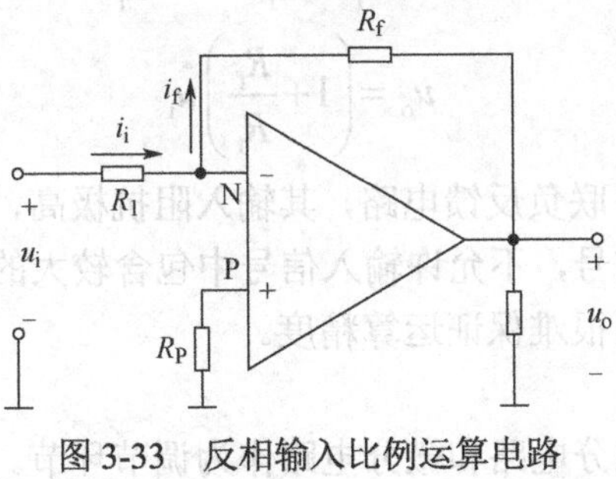


图 3-33　反相输入比例运算电路

由“虚短”的概念可知，在 P 端接地时，$u_P=u_N=0$，称 N 端为“虚地”。

由“虚断”的概念可知，$i_i=i_f$，有

$$\frac{u_i}{R_1}=\frac{-u_o}{R_f}$$

该电路的电压增益为

$$A_{uf}=\frac{u_o}{u_i}=-\frac{R_f}{R_1}$$

即

$$u_o=-\frac{R_f}{R_1}u_i \tag{3-9}$$

输出电压 $u_o$ 与输入电压 $u_i$ 之间呈比例（负值）关系。

该电路引入了电压并联深度负反馈，电路输入阻抗（为 $R_1$）较小，但由于出现虚地，放大电路不存在共模信号，对集成运放的共模抑制比要求也不高，因此该电路的应用场合较多。

值得注意的是，虽然电压增益只与 $R_f$ 和 $R_1$ 的比值有关，但是电路中 $R_1$、$R_P$、$R_f$ 应有一定的范围。若 $R_1$、$R_P$、$R_f$ 太小，则一般集成运放的输出电流为几十毫安。若 $R_1$、$R_P$、$R_f$ 为几欧，则输出电压最大只有几百毫伏。若 $R_1$、$R_P$、$R_f$ 太大，则虽然能满足输出电压的要求，但又会带来饱和失真、电阻热噪声等问题。因此通常取 $R_1$ 为几百至几千欧，取 $R_f$ 为几千欧至几百千欧。后面电路同理。

2）同相输入比例运算电路

图 3-34 所示为同相输入比例运算电路。由于输入信号加在同相输入端，输出电压和输入电压的相位相同，因此将它称为同相放大器。

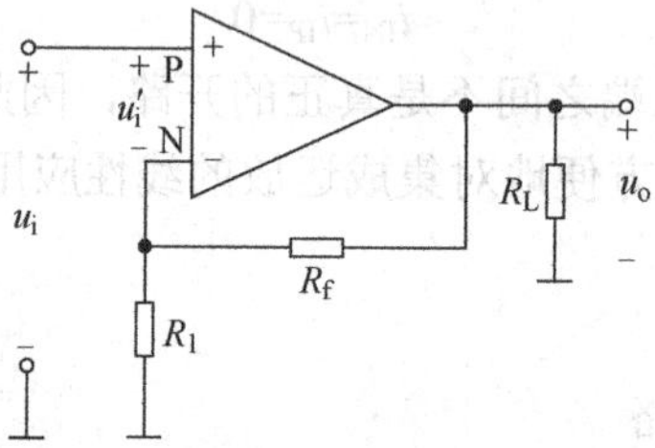


图 3-34　同相输入比例运算电路

由“虚断”的概念可知，$i_P=i_N=0$；由“虚短”的概念可知，$u_i=u_P=u_N$。

其电压增益为

$$A_{uf}=\frac{u_o}{u_i}=\frac{u_o}{u_f}=1+\frac{R_f}{R_1}$$

即

$$u_o=\left(1+\frac{R_f}{R_1}\right)u_i \tag{3-10}$$

同相输入电路为电压串联负反馈电路，其输入阻抗极高，但由于两个输入端均不能接地，放大电路中存在共模信号，不允许输入信号中包含较大的共模电压，且对集成运放的共模抑制比要求较高，否则很难保证运算精度。

3）积分电路

在电子电路中，常用积分电路和微分电路作为调节环节。此外，积分电路还被用于延时、定时和非正弦波发生电路中。积分电路有简单积分电路、同相积分电路、求和积分电路等。下面重点介绍简单积分电路。

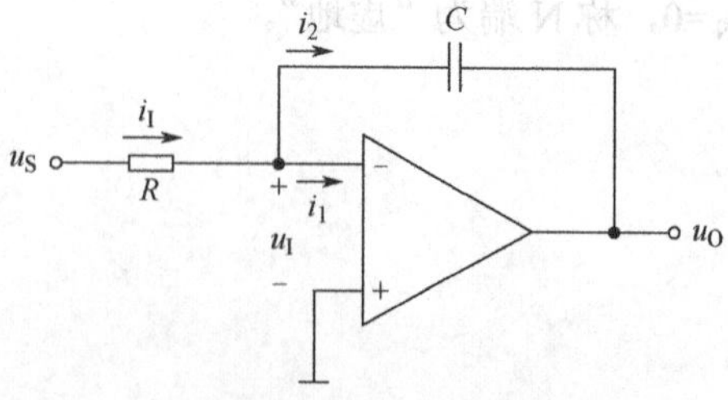


图 3-35　积分电路

积分电路如图 3-35 所示。将反相比例运算电路中的反馈电阻用电容所取代，便构成了积分电路。

由“虚短”和“虚断”的概念可知，$u_I=0$，$i_I=0$，$i_1=i_2=u_S/R$。电流 $i_2$ 对电容 C 进行充电，

且为恒流充电（充电电流与 $C$ 及电容上的电压无关）。假设电容 C 初始电压为 0，则

$$u_O = -\frac{1}{C}\int i_2 \mathrm{d}t = -\frac{1}{C}\int i_1 \mathrm{d}t$$
$$u_O = -\frac{1}{C}\int \frac{u_S}{R} = -\frac{1}{RC}\int u_S \mathrm{d}t \quad (3\text{-}11)$$

式（3-11）表明，输出电压与输入电压的关系满足积分运算要求，负号表示它们在相位上是相反的，$RC$ 为时间常数，记为 $\tau$。

实际的积分器因集成运放不具有理想特性或电容有漏电等而产生积分误差，严重时甚至使积分电路不能正常工作。最简便的解决措施是：在电容两端并联一个电阻 $R_f$，引入直流负反馈来抑制上述各种原因引起的积分漂移现象，但 $R_fC$ 的数值应远大于积分时间。通常在精度要求不高、信号变化速度适中的情况下，只要积分电路功能正常，对积分误差可不加考虑。若要提高精度，则可采用高性能集成运放和高质量积分电容器。

利用积分电路能够将输入的正弦电压变换为输出的余弦电压，实现了波形的移相；将输入的方波电压变换为输出的三角波电压，实现了波形的变换；对低频信号的增益大，对高频信号的增益小，当信号频率趋于无穷大时增益为零，实现了滤波功能。

4）微分电路

微分是积分的逆运算。将图 3-35 所示积分电路的电阻和电容元件互换位置，即构成微分电路，如图 3-36 所示。微分电路选取相对较小的时间常数 $RC$。

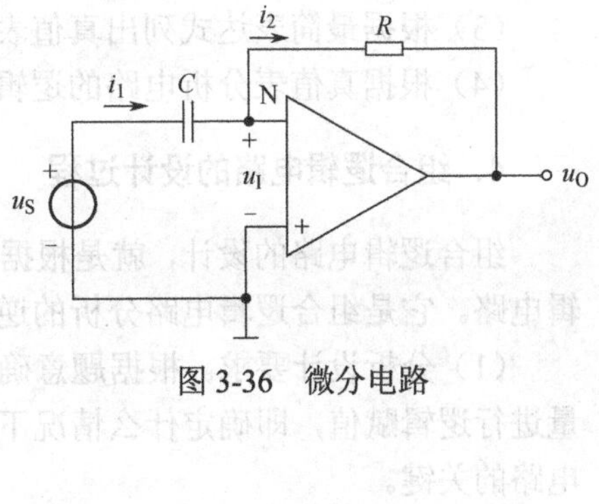

图 3-36 微分电路

同样由“虚地”和“虚断”的概念可知，$u_I$=0，$i_I$=0，$i_1$=$i_2$。假设 $t$=0 时，电容 C 上的初始电压为 0，则接入信号电压 $u_S$ 时有

$$i_1 = C\frac{\mathrm{d}u_S}{\mathrm{d}t}$$
$$u_O = -i_2R = -RC\frac{\mathrm{d}u_S}{\mathrm{d}t} \quad (3\text{-}12)$$

式（3-12）表明，输出电压与输入电压的关系满足微分运算的要求，因此微分电路对高频噪声和突然出现的干扰（如雷电）等非常敏感，故它的抗干扰能力较差，限制了其应用。

# 3.3 常用电路的基础知识

## 3.3.1 组合逻辑电路

### 1. 组合逻辑电路的定义

如果一个逻辑电路在任何时刻的输出状态只取决于这一时刻的输入状态，而与电路的原来状态无关，那么该电路称为组合逻辑电路，又称为组合电路，如图 3-37 所示。

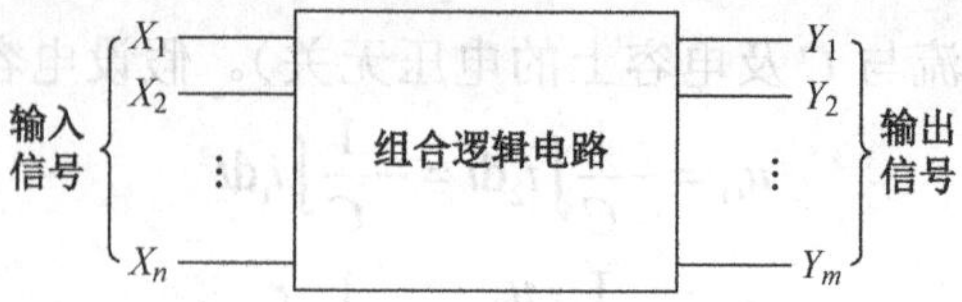


图 3-37　组合逻辑电路

### 2. 组合逻辑电路的基本特点

（1）电路中不存在输出到输入的反馈网络，因此输出状态不影响输入状态。

（2）电路中不包含存储信号的记忆元件，它一般是由各种门电路组合而成的。

### 3. 组合逻辑电路的基本分析方法

组合逻辑电路的分析，就是根据已知的组合逻辑电路确定其输入、输出之间的逻辑关系，说明电路逻辑功能的过程。一般按以下步骤进行。

（1）根据给定的逻辑电路图，写出输出端的逻辑表达式。

（2）对逻辑表达式进行化简和变换，得到最简表达式。

（3）根据最简表达式列出真值表。

（4）根据真值表分析电路的逻辑功能。

### 4. 组合逻辑电路的设计过程

组合逻辑电路的设计，就是根据给出的实际问题求出能够实现这一逻辑要求的最简逻辑电路。它是组合逻辑电路分析的逆过程，一般设计步骤如下。

（1）分析设计要求。根据题意确定输入变量、输出变量及它们的相互关系，并对各变量进行逻辑赋值，即确定什么情况下取值为 1，什么情况下取值为 0，这一步是设计逻辑电路的关键。

（2）列真值表。根据输入、输出的逻辑要求，列出真值表。需要指出的是，输入变量与输出变量的逻辑赋值不同，所得的真值表也不同。

（3）写出逻辑表达式并化简。根据真值表写出相应的逻辑表达式，用代数法或卡诺图法进行化简，并转换为命题所要求的逻辑表达式。

（4）画逻辑图。根据最简表达式，画出相应的逻辑图。

## 3.3.2　时序逻辑电路

### 1. 时序逻辑电路的定义

如果一个逻辑电路在任何时刻的输出状态不仅与这一时刻的输入状态有关，还与电路上一时刻的状态有关，那么该电路称为时序逻辑电路，又称为时序电路，如图 3-38 所示。

### 2. 时序逻辑电路的分类

（1）根据时钟分类，有同步时序电路和异步时序电路。

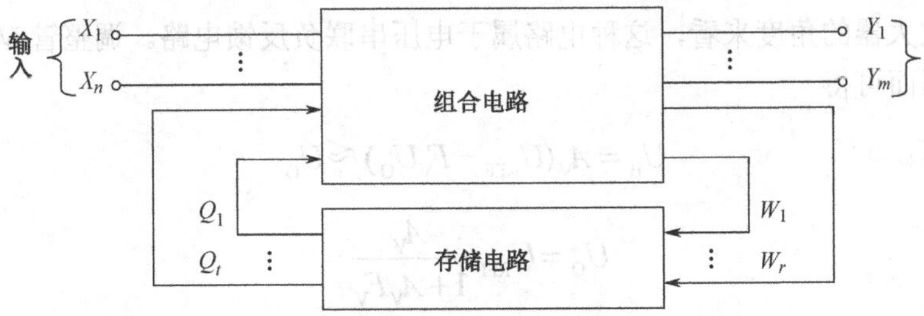


图 3-38　时序逻辑电路

① 在同步时序电路中，各触发器的时钟脉冲相同，即电路中有一个统一的时钟脉冲，每来一个时钟脉冲，电路的状态只改变一次。

② 在异步时序电路中，各触发器的时钟脉冲不同，即电路中没有统一的时钟脉冲来控制电路状态的变化，电路状态改变时，电路中要更新状态的触发器的翻转有先有后，是异步进行的。

（2）根据输出分类，有米利型（Mealy）时序电路和莫尔型（Moore）时序电路。

① 米利型（Mealy）时序电路的输出不仅与现态有关，还取决于电路当前的输入。

② 莫尔型（Moore）时序电路的输出仅取决于电路的现态，与电路当前的输入无关；或者根本就不存在独立设置的输出，而以电路的状态直接作为输出。

#### 3. 时序逻辑电路的分析

时序逻辑电路的分析步骤如下。

（1）写出各触发器的驱动方程。

（2）写出各触发器的状态方程。

（3）写出输出方程。

（4）画出状态转换表、状态转换图。

（5）画出时序波形图。

（6）说明逻辑功能。

（7）检查电路能否自启动。

### 3.3.3　直流稳压电源

#### 1. 串联反馈式稳压电路的工作原理

图 3-39 所示为串联反馈式稳压电路的一般结构图。图中 $U_I$ 是整流滤波电路的输入电压，VT 为调整管，A 为比较放大器，$U_{REF}$ 为基准电压，$R_1$ 与 $R_2$ 组成反馈网络用来反映输出电压的变化（取样）。这种稳压电路的主回路是起调整作用的三极管 VT 与负载串联，故称为串联反馈式稳压电路。输出电压的变化量由反馈网络取样经放大器放大后去控制调整管 VT 的 c–e 极间的电压降，从而达到稳定输出电压 $U_O$ 的目的。稳压原理可简述为：当输入电压 $U_I$ 增大（或负载电流 $I_O$ 减小）时，导致输出电压 $U_O$ 增大，随之反馈电压 $U_F=R_2U_O/(R_1+R_2)=F_VU_O$ 也增大（$F_V$ 为反馈系数）。$U_F$ 与基准电压 $U_{REF}$ 相比较，其差值电压经比较放大器放大后使 $U_B$ 和 $I_C$ 减小，调整管 VT 的 c–e 极间的电压 $U_{CE}$ 增大，使 $U_O$ 下降，从而维持 $U_O$ 基本恒定。

同理，当输入电压 $U_I$ 减小（或负载电流 $I_O$ 增大）时，也将使输出电压基本保持不变。

从反馈放大器的角度来看，这种电路属于电压串联负反馈电路。调整管 VT 连接成射极跟随器。因而可得

$$U_B = A_V(U_{REF} - F_V U_O) \approx U_O$$

或

$$U_O = U_{REF}\frac{A_V}{1+A_V F_V}$$

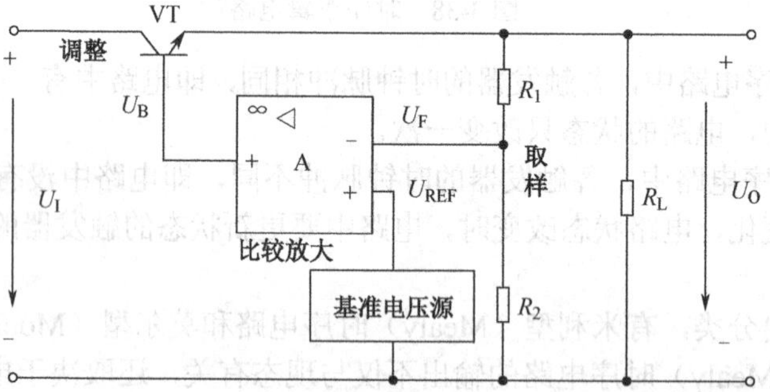


图 3-39　串联反馈式稳压电路的一般结构图

式中，$A_V$ 为比较放大器的电压放大倍数，是考虑了所带负载的影响的，与开环放大倍数 $A_{VO}$ 不同。在深度负反馈条件下，$|1+A_V F_V| \gg 1$ 时，可得

$$U_O = \frac{U_{REF}}{F_V}$$

上式表明，输出电压 $U_O$ 与基准电压 $U_{REF}$ 近似成正比，与反馈系数 $F_V$ 成反比。当 $U_{REF}$ 及 $F_V$ 已定时，$U_O$ 也就确定了。因此，它是设计稳压电路的基本关系式。

值得注意的是，调整管 VT 的调整作用是依靠 $F_V$ 和 $U_{REF}$ 之间的偏差来实现的，必须有偏差才能调整。如果 $U_O$ 绝对不变，调整管的 $U_{CE}$ 也绝对不变，那么电路也不能起调整作用了。所以 $U_O$ 不可能达到绝对稳定，只能是基本稳定。

由以上分析可知，反馈越深，调整作用越强，输出电压 $U_O$ 也越稳定，电路的稳压系数和输出电阻 $R_O$ 也越小。

**2. 基准电压源**

基准电压源一般可以由稳压管组成的稳压源来承担，但目前有很多基准电压集成电路，这些电路稳压性能非常好，被广泛用作高性能稳压电源的基准电压源，或者 A/D 和 D/A 转换器的参考电压源。常用的型号有 MC1403、MC1503 和 TL431。

TL431 是一个性能优良的基准电压集成电路。该器件主要被应用于稳压、仪器仪表、可调电源和开关电源中，是稳压二极管的良好替代品，其主要特点是：可调输出电压为 2.5～24V，典型输出阻抗为 0.2Ω，吸收电流为 1～100mA，温度系数为 30ppm/℃，有多种封装形式。

TL431 的图形符号如图 3-40（a）所示。图 3-40（b）是使用 TL431 的稳压电路。在图 3-40（b）所示电路中，最大稳定电流为 2A，输出电压的调节范围为 2.5～24V。在

图 3-40（b）中，发光二极管作为稳压管使用，使 $VT_2$ 的发射结恒定，从而使电流 $I_1$ 恒定，保证当输入电压变化时，TL431 不会因电流过大而损坏。当输入电压变化时，TL431 的参考基准电压 $U_{REF}$ 随之变化，当输出电压上升时，TL431 的阴极电压随 $U_{REF}$ 上升而下降，输出电压随之下降。

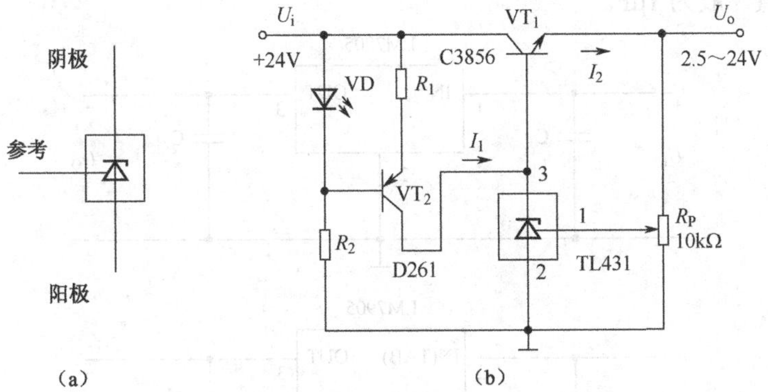


图 3-40　基准电压集成电路 TL431 及其应用电路

### 3．简单分立元件组成的稳压电路

分立元件组成的稳压电路如图 3-41 所示，该电路就是典型的串联稳压电源。其中变压器用于将 220V 市电降成需要的电压后，进行桥式整流和滤波，将交流电变换成直流电并滤去纹波，经过简单的串联稳压电路，输出端得到稳定的直流电压。

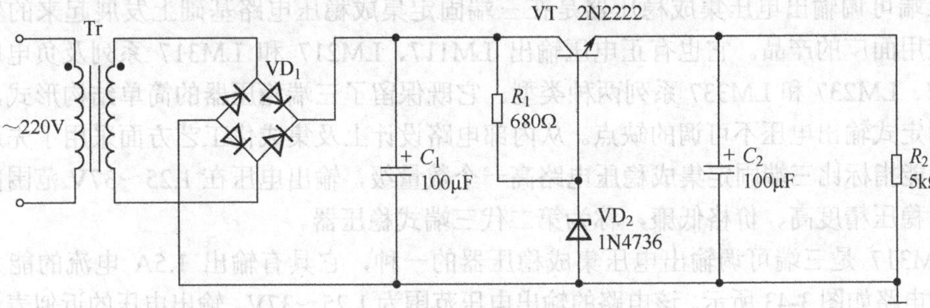


图 3-41　分立元件组成的稳压电路

### 4．三端固定集成稳压电路

三端固定集成稳压电路的输出电压是固定的，常用的是 CW7800/CW7900 系列。CW7800 系列输出正电压，其输出电压有 5V、6V、7V、8V、9V、10V、12V、15V、18V、20V、24V 共 11 挡。该系列的输出电流分 5 挡，7800 系列电流是 1.5A，78M00 系列电流是 0.5A，78L00 系列电流是 0.1A，78T00 系列电流是 3A，78H00 系列电流是 5A。CW7900 系列与 CW7800 系列所不同的是输出电压为负值。

三端稳压器的工作原理与前述串联反馈式稳压电源的工作原理基本相同，由采样、基准、放大和调整等单元组成。集成稳压器只有 3 个引出端子：输入端、输出端和公共端。输入端接整流滤波电路，输出端接负载，公共端接输入、输出的公共连接点。为了使它工作稳定，在输入端、输出端与公共端之间并接一个电容。使用三端稳压器时注意一定要加散热器，否则是不能在额定电流工作的。

图 3-42 所示为三端集成稳压电路的典型应用。图中示出了 LM7805 和 LM7905 作为固定输出电压电路的典型接线图。在正常工作时，输入、输出电压差为 2～3V。电容 $C_1$ 用来实现频率补偿，电容 $C_2$ 用来抑制稳压电路的自激振荡，电容 $C_1$ 的容值一般为 0.33μF，电容 $C_2$ 的容值一般为 1μF。

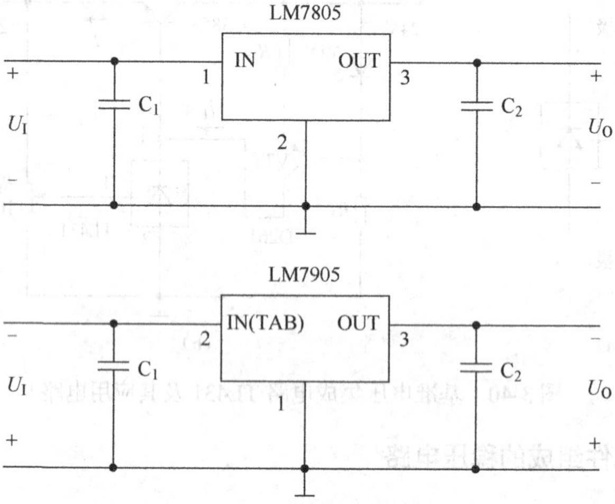


图 3-42　三端集成稳压电路的典型应用

## 5. 三端可调输出电压集成稳压器

三端可调输出电压集成稳压器是在三端固定集成稳压电路基础上发展起来的生产量大、应用面广的产品。它也有正电压输出 LM117、LM217 和 LM317 系列及负电压输出 LM137、LM237 和 LM337 系列两种类型。它既保留了三端稳压器的简单结构形式，又克服了固定式输出电压不可调的缺点。从内部电路设计上及集成化工艺方面采用了先进的技术，性能指标比三端固定集成稳压电路高一个数量级，输出电压在 1.25～37V 范围内连续可调。稳压精度高、价格低廉，称为第二代三端式稳压器。

LM317 是三端可调输出电压集成稳压器的一种，它具有输出 1.5A 电流的能力，典型应用电路如图 3-43 所示。该电路的输出电压范围为 1.25～37V。输出电压的近似表达式为

$$U_{\mathrm{O}} = U_{\mathrm{REF}}\left(1+\frac{R_2}{R_1}\right)$$

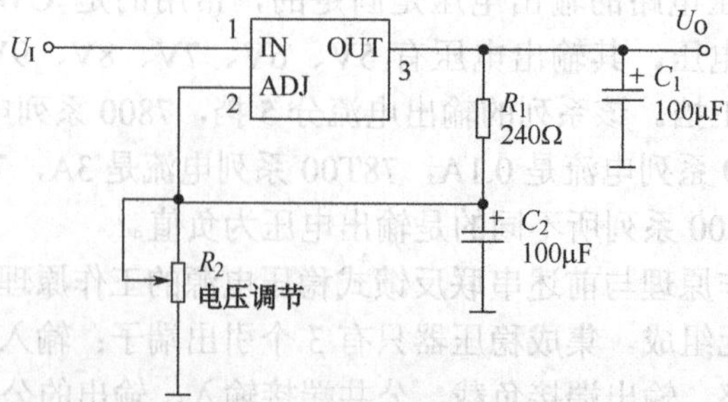


图 3-43　三端可调输出电压集成稳压器的典型应用电路

其中，$U_{REF}$=1.25V。如果 $R_1$=240Ω、$R_2$=2.4kΩ，那么输出电压近似为13.75V。

### 3.3.4 功率放大电路

#### 1. 功率放大电路的特点

功率放大电路（也称为功率放大器）的主要任务是向负载提供较大的信号功率，故功率放大电路应具有以下几个主要特点。

1）输出功率要足够大

为获得足够大的输出功率，功放管的电压和电流变化范围应很大。若输入信号是某一频率的正弦信号，则输出功率的表达式为

$$P_o = I_o U_o \tag{3-13}$$

改用振幅值表示，式（3-13）又可写为

$$P_o = \frac{1}{2} I_{om} U_{om} \tag{3-14}$$

2）效率要高

功率放大器实质上是一个能量转换器，它将电源供给的直流能量转换成交流信号的能量并输送给负载，因此要求转换效率高。

$$\eta = \frac{P_o}{P_{DC}} \tag{3-15}$$

式中，$P_o$ 为信号输出功率；$P_{DC}$ 为直流电源向电路提供的功率。在直流电源提供相同直流功率的条件下，输出信号功率越大，电路的效率越高。

3）非线性失真要小

功率放大器是在大信号状态下工作的，电压、电流摆动幅度很大，而且由于三极管是非线性器件，在大信号工作状态下，器件本身的非线性问题十分突出，因此输出信号不可避免地会产生一定的非线性失真。在实际应用中，要采取措施减小失真，使之满足负载要求。

#### 2. 功率放大电路工作状态的分类

功率放大电路按放大器中三极管静态工作点设置的不同，可分为甲类、乙类和甲乙类3种，如图3-44所示。

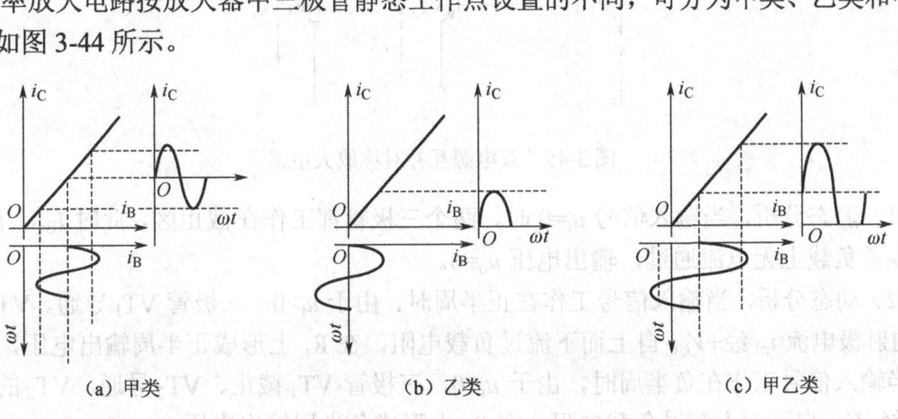


图3-44 甲类、乙类、甲乙类功率放大电路的工作状态

（1）甲类功率放大电路的特点是工作点在负载线线性段的中点，在输入信号的整个周期内，晶体管均导通，有电流流过，功放的导通角 $\theta$=360°。

（2）乙类功率放大电路的特点是工作点设置在截止区，在输入信号的整个周期内，晶体管仅在半个周期内导通，有电流流过，功放的导通角 $\theta$=180°。

（3）甲乙类功率放大电路的特点是工作点设置在放大区内，但很接近截止区，晶体管在大半周期间导通，有电流流过，功放的导通角 180°<$\theta$<360°。

在甲类功率放大电路中，由于在信号全周期范围内晶体管均导通，因此非线性失真较小，但是输出和效率均较低，因而在低频功率放大电路中主要用乙类或甲乙类功率放大电路。

### 3. 双电源互补对称功率放大电路

单管甲类功率放大电路只需要一个功放管便可工作。由于它的效率低，而且为了实现阻抗匹配，需要用变压器，而变压器具有体积大、质量重、频率特性差、耗费金属材料、加工制造麻烦等缺点，因而目前一般不采用单管甲类功率放大电路。乙类功率放大电路具有能量转换效率高的特点，常作为功率放大器。但乙类功率放大电路只能放大半个周期的信号，常用两个对称的乙类功率放大电路分别放大正、负半周的信号，然后合成完整的波形输出，即采用互补对称功率放大电路。

1）电路组成和工作原理

双电源互补对称放大电路如图 3-45 所示。这类电路是无输出电容的功率放大电路，简称 OCL 电路。图中 $VT_1$ 为 NPN 型三极管，$VT_2$ 为 PNP 型三极管。为保证工作状态良好，要求该电路具有良好的对称性，即 $VT_1$、$VT_2$ 特性对称，并且正、负电源对称。当信号为零时，偏流为零，它们均工作在乙类放大状态。电路工作原理如下所述。

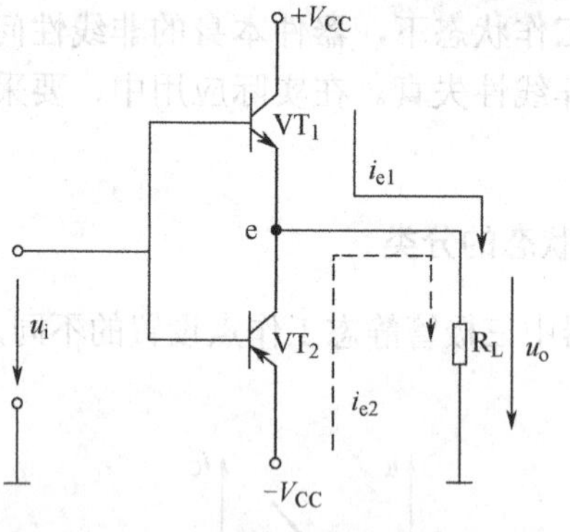


图 3-45　双电源互补对称放大电路

（1）静态分析。当输入信号 $u_i$=0 时，两个三极管都工作在截止区，此时 $I_{BQ}$、$I_{CQ}$、$I_{EQ}$ 均为零，负载上无电流通过，输出电压 $u_o$=0。

（2）动态分析。当输入信号工作在正半周时，由于 $u_i$>0，三极管 $VT_1$ 导通、$VT_2$ 截止，$VT_1$ 的射极电流 $i_{e1}$ 经+$V_{CC}$ 自上而下流过负载电阻，在 $R_L$ 上形成正半周输出电压，$u_o$>0。

当输入信号工作在负半周时，由于 $u_i$<0，三极管 $VT_1$ 截止、$VT_2$ 导通，$VT_2$ 的射极电流 $i_{e2}$ 经-$V_{CC}$ 自下而上流过负载电阻，在 $R_L$ 上形成负半周输出电压，$u_o$>0。

不难看出，在输入信号 $u_i$ 的一个周期内，即 $VT_1$、$VT_2$ 交替工作，流过 $R_L$ 的电流为一完整的正弦波信号。

2）性能分析

双电源互补对称放大电路工作图解分析如图 3-46 所示。图 3-46（a）所示为 $VT_1$ 导通时的工作情况。图 3-46（b）是将 $VT_2$ 的导通特性倒置后与 $VT_1$ 特性画在一起，让静态工作点 $Q$ 重合，形成两管合成曲线，图中交流负载线为一条通过静态工作点的斜率为 $-\dfrac{1}{R_L}$ 的直线 $AB$。从图 3-46 中可以看出，输出电流、电压的最大允许变化范围分别为 $2I_{cm}$ 和 $2U_{cem}$，$I_{cm}$ 和 $U_{cem}$ 分别为集电极正弦电流和电压的振幅值。有关性能指标计算如下。

（1）输出功率 $P_o$ 为

$$P_o=\frac{U_{cem}}{\sqrt{2}}\frac{I_{cm}}{\sqrt{2}}=\frac{1}{2}I_{cm}U_{cem}=\frac{1}{2}\frac{U_{cem}^2}{R_L} \tag{3-16}$$

当考虑饱和压降 $U_{ces}$ 时，输出的最大电压幅值为

$$U_{cem}=V_{CC}-U_{ces} \tag{3-17}$$

一般情况下，输出电压的幅值 $U_{cem}$ 总小于电源电压 $V_{CC}$ 值，故引入电源利用系数 $\kappa$ 为

$$\kappa=\frac{U_{cem}}{V_{CC}} \tag{3-18}$$

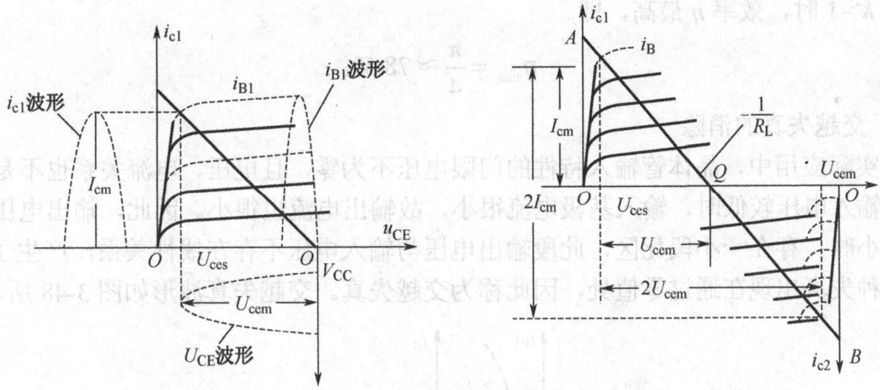


图 3-46　双电源互补对称放大电路工作图解分析

将式（3-18）代入式（3-16）得

$$P_o=\frac{1}{2}\frac{U_{cem}^2}{R_L}=\frac{1}{2}\frac{\kappa^2V_{CC}^2}{R_L} \tag{3-19}$$

当忽略饱和压降 $U_{ces}$ 时，即 $\kappa=1$，输出功率 $P_{om}$ 可按下式估算

$$P_{om}=\frac{1}{2}\frac{V_{CC}^2}{R_L} \tag{3-20}$$

（2）效率 $\eta$。由式（3-15）可知，计算效率应先求出电源供给功率 $P_{DC}$。在乙类互补对称放大电路中，每个晶体管的集电极电流的波形均为半个周期的正弦波形。其波形如图 3-47 所示，其平均值 $I_{D(AV)}$ 为

$$I_{D(AV)}=\frac{1}{2\pi}\int_0^{2\pi}i_{c1}d(\omega t)=\int_0^{2\pi}I_{cm}\sin\omega t d(\omega t)=\frac{1}{\pi}I_{cm} \tag{3-21}$$

因此，直流电源 $V_{CC}$ 供给的功率为

$$P_{DC1}=I_{D(AV)}V_{CC}=\frac{1}{\pi}I_{cm}V_{CC}=\frac{1}{\pi}\frac{U_{cem}}{R_L}V_{CC}=\frac{\kappa}{\pi}\frac{V_{CC}^2}{R_L} \tag{3-22}$$

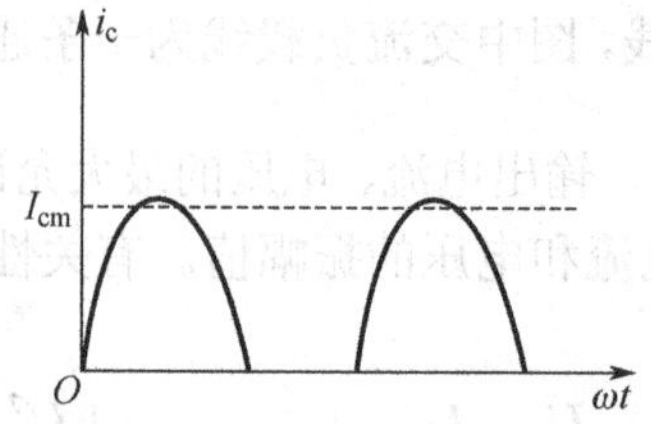


图 3-47 集电极电流 $i_c$ 的波形

因为考虑是正、负两组直流电源，所以总的直流电源的供给功率为

$$P_{DC}=\frac{2\kappa}{\pi}\frac{V_{CC}^2}{R_L} \tag{3-23}$$

将式（3-19）、式（3-23）代入式（3-15）得

$$\eta=\frac{P_o}{P_{DC}}=\frac{\pi}{4}\kappa \tag{3-24}$$

当 $\kappa$=1 时，效率 $\eta$ 最高，即

$$\eta_{max}=\frac{\pi}{4}\approx 78.5\% \tag{3-25}$$

3）交越失真的消除

在实际应用中，晶体管输入特性的门限电压不为零，且电压、电流关系也不是线性关系，在输入电压较低时，输入基极电流很小，故输出电流也很小。因此，输出电压在输入电压较小时，存在一小段死区，此段输出电压与输入电压不存在线性关系，产生了失真。由于这种失真出现在通过零值处，因此称为交越失真。交越失真波形如图 3-48 所示。

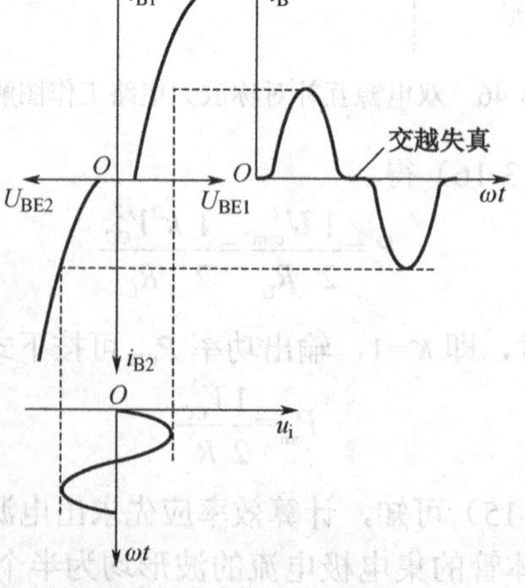


图 3-48 交越失真波形

克服交越失真的措施就是避开死区电压区，使每个晶体管都处于微导通状态。输入信号一旦加入，晶体管就立即进入线性放大区，而在静态时，虽然每个晶体管都处于微导通状态，但是由于电路对称，两个晶体管静态电流相等，流过负载的电流为零，因此消除了交越失真。

图3-49所示为OCL电路设置静态偏置消除交越失真的电路。偏置电路主要由二极管$VD_1$、$VD_2$和电位器$R_P$组成。调节$R_P$可以使三极管$VT_1$和$VT_2$的基极直流电位之差稍大于两管的死区电压之和，这样每个管子就能得到一个合适的静态偏压。而且二极管的接入还具有温度补偿作用，可以稳定$VT_1$、$VT_2$的静态工作点。对于变化信号而言，由于二极管的动态电阻和$R_P$的值很小，可以认为加到$VT_1$、$VT_2$基极上的信号电压基本相等，输出信号正、负半周仍然对称。

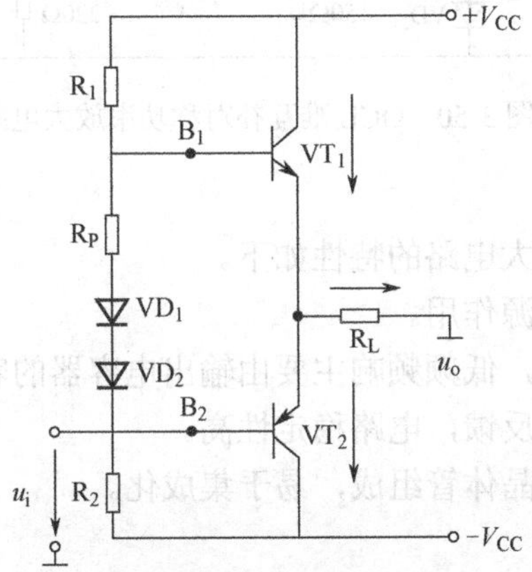


图3-49 消除交越失真的电路

4）OCL电路的应用分析

图3-50所示为OCL准互补对称功率放大电路，它由输入级、中间级、输出级及偏置电路组成。输入级是由$VT_1$、$VT_2$和$VT_3$组成的单端输入、单端输出的共射组态恒流源式差动放大电路，并从$VT_1$的集电极处取出输出信号加至中间级。中间级是由$VT_4$、$VT_5$组成的共射组态放大电路，$VT_5$是恒流源，作为$VT_4$的有源负载。输出级是由$VT_7$、$VT_8$、$VT_9$、$VT_{10}$组成的准互补对称电路，其中VT7、VT9为由NPN-NPN组成的NPN型复合管；$VT_8$、$VT_{10}$为由PNP-PNP组成的PNP型复合管，各电阻$R_{e7}$、$R_{e8}$、$R_{e9}$、$R_{e10}$的作用是改善温度特性。$VT_6$、$R_{e4}$、$R_{e5}$组成了$U_{be}$倍压电路，为输出级提供所需的静态工作点，以消除交越失真。由$R_1$、$VD_1$、$VD_2$、$VT_3$、$VT_5$组成恒流源电路，$R_1$、$VD_1$、$VD_2$提供基准电流。$R_f$、$C_1$、$R_{b2}$构成交流串联电压负反馈，用来改善整个放大电路的性能。

OCL电路最大的优点是低频特性好，输入输出跟随性好（带负载能力强）；不足之处是需采用双电源供电，这在电路中很不方便。

### 4. 单电源互补对称功率放大电路（OTL电路）

图3-51所示的单电源互补对称功率放大电路中需要正、负两个电源。但在实际电路，如收音机、扩音机中，常采用单电源供电。为此，可在输出端接一个大容量的电容器，该电容的充放电时间常数应远大于信号周期，用它来代替一个直流电源。这种形式的电路无输出变压器，而有输出耦合电容，简称OTL电路。

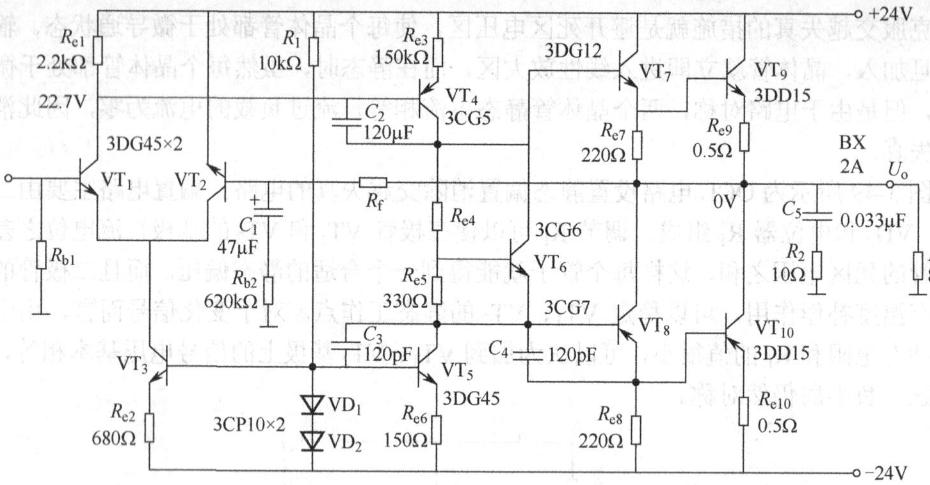


图 3-50 OCL 准互补对称功率放大电路

1）电路特性

单电源互补对称功率放大电路的特性如下。

（1）输出电容起到负电源作用。

（2）电路的频率响应宽，低频频响主要由输出电容器的容量决定。

（3）电路便于加深度负反馈，电路稳定性高。

（4）电路由阻容元件和晶体管组成，易于集成化。

2）电路原理

在图 3-51 所示电路中，管子工作在乙类状态。在静态时，因电路对称，两管发射极 e 点电位为电源电压的一半，即 $\frac{1}{2}V_{CC}$，负载中没有电流。电容 C 两端的电压也稳定在 $\frac{1}{2}V_{CC}$，这样两管的集、射极之间如同分别加上 $\frac{1}{2}V_{CC}$ 和 $-\frac{1}{2}V_{CC}$ 的电源电压。

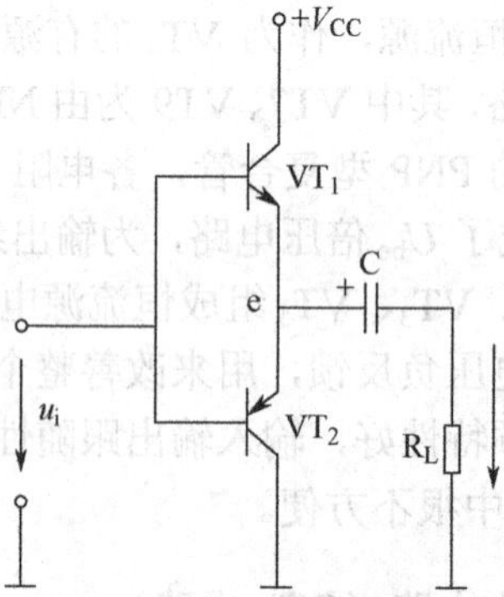


图 3-51 OTL 电路

动态时，在输入信号正半周，$VT_1$ 导通、$VT_2$ 截止，$VT_1$ 以发射极输出的形式向负载 $R_L$ 提供电流，使得负载 $R_L$ 上得负正半周输出电压，同时对电容 C 充电；在输入信号负半周，$VT_1$ 截止、$VT_2$ 导通，电容 C 通过 $VT_2$、$R_L$ 放电，$VT_2$ 也以发射极输出的形式向负载

$R_L$提供电流，负载$R_L$上得到负半周输出电压，电容C这时起到负电源的作用。这样，负载$R_L$上得到一个完整的信号波形。

从上述内容可以看出，除用电容C代替一组电源外，工作过程与双电源相同，功率、效率计算也相同，只需将公式中的$V_{CC}$用$\frac{1}{2}V_{CC}$代替即可。

3）电路实例

图3-52所示为一典型的OTL电路。由运算放大器A组成前置放大电路，$VT_4$～$VT_7$组成互补对称电路，$VD_1$、$VD_2$、$VD_3$提供偏置电压，$R_{11}$和$R_1$构成电压并联负反馈。

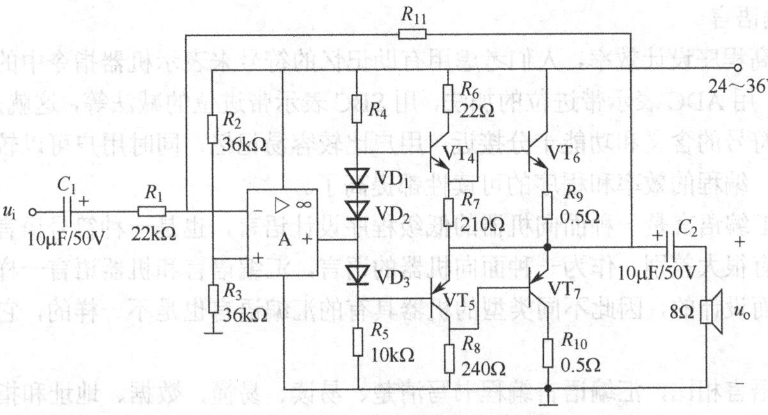


图3-52 典型的OTL电路

在静态时，由$R_4$、$R_5$、$VD_1$、$VD_2$、$VD_3$提供偏置电压使$VT_4$～$VT_7$微导通，$i_{e6}=i_{e7}$，中点电位为$\frac{1}{2}V_{CC}$，$u_o$=0V。

动态时，当输入信号$u_i$为负半周时，集成运放对输入信号进行放大，使互补对称功放的基极电位升高，$VT_4$、$VT_6$导通，$VT_5$、$VT_7$截止，$i_{e6}$由上而下流过负载，输出电压$u_o$为正半周。当输入信号$u_i$为正半周时，集成运放对输入信号进行放大，使互补对称功放的基极电位降低，$VT_4$、$VT_6$截止，$VT_5$、$VT_7$依靠$C_2$上的存储电压$\frac{1}{2}V_{CC}$导通，$i_{e7}$由下而上流过负载，输出电压$u_o$为负半周。这样负载上就获得一个完整的正弦电压波形。

# 3.4 计算机应用的基础知识

## 3.4.1 计算机程序

计算机软件系统是靠各种程序、数据支持的，而各种程序的编制或运行是靠计算机语言完成的。

### 1. 计算机语言的分类

微型计算机的设计和应用，主要集中在接口技术和程序设计技术这两个方面。程序设计语言是人们描述计算过程的规范书写语言，这里的计算过程实际上就是解决问题时计算机应该执行的步骤。程序设计语言通常分为机器语言、汇编语言、高级语言三大类。

1）机器语言

机器语言是完全由二进制代码“0”和“1”按确定的要求组成的机器指令，是计算机能够直接识别并执行的语言，它是计算机系统所固有的语言。虽然现代计算机的结构复杂性及运算速度是几十年前人类发明的第一台计算机不可比拟的，但现在的计算机硬件仍然只能理解自己的语言——机器指令。用机器语言进行程序设计，需要对机器结构有较多的了解，因而机器语言的移植性很差。而且用机器指令编制出来的程序可读性很差，编写、修改、检查等也很困难，但机器语言占用内存较少，执行速度快。

2）汇编语言

为了提高程序设计效率，人们考虑用有助记忆的符号来表示机器指令中的操作码和操作数。例如，用 ADC 表示带进位的加法，用 SBC 表示带进位的减法等，这就是汇编语言。由于采用的符号的含义和功能十分接近，用户比较容易记忆，同时用户可以较方便地表达自己的思想，编程的效率和程序的可读性都提高了。

然而，汇编语言是一种面向机器的低级程序设计语言，也是一种符号语言，与人类习惯的语言仍有很大差别。作为一种面向机器的语言，汇编语言和机器语言一样，是为某种特定的机器而设计的，因此不同类型的机器具有的汇编语言也是不一样的，它们之间是不能通用的。

与机器语言相比，汇编语言编程书写清楚、易读、易懂，数据、地址和指令也容易区别。只有把汇编语言翻译成计算机所能识别的由二进制代码“0”或“1”组成的机器语言，汇编程序才能执行。这个翻译过程称为汇编。

3）高级语言

虽然汇编语言比机器语言有着更多的优点，但它仍和计算机的硬件结构与指令系统密切相关。人们在使用汇编语言编写程序时，发现它仍未能摆脱机器指令的束缚，这对于人们进行抽象思维和交流是很不方便的。在这种需求之下，高级语言就产生了。FORTRAN 是第一种被广泛用于进行科学计算的高级语言。

高级语言的最大优点就是独立于机器，面向用户，用它来编写的程序与实际中的解题步骤比较接近，而且它不依赖于具体的计算机硬件结构的指令系统，便于人们进行抽象思维的交流。同时，利用高级语言编制的程序较短，便于推广，容易调试，修改和维护也相当方便。

高级语言的编译程序相当复杂，占用的存储容量大，所需的计算机系统成本比较高，其目的程序长，执行时间也比低级语言所编制的程序长。

**2. 指令**

每个计算机系统都要求提供一套特定的操作命令，使计算机能从外部接收信息，并在 CPU 中加以处理，然后把处理后的信息送出去。这套操作命令就称为指令。

不同的微处理器具有不同的指令结构格式。但从指令的结构上讲，一条指令一般由操作码、寻址特征码和形式地址码组成。

一台计算机所能执行的各种不同类型指令的总和称为该机器的指令系统。指令系统包括指令的种类及功能、指令格式和指令的寻址方式等。指令一般可分为存储器读和写指令、输入/输出指令、CPU内部操作指令、程序控制指令四大类。

### 3.4.2 计算机网络

#### 1. 计算机网络的基本概念

计算机网络是指分布在不同地理位置上的具有独立功能的多个计算机系统，通过通信设备和通信线路相互连接起来，在网络软件的管理下实现数据传输和资源共享的系统。它综合应用了几乎所有的现代信息处理技术、计算机技术和通信技术的研究成果，把分散在广泛领域中的许多信息处理系统连接在一起，组成一个规模更大、功能更强、可靠性更高的信息综合处理系统。计算机网络具有丰富的功能，其中最重要的是资源共享和快速通信。

1）快速通信（数据传输）

快速通信是计算机网络最基本的功能之一。计算机网络为分布在不同地点的计算机用户提供了快速传输信息的手段，网上不同的计算机之间可以传输数据、交换信息（如文字、声音、图形、图像和视频等），为人类提供了前所未有的方便。

2）共享资源

共享资源是计算机网络的重要功能。计算机资源包括硬件、软件和数据等。所谓共享资源，就是指网络中各计算机的资源可以互相通用。这样可以减少信息冗余，节约投资，提高设备利用率。例如，在一个办公室里的几台计算机可以经网络共用一台激光打印机。

3）提高可靠性

在一个较大的系统中，个别部件或计算机出现故障是不可避免的。计算机网络中的各台计算机可以通过网络互相设置为后备机。这样，一旦某台计算机出现故障，网络中的后备机就可代替继续执行，保证任务正常完成，避免系统瘫痪，从而提高了计算机的可靠性。

4）分担负荷

当网上某台计算机的任务过重时，可将部分任务转交到其他较空闲的计算机上去处理，从而均衡计算机的负担，减少用户的等待时间。

5）实现分布式处理

将一个复杂的大任务分解成若干子任务，由网上的计算机分别承担其中的一个子任务，共同运作、完成，以提高整个系统的效率，这就是分布式处理模式。计算机网络使分布式处理成为可能。

#### 2. 数据通信

通信是指在两个计算机或终端之间经信道（如电话线、同轴电缆、光缆等）传输数据或信息的过程。

下面简单介绍有关通信的几个常用术语。

1）信道

信道是传输信息的必经之路。在计算机网络中，信道有物理信道和逻辑信道之分。物理信道是指用来传输数据和信号的物理通路，它由传输介质和相关的通信设备组成。计算机网络中常用的传输介质有双绞线、同轴电缆、光缆和无线电波等。逻辑信道也是网络的一种通路，它是在发送点和接收点之间的众多物理信道的基础上，再通过节点内部的连接来实现的，称为“连接”。根据传输介质的不同，物理信道可分为有线信道（如电话线、双绞线、同轴电缆、光缆等）、无线信道和卫星信道。如果根据信道中传输的信号类型来分，则物理信道又可划分为模拟信道和数字信道。模拟信道传输模拟信号，如调幅或调频波。数字信道直接传输二进制脉冲信号。

2）数字信号和模拟信号

通信的目的是传输数据，信号则是数据的表现形式。信号分为数字信号和模拟信号两类。数字信号是一种离散的脉冲串，通常用一个脉冲表示一位二进制数。现在，计算机内部处理的信号都是数字信号。模拟信号是一种连续变化的信号，可以用连续的电波表示，声音就是一种典型的模拟信号。

3）调制与解调

普通电话线是针对语音通话而设计的模拟信道，主要适用于模拟信号的传输。如果要在模拟信道上传输数字信号，就必须在信道两端分别安装调制解调器（Modem），在发送端，将数字脉冲信号转换成能在模拟信道上传输的模拟信号，此过程称为调制（Modulation）；在接收端，再将模拟信号转换成数字脉冲信号，这个反过程称为解调（Demodulation）。把这两种功能结合在一起的设备称为调制解调器。

4）带宽与数据传输速率

在模拟信道中，以带宽表示信道传输信息的能力，用传输信息信号的高频率与低频率之差表示，以 Hz、kHz、MHz 或 GHz 为单位。例如，电话信道的带宽为 300～3400Hz。在数字信道中，用数据传输速率（比特率）表示信道的传输能力，即每秒传输的二进制位数（bit/s），单位为 bit/s、kbit/s、Mbit/s 或 Gbit/s。例如，调制解调器的传输速率为 56kbit/s。研究证明，通信信道的最大数据传输速率与信道带宽之间存在着明确的关系，所以在网络技术中“带宽”与“速率”几乎成为同义词。带宽与数据传输速率是通信系统的主要技术指标。

5）误码率

误码率是指在信息传输过程中的出错率，是通信系统的可靠性指标。在计算机网络系统中，一般要求误码率低于 $10^{-6}$（百万分之一）。

**3．计算机网络的分类**

计算机网络的分类标准很多，如按计算机网络的拓扑结构分类，按网络的交换方式分类，按网络协议分类，按数据的传输方式分类等。按网络覆盖的地理范围（距离）进行分类是最普遍的分类方法之一，它能较好地反映网络的本质特征。依照这种方法，可把计算机网络分为局域网、广域网和城域网 3 类。

1）局域网

局域网（Local Area Network，LAN）是一种在小区域内使用的网络，其传输距离一般在几千米之内，最大距离不超过 10km。它是在微型计算机大量推广后被广泛使用的，适用于一个部门或一个单位组建的网络，如在一个办公室、一幢大楼或校园内。局域网具有传输速率高（10～1000Mbit/s）、误码率低、成本低、容易组网、易维护、易管理、使用灵活方便等特点。

2）广域网

广域网（Wide Area Network，WAN）也称为远程网络，覆盖地理范围比局域网要大得多，可从几十千米到几千千米，如覆盖一个地区、国家或横跨几个洲。广域网可以使用电话线、微波、卫星或它们的组合信道进行通信。因特网就是典型的广域网。广域网的传输速率较低，一般为96kbit/s～45Mbit/s。

3）城域网

城域网（Metropolitan Area Network，MAN）是一种介于局域网和广域网之间的高速网络，覆盖地理范围介于局域网和广域网之间，一般为几千米到几十千米，传输速率一般为50Mbit/s左右。其用户多为需要在市内进行高速通信的较大单位或公司等。

**4．组网的硬件设备**

与计算机系统类似，计算机网络系统也由网络软件和硬件设备两部分组成。网络操作系统对网络进行控制与管理。目前，在局域网上流行的网络操作系统有Windows NT Sever、NetWare、UNIX和Linux等。下面主要介绍常见的网络硬件设备。

1）局域网的组网设备

（1）传输介质。局域网中常用的传输介质有同轴电缆、双绞线和光缆。

（2）网络接口卡。网络接口卡（简称网卡）是构成网络必需的基本设备，用于将计算机和通信电缆连接起来，以便经电缆在计算机之间进行高速数据传输。因此，每台连接到局域网的计算机（工作站或服务器）都需要安装一块网卡。通常网卡都插在计算机的扩展槽内。网卡的种类很多，它们各自有其适用的传输介质和网络协议。

（3）集线器（Hub）。集线器是局域网的基本连接设备。在传统的局域网中，联网的节点通过双绞线与集线器连接，构成物理上的星形拓扑结构。目前，市场上的集线器有独立式集线器、堆叠式集线器和智能型集线器等。

2）网络互联设备

（1）路由器（Router）。处于不同地理位置的局域网通过广域网进行互联是当前网络互联的一种常见的方式。路由器是实现局域网与广域网互联的主要设备。

路由器用于检测数据的目的地址，对路径进行动态分配，根据不同的地址将数据分流到不同的路径中。如果存在多条路径，那么根据路径的工作状态和忙闲情况，选择一条合适的路径，动态平衡通信负载。

（2）调制解调器（Modem）。调制解调器是PC通过电话线接入因特网的必备设备，具有调制和解调两种功能。调制解调器分外置和内置两种。外置调制解调器是在计算机机箱之外使用的，一端用电缆连接在计算机上，另一端与电话插口连接，其优点是便于从一台设备移到另一台上去。内置调制解调器是一块电路板，插在计算机或终端内部，并且一旦插入机器就不易移动了。

在通信过程中，信道的发送端和接收端都需要调制解调器。发送端的调制解调器将数字信号调制成模拟信号送入通信线路，接收端的调制解调器再将模拟信号解调还原成数字信号进行接收和处理。

# 3.5 电子测量的基础知识

## 3.5.1 电参数测量

### 1. 电压测量

电压测量是非常重要的测量，因为测出电路端电压后根据电路阻抗就可计算出电流和功率。电压可以派生出其他量，如幅频特性、调幅特性、失真度、灵敏度等。在自动控制系统中，反馈量和控制量大都用电压量来表示；在非电量测量中，通常将非电量转换成电压量来测量，所以电压测量在电子测量技术中占有重要地位。

1）电压的特点

电压在性质上可分为直流电压和交流电压（包括所有非正弦电压）两种。在应用上，有工频电压和电子电路电压。前者是强电，除电压范围大之外，波形、频率等都是规则的。而后者却具有更多的特点：第一，频率范围宽，电子电路信号的频率往往是在直流到几千兆赫范围内变化；第二，电压范围广，电子电路中的电压可在 nV 级到 MV 级，其中 μV 级的电压是最常见的；第三，波形多种多样，电子电路中除正弦波之外，大量的是非正弦波，同时交、直流并存，甚至串入噪声干扰；第四，电子电路的等效阻抗一般都较高，有的达兆欧级。

2）对电压测量的基本要求

针对电压量的特点，对电压测量提出了一系列要求，主要有以下几个方面。

（1）应有足够宽的频率范围。以满足测量从直流到几千兆赫的频率要求。

（2）应有足够宽的电压测量范围。以满足测量从 nV 级到 MV 级的要求。

（3）应有足够高的测量准确度。由于电压测量的基准是直流标准电压，同时直流测量中不存在分布参数的影响或影响极小，因此直流电压的测量准确度最高。

（4）应有足够高的输入阻抗。由于电子电路等效阻抗高，为了减小仪器接入后对电路的影响，要求仪器输入阻抗要高。目前模拟电压表的输入阻抗在兆欧级，数字电压表的输入阻抗达吉欧级，甚至可达数千吉欧。

（5）应具有高的抗干扰能力。一般来说，测量都是在充满各种干扰的条件下进行的。对于微小电压的测量，需要的灵敏度越高，其干扰的影响就越大。所以，电压表的抗干扰能力要强，对数字电压表更是如此。

此外，还应要求高的测量速度和高的自动化程度，以实现智能测量和自动测量。

3）电压测量方法

电压的测量方法很多，要根据被测电压的不同和测量的具体要求及客观条件的限制，合理选择测量方法。归结起来，电压测量的方法有以下几种。

（1）电工仪表测量法。电工仪表主要是指针式仪表，主要有磁电系、电动系、电磁系等，其中磁电系仪表只能测直流量。用电工仪表测电压在工程中应用十分普遍，因为电工仪表成本低、操作简便。对交流高电压，通过互感器也可用电工仪表进行测量。

（2）电子电压表测量法。电子电压表是利用电子技术制成的，属于电子仪器类，是模拟式电压表，在电子电路交流电压测量中广为应用。

电子电压表根据将交流转换成直流原理的不同分为3种类型。

第一，公式法：按正弦交流电压有效值公式制成的有效值电压表，该类电子电压表的特点主要是频带窄、准确度低。

第二，热电转换法：利用热电偶转换制成的有效值电压表，其优点是没有波形误差；但有热惯性、频带不宽、维修不便等缺点。

第三，检波法：通过整流将交流转换成直流制成的电压表，根据整流电路的不同可分为均值检波、峰值检波、有效值检波3种。同时，根据整流器的位置又分为“检波-放大”“放大-检波”式电压表。

可见，无论哪种类型的电子电压表都具有由交流转换为直流的过程，“调制式”电子电压表也不例外。

（3）数字电压表测量法。严格地讲，数字电压表也属于电子电压表，但因数字部分电路在整个仪器中占有重要地位，所以称它为数字电压表。

数字电压表首先将模拟量通过模/数（A/D）转换为数字量，然后用计数器计数，并用十进制数字显示被测电压值。作为交流数字电压表，还必须有交流/直流（AC/DC）转换过程。

### 2. 频率测量

1）概述

在自然界中，周期现象是极为普遍的，在电信号内（特别是电子技术中）也是常见的。而频率和周期是从不同的两个侧面来描述周期现象的，二者互为倒数关系。周期实质上是时间（时间间隔），而时间是国际单位制中 7 个基本物理量之一，单位为秒，用 s 表示。相位与时间也是密切相关的，其关系表述为

$$\varphi=\frac{T}{\tau}\times 360^\circ = fT\times 360^\circ \tag{3-26}$$

式中，$\varphi$为相位；$f$和 $T$ 分别为频率和周期。所以，频率、时间、相位 3 个量可归结为一个量的测量问题。在电子技术领域内，频率是最基本的参数之一，它是指单位时间内周期变化或振荡的次数，许多电参数的测量方案及结果都与之密切相关。因此，频率的测量是十分重要的，而且到目前为止频率的测量在电测量中精确度是最高的。

2）频率测量方法

（1）直读法。在工程中，工频信号的频率常用电动系频率表进行测量，并用电动系相位表测量相位，因为这种指针式电工仪表的操作简便、成本低，在工程测量中能满足其测量准确度。

（2）电路参数测量法。通过测量电路参数达到测量频率目的的方法有两种。

① 电桥法：把被测信号作为交流电桥的电源，调节桥臂参数使电桥平衡，由平衡条件可得出被测频率的结果。这种方法的误差较大，目前已很少使用。

② 谐振法：将被测信号作为谐振电路的电源，通过改变电路参数使电路谐振，然后由电路参数可得被测频率。

（3）示波器法。用示波器来进行测量是非常直观的，下面介绍几种常用方法。

① 直接测量法测频率。在用示波器测频率时，将扫描微调旋钮置于“校正”位置，调节“时基开关”（扫描速度），使选择的扫描恰当，显示屏上显示适中稳定的波形，则由显示屏上读得的一个周期的距离（单位为 cm）和时基开关挡位可得

$$T_x=S_x x_T \tag{3-27}$$

式中，$T_x$ 为被测周期（s）；$S_x$ 为扫描速度（cm/s）。若使用了“X 扩展”，则应除以扩展系数。

被测信号频率为 $f_x=1/T_x$。

② 时标法测频率。在直接测量法中，除需对扫描速度校准之外，其准确度还与示波器分辨率和扫描线性及放大器增益稳定性有关。然而，时标法可克服扫描非线性所引起的误差。

时标法的原理是：在扫描发生器控制下，扫描正程期间时标发生器工作，产生方波（或正弦波）时标信号，此信号加在示波管的控制栅极和阴极之间进行辉度调节。时标信号周期远小于被测信号周期，则显示屏上显示的被测信号波形明暗相间，这一明一暗正好是时标信号周期，从而被测信号周期为

$$T_x=nT_0$$

式中，$T_0$ 为时标信号周期；$n$ 为 $T$ 内的标记数。

③ 李沙育图形法测频率。应注意的是，在 Y 和 X 输入中必有一个标准频率信号，同时对 Y 和 X 输入信号的波形、幅值、频率都有一定要求，而且测量的频率范围不宽。此外，测量时应使显示屏上显示的图形直观明了。

### 3.5.2 常用电子测量仪器的使用和维护知识

#### 1. 万用表的使用与维护

万用表是一种可以测量多种电量的多量程便携式仪表，它具有测量种类多、测量范围宽、携带方便等优点。

1）指针式万用表

（1）万用表的结构。

① 表头。万用表的表头多采用灵敏度高、准确度好的磁电系测量机构。表头的满刻度偏转电流一般为几微安到几百微安。满偏电流越小，灵敏度越高，测量电压时内阻就越大。500 型万用表的满偏电流为 40μA 左右，测量直流电压时内阻达 20kΩ。

万用表刻度盘标有多种刻度尺，如图 3-53 所示。

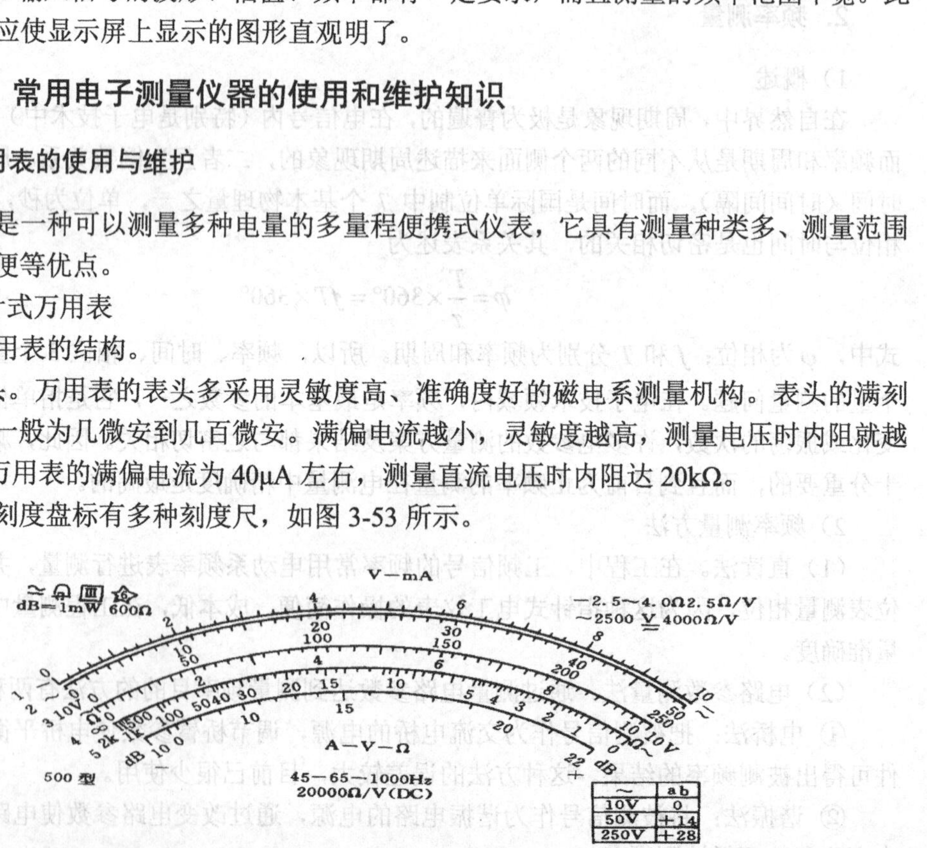


图 3-53　500 型万用表刻度盘

② 测量线路。万用表用一个表头测量多种电量，并具有多种量程。实现这些功能的关键是测量线路，通过测量线路把被测量转换成磁电系表头所能接受的直流电流。万用表的测量范围越广，其测量线路越复杂。但各种万用表的测量线路基本相同。

万用表的表头满偏电流很小，在实际测量时，必须采用分流器。分流器通常分为开路式分流器和闭路式分流器两类，如图 3-54 所示。万用表测量不同量程的直流电流、直流电压，就利用电阻器并联分流和串联分压的原理实现。

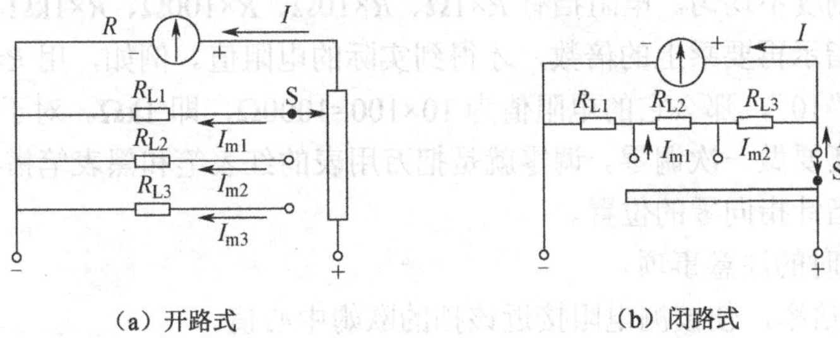


图 3-54 万用表分流器

利用万用表测量交流电流、交流电压必须经过整流器，如图 3-55 所示为万用表整流器原理图。

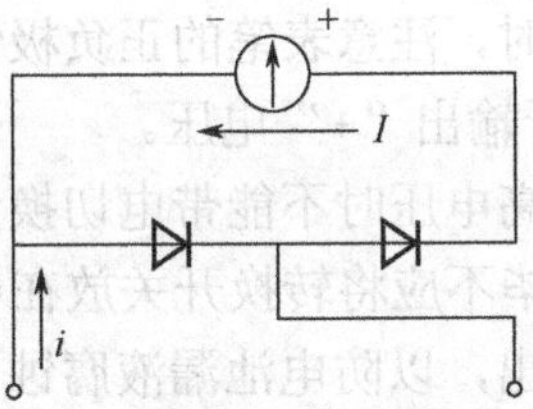


图 3-55 万用表整流器原理图

万用表测量电阻的原理图如图 3-56 所示。图中 $R_x$ 是被测电阻，$R_0$ 是调零电阻，$R_1$ 是表头串联的限流电阻，红表笔与电源负极相连，黑表笔通过表头与电源正极相连。当 $E$ 一定时，被测电阻越大，电流越小，表针转动角度越小。

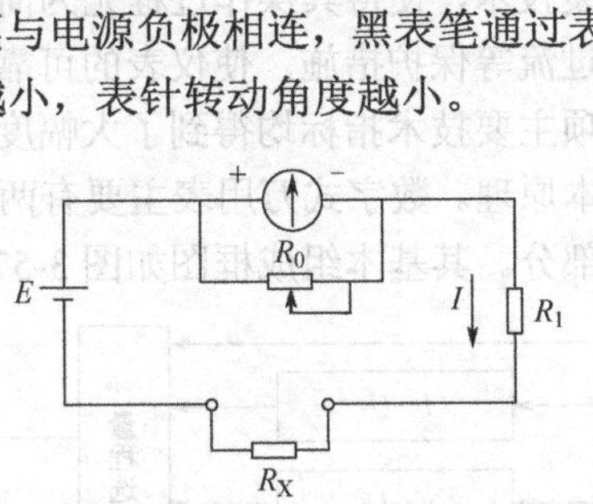


图 3-56 万用表测量电阻的原理图

③ 转换开关。转换开关是用来选择不同的被测量和不同量程时的切换元器件。它里面有固定接触点和活动接触点，当固定接触点与活动接触点闭合时就可以接通电路。

万用表就是由以上 3 个部分加上一些插孔及调整旋钮等组成的。

（2）万用表的使用与维护。

① 正确选择插孔和转换开关位置。通常认定红表笔为“+”，黑表笔为“-”。所以，

将表笔插入表孔时，一定要严格按颜色和正负插入。测量直流量时，要注意正负极性。测量电流时，万用表与电路串联。测量电压时，万用表与电路并联（红接“+”，黑接“-”）。根据测量对象，将转换开关旋至所需位置。量程的选择应使指针移动到满刻度的 2/3 附近。在被测量大小不详时，应先用大量程试测，后再改用合适量程。

② 正确读数。万用表有多条标尺，一定要根据被测量的种类、电量性质和量程，读准对应的标尺，不能看错。万用表上标有“Ω”刻度线的是电阻值指示，最左端是无穷大，右端为零，中间刻度不均匀。电阻挡有 $R\times1\Omega$、$R\times10\Omega$、$R\times100\Omega$、$R\times1k\Omega$、$R\times10k\Omega$ 各挡，分别说明刻度的指示再要乘上的倍数，才得到实际的电阻值。例如，用 $R\times100\Omega$ 挡测一电阻，指针指示为“10”，那么它的电阻值为 10×100=1000Ω，即 1kΩ。对于指针式万用表，每换一次电阻挡还要做一次调零。调零就是把万用表的红表笔和黑表笔搭在一起，然后转动调零旋钮，使指针指向零的位置。

③ 测量电阻时的注意事项。

a．合理选择倍率，使被测电阻接近该挡的欧姆中心值。

b．测量前应先调零。

c．严禁在带电情况下测量电阻。

d．测电阻，尤其大阻值电阻时，不能用两手接触表笔的金属部分，以免影响测量结果。

用万用表测量晶体管、电容时，注意表笔的正负极性恰好与常规相反，即红表笔相当于输出“-”电压，黑表笔相当于输出“+”电压。

另外，万用表测量大电流、高电压时不能带电切换量程。万用表应水平放置，不得受热、受潮、受震动。每次测量完毕不应将转换开关放在电阻挡，而应置于空挡或电压最高挡。若长期不用，则应将电池取出，以防电池漏液腐蚀电表。

2）数字式万用表

数字式万用表是在模拟式万用表的基础上发展起来的一种先进的测量仪表。由于采用了大规模集成电路和表面安装技术，使得其操作过程尤为简便，测量结果更加精确，而且内部电路采取了各种过压、过流等保护措施，使仪表的可靠性、有效性得到进一步提高。与模拟式万用表相比，其各项主要技术指标均得到了大幅度提高。

（1）数字式万用表的基本原理。数字式万用表主要有两大部分：第一部分是电量变换部分；第二部分是数字显示部分。其基本组成框图如图 3-57 所示。

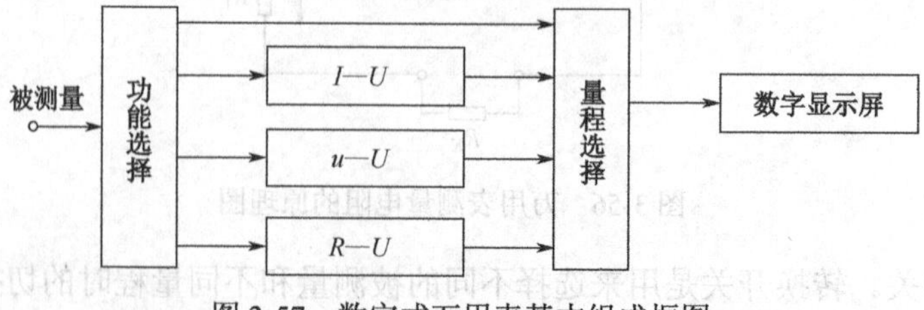


图 3-57　数字式万用表基本组成框图

数字式万用表在测量时，必须将各种被测量变换成直流电压量。在变换电路中，常采用分压器将高电压转换为低电压；采用分流电阻网络将电流量转换为电压量；通过整流器、滤波器将交流电压转换为直流电压；还可通过一个电源和一组电阻网络将电阻量转换为电压量。数字显示部分采用 A/D 转换电路，将模拟电压转换成数字量后，利用计数器对数字脉冲进行计数，最后经过译码，驱动显示屏，用数字的形式显示出各种电量的大小。

（2）UT30B 型数字式万用表的使用方法。UT30B 型数字式万用表的面板图如图 3-58 所示。

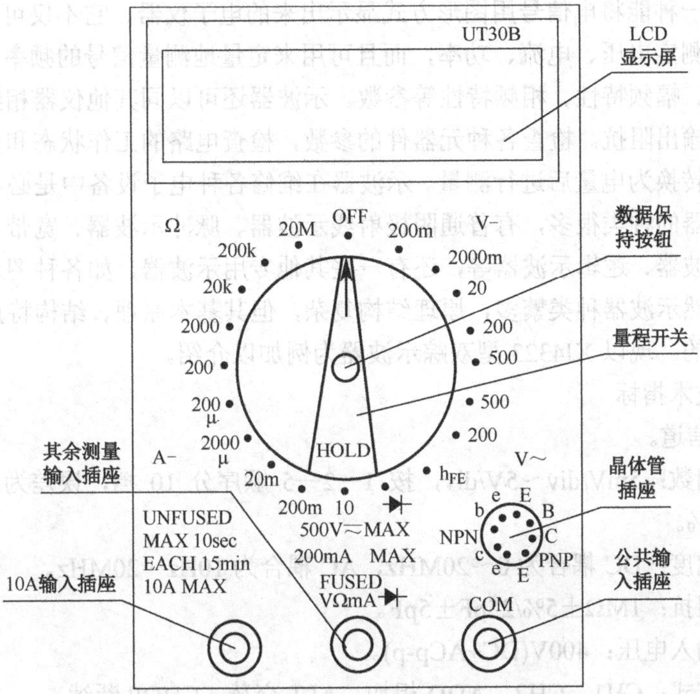


图 3-58 UT30B 型数字式万用表的面板图

① 测量电压。黑表笔插入“COM”（公共输入端）插座内，红表笔插入“VΩmA”插座内，根据直流或交流电压的大小，合理选择量程。将两支表笔与被测电压的两端并联。在测量直流电压时，显示屏会指示出电压的极性。值得注意的是，选择不同的量程，测量精度不同，此外不宜用高量程挡测量小电压。

必须指出的是，在用万用表测量交流电压时，一般只能测量频率在 1kHz 以下的正弦波电压（本万用表的频率响应为 40～400Hz），并且指示值为正弦波的有效值。

② 测量直流电流。将黑表笔插入“COM”插座内，红表笔插入“VΩmA”插座内，根据直流电流的大小，合理选择量程。例如，在测量大于 200 mA 的电流时，应将红表笔改插入“10A”专用插座，且测量时间不宜太长。测量时，应将两支表笔串联在电路中，显示屏会显示出电流的极性和大小。

③ 测量电阻。将黑表笔插入“COM”插座内，红表笔插入“VΩmA”插座内，根据电阻的大小，合理选择量程。

④ 测量二极管的管压降。将量程开关调到二极管测量挡，将黑表笔插入“COM”插座内，红表笔插入“VΩmA”插座内，将黑表笔接二极管的阴极，红表笔接二极管的阳极，即可读得该二极管的近似压降。

⑤ 测量晶体管的 $h_{FE}$。将量程开关调到 $h_{FE}$ 挡，先确定晶体管是 PNP 型还是 NPN 型，以及 3 个引脚的电极；然后将被测晶体管的 3 个电极分别插入对应的 3 个插座内，此时仪表显示的读数即为 $h_{FE}$ 的近似参考值。

## 2．双踪示波器

示波器是一种能将电信号用图形方式显示出来的电子仪器。它不仅可用来观察电压、电流的波形，测定电压、电流、功率，而且可用来定量地测量信号的频率、幅度、相位、宽度、调幅度、幅频特性、相频特性等参数。示波器还可以同其他仪器相结合，测定电路的输入阻抗、输出阻抗。检查各种元器件的参数，检查电路的工作状态和失真情况，以及对各种非电量转换为电量后进行测量。示波器在维修各种电子设备中是必不可少的主要工具之一。示波器的种类很多，有普通阴极射线示波器、脉冲示波器、宽带示波器、取样示波器、记忆示波器、逻辑示波器等，还有一些其他专用示波器，如各种图示仪、暂态特性示波器等。虽然示波器种类繁多，原理结构复杂，但其基本原理、结构特点和使用维修方法是大同小异的。现以 XJ4323 型双踪示波器为例加以介绍。

1）主要技术指标

（1）*Y* 轴信道。

① 偏转因数：5mV/div～5V/div，按 1—2—5 顺序分 10 挡，误差为±5%，扩展×5 时误差为±10%。

② 频带宽度：DC 耦合为 0～20MHz，AC 耦合为 10Hz～20MHz。

③ 输入阻抗：1MΩ±5%/25pF±5pF。

④ 最大输入电压：400V(DC+ACp-p)。

⑤ 工作方式：CH1、CH2、ADD 相加，ALT 交替，CHOP 断续。

（2）*X* 轴信道。

① 时基因数：0.2μs/div～0.2s/div，按 1—2—5 顺序分 20 挡，误差为±5%，扩展×10 时误差为±10%。

② 扫描工作方式：（AUTO）自动、（NORM）常态、TV（电视）、X—Y。

③ 触发方式：CH1、CH2、电源、电视、外触发。

④ 耦合方式：AC 交流。

（3）主机。

① 增辉电压与极性：5Vp-p，负极性。

② 频率范围：0～5MHz。

③ 校准信号方波：0.5V±5%、1kHz±10%。

2）工作原理

XJ4323 型双踪示波器的原理框图如图 3-59 所示。

3）面板说明

XJ4323 型双踪示波器的面板图如图 3-60 所示。面板上各开关、旋钮的作用说明如下。

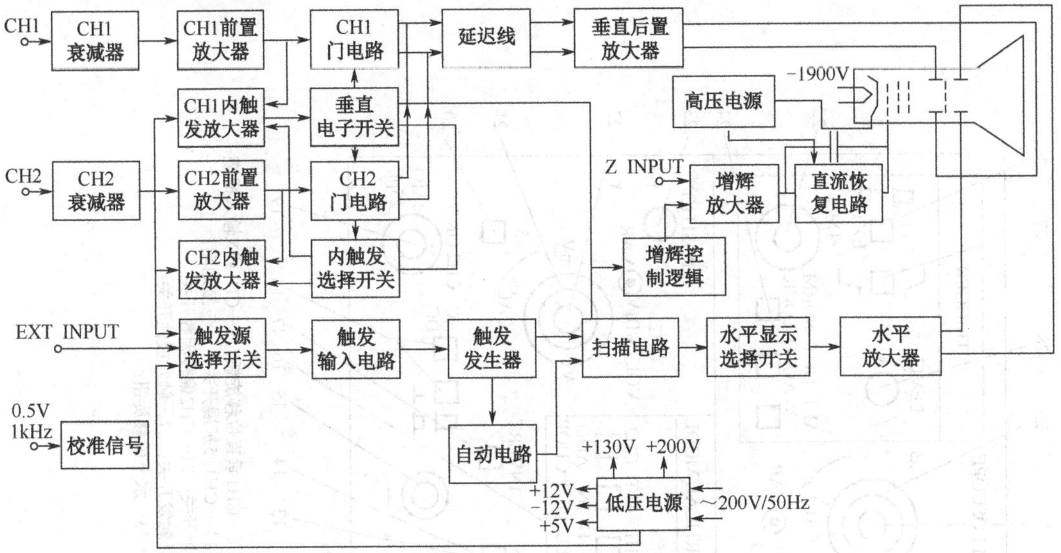


图 3-59　XJ4323 型双踪示波器的原理框图

（1）荧光屏：显示被测信号的波形。外置 10div×8div 有效刻度，便于对被测信号的参数进行定量计算。

（2）辉度旋钮（INTENSITY）：用以调节荧光屏上波形、光点的亮度，顺时针调节增加亮度。

（3）聚焦旋钮（FOCUS）：用以调节光点或光迹的清晰度，获得最清晰的波形。

（4）光迹旋转旋钮（TRACE ROTATION）：调节时基线的水平度，直到光迹和水平格线平行。

（5）电源指示灯：电源接通时指示灯亮。

（6）校准信号（PROBE ADJUST）：向本机提供校准方波信号。方波信号的幅度为 0.5V，频率为 1kHz。

（7）电源开关：用以接通或断开示波器电源。

（8）CH1 垂直位移旋钮：调节 CH1 的光迹在屏幕上的垂直位置，顺时针旋转光迹向上移动，逆时针旋转光迹向下移动。

（9）CH1 或 X 输入插座：CH1 信道输入端口。在 X—Y 显示方式时，作为 *X* 轴（水平）信号输入端口。为避免仪器受损，所输入信号的对地电压不能超过 400V（DC+ACVp-p）。

（10）CH1 或 X 切换开关：当开关按下时，示波器处于 X—Y 显示方式，CH1 输入的信号加在 X 偏转板上。

（11）CH1 AC/GND/DC 开关：选择被测信号输入到 CH1 的耦合方式。当开关置于 AC 位置时，被测信号通过电容连接至 *Y* 轴通道，以阻隔直流信号；当开关置于 GND 位置时，信号输入端口对地连接，建立一个对地参考线；当开关置于 DC 位置时，被测信号直接连接至 *Y* 轴通道，这样所有成分的信号都能通过。

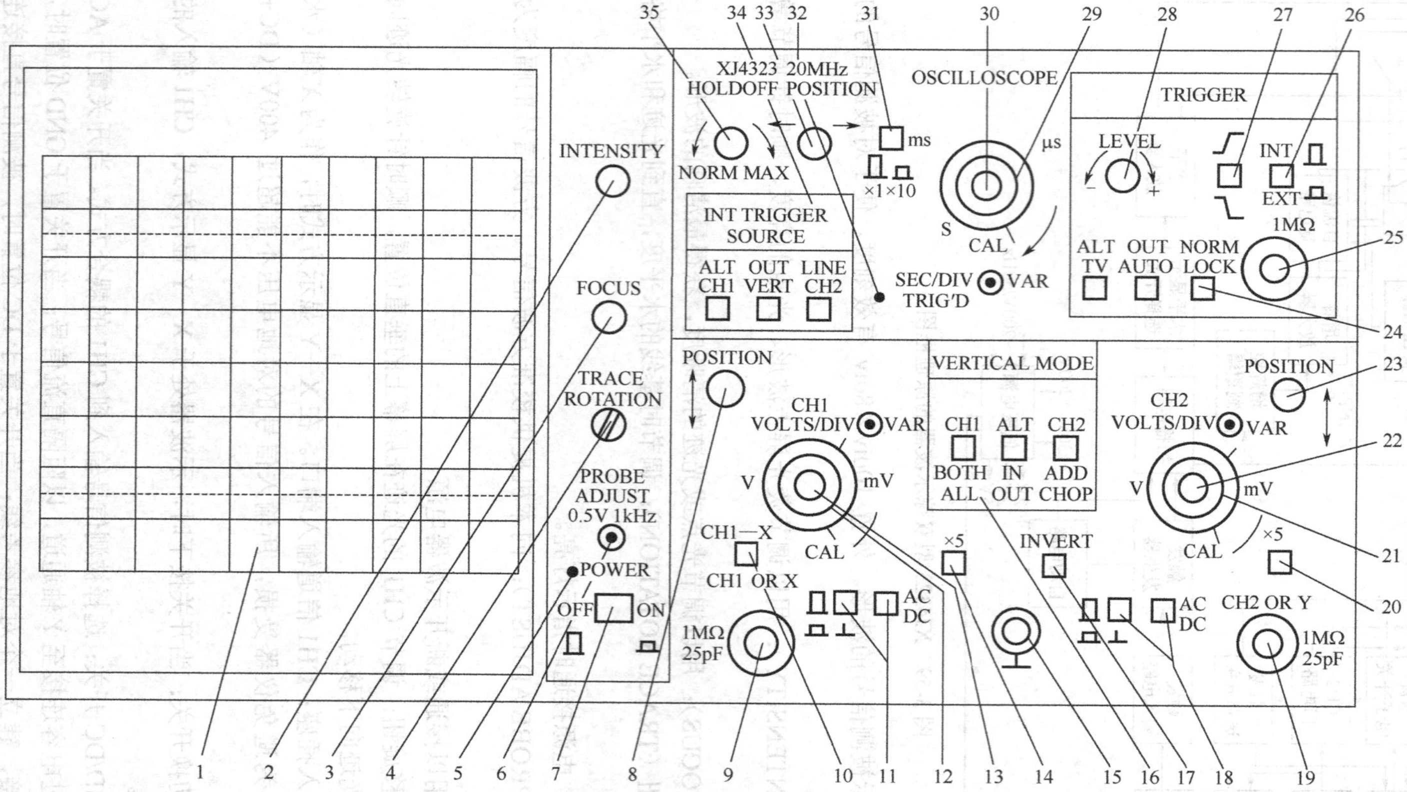


1—荧光屏；2—辉度旋钮；3—聚焦旋钮；4—光迹旋转旋钮；5—电源指示灯；6—校准信号；7—电源开关；8—CH1垂直位移旋钮；9—CH1或X输入插座；10—CH1或X切换开关；11—CH1 AC/GND/DC开关；12—CH1偏转因数开关；13—CH1偏转因数微调旋钮；14—CH1×5扩展开关；15—接地端；16—垂直显示方式开关；17—CH2反相开关；18—CH2 AC/GND/DC；19—CH2或Y输入插座；20—CH2×5扩展开关；21—CH2偏转因数开关；22—CH2偏转因数微调旋钮；23—CH2垂直位移旋钮；24—触发方式开关；25—外触发输入插座；26—内、外触发开关；27—触发极性开关；28—触发电平旋钮；29—时基因数开关；30—时基因数微调旋钮；31—×10扩展开关；32—触发状态指示灯；33—水平位移旋钮；34—内触发源选择开关；35—释抑时间旋钮

图 3-60　XJ4323 型双踪示波器的面板图

（12）CH1 偏转因数开关（VOLTS/DIV）：按 1—2—5 顺序调节 *Y* 轴衰减量，用于选择 CH1 的偏转因数，可步进调节荧光屏上的波形幅度。

（13）CH1 偏转因数微调旋钮（VAR）：用于连续调节荧光屏上 CH1 的波形幅度。在对电压定量计算时，偏转因数微调旋钮必须调为“校正”位置。

（14）CH1×5 扩展开关：如果选择×5 扩展，那么 CH1 垂直轴灵敏度扩大为原来的 5 倍，也就是说，偏转因数是指示值的 1/5。

（15）接地端。

（16）垂直显示方式开关（VERTICAL MODE）：选择垂直通道的显示方式。当开关处于 CH1 位置时，仅显示 CH1 输入的信号；当开关处于 CH2 位置时，仅显示 CH2 输入的信号；当开关处于（CHOP）断续显示方式时，同时显示两个频率较低的被测信号；当开关处于（ALT）交替方式时，同时显示两个频率较高的被测信号；当开关处于 ADD 位置时，显示 CH1 和 CH2 两个输入信号代数和的波形。

（17）CH2 反相开关（INVERT）：按下反相开关 INVERT，CH2 信号倒相。

（18）CH2 AC/GND/DC 开关：选择输入信号到 CH2 通道的耦合方式，作用类似于（11）。

（19）CH2 或 Y 输入插座：CH2 信道输入端口。在 X—Y 显示方式时，CH2 输入的信号加在 Y 偏转板上。为避免仪器受损，所输入信号的对地电压不能超过 400V（DC+ACVp-p）。

（20）CH2×5 扩展开关：如果选择×5 扩展，那么 CH2 垂直轴灵敏度扩大为原来的 5 倍，也就是说，偏转因数是指示值的 1/5。

（21）CH2 偏转因数开关：用于选择 CH2 的偏转因数，可步进调节荧光屏上波形的幅度。

（22）CH2 偏转因数微调旋钮：用于连续调节 CH2 输入波形的幅度。在对电压定量计算时，偏转因数微调旋钮必须调为“校正”位置。

（23）CH2 垂直位移旋钮：调节 CH2 的光迹在屏幕上的垂直位置，顺时针旋转光迹向上移动，逆时针旋转光迹向下移动。

（24）触发方式开关：用于选择扫描触发方式。当开关处在 AUTO（自动）位置时，扫描电路处于连续扫描方式；当开关处在 NORM（常态）位置时，扫描电路处于等待扫描方式；当开关处在 TV 位置时，允许对电视场信号进行触发；当开关处在锁定（LOCK）位置时，触发电平被限定在一定的范围之内。

（25）外触发输入插座：用以外触发信号输入。为避免仪器受损，所输入信号的对地电压不要超过 400V（DC+ACVp-p）。

（26）内、外触发开关：选择内、外触发信号源。当开关处于外触发信号时，必须从外触发输入插座输入触发信号。

（27）触发极性开关：选择正极性或负极性触发信号，作为扫描起始点位置。开关弹出为正极性（上升沿）触发，开关按下为负极性（下降沿）触发。

（28）触发电平旋钮（LEVEL）：选择触发信号的电平，顺时针旋转，触发点移向触发信号的正峰点；逆时针旋转，触发点移向触发信号的负峰点。

（29）时基因数开关（SEC/DIV）：习惯上用“t/div”来表示。按 1—2—5 顺序步进改变扫描速度，即步进选择时基因数，用以调节波形在水平方向上显示的有效周期。

（30）时基因数微调旋钮（VAR）：用于连续调节时基因数。在测量时间时，水平因数微调旋钮必须顺时针旋到底，VAR 处于“校准”位置。

（31）×10 扩展开关：当按下×10 扩展按钮，扫描速度提高为原来的 10 倍，也即时间因数是指示值的 1/10。

（32）触发状态指示灯：用于指示触发电路的工作状态。

（33）水平位移旋钮（POSITION）：调节光迹在屏幕上的水平位置，顺时针旋转光迹向右移动；反之，光迹向左移动。

（34）内触发源选择开关（TRIGGER）：可方便地选择各种触发源。当开关处在 VERT（垂直）位置时，CH1 或 CH2 的信号作为触发信号；当开关处在 CH1 位置时，CH1 自动成为触发源；当开关处在 CH2 位置时，CH2 自动成为触发源；当开关处在 ALT（双踪）位置时，在所有“SEC/DIV”挡范围内的信号作为交替触发信号；当开关处在 LINE（电源）位置时，选择电网的电压作为触发信号，如果被测信号与市电频率相关，就选择电源触发，可以得到稳定的波形；如果开关处在 OUT（外触发）位置，就选择示波器之外的信号作为触发信号。

（35）释抑时间旋钮（HOLD OFF）：在扫描结束后提供连续可变的释抑时间，有利于对非周期性信号的同步控制。

（36）Z 轴输入插座（位于后面板）：外接增辉调亮信号输入插座。

4）使用方法

（1）检查电源电压，将三芯电源线接入交流插座。通电之前，不要按下过多的按钮，需要采用该项功能时，才按需切换。首先设定以下开关或旋钮的位置。

① 电源：弹出。

② 辉度、聚焦、水平、垂直位移：居中。

③ DC—GND—AC：GND。

④ 垂直显示方式：CH1。

⑤ VOLTS/DIV：100mV/div。

⑥ 时基因数微调、偏转因数微调：校准。

⑦ 触发方式：自动。

⑧ 内触发源开关：VERT。

⑨ SEC/DIV：0.5ms/div。

（2）按下电源开关，调节亮度和聚焦旋钮，使扫描基线清晰度较好。

（3）校准探极，将探极（×1）电缆接通 CH1 输入插座和校准信号输出端，将 AC—GND—DC 开关调至 AC 位置，使显示的方波为规定的形状。如果波形底部或顶部不平坦，可调节探极上的微调修正电容，如图 3-61 所示，使波形有最佳补偿，如图 3-62 所示。

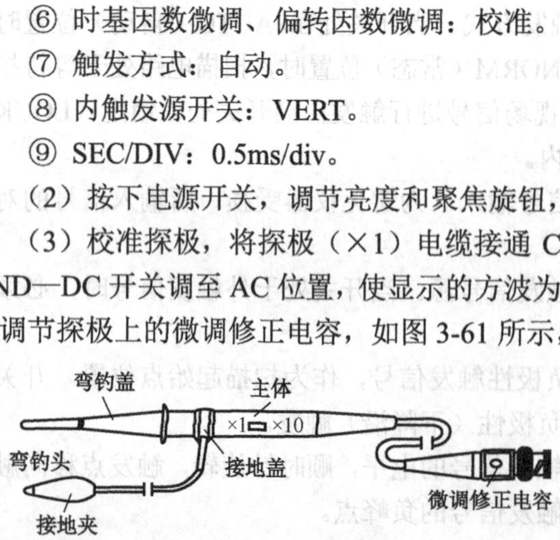

图 3-61　校准探极

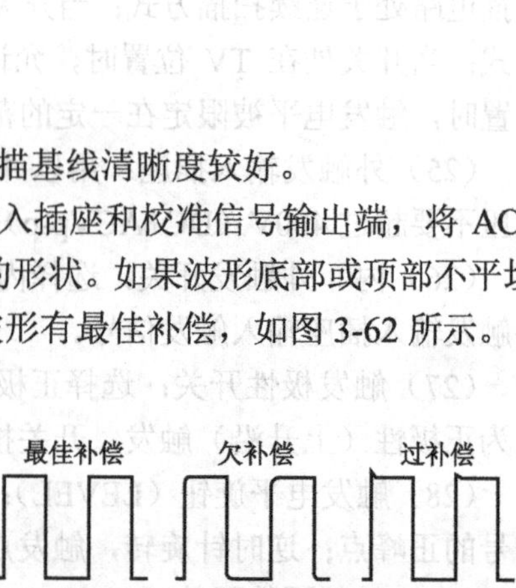

图 3-62　校准波形

(4) 使用注意事项。

① 不能让显示的波形或光点持久地停留在一个位置上，辉度不应开得过亮。

② 不要随意调节面板上的开关和旋钮，应根据需要进行调节，避免开关和旋钮失效。

③ 被测电压不应超过示波器规定的最大允许输入电压。

④ 在测量较高电压时，严禁用手直接触及被测点，以免发生触电。

5）示波器的应用

(1) 电压测量。测量有交流测量和直流测量两种。无论测量哪一种电压，在测量电压之前，“V/div”的微调必须处于“校准”位置。

① 交流电压的测量。将 $Y$ 轴输入耦合开关“AC—GND—DC”置于“AC”位置。

从 CH1 或 CH2 插座接入被测电压（将“垂直显示方式开关”置于 CH1 或 CH2），调节相应的偏转因数，改变时基因数旋钮，使波形处于便于读数的范围内。若波形幅度超过 8 格，可将探极上的开关置于“×10”，调节“$X$ 轴位移”和“$Y$ 轴位移”旋钮，使被测波形处于屏幕中央。波形在水平方向上一般占据 1～3 个周期，垂直方向上占据 4～6 格。如果波形出现水平移动，可调节“电平”旋钮（常态下）使其稳定。

根据“偏转因数”V/div 的示值和波形的高度 $H$ 格（div），如图 3-63 所示，算出被测信号的电压值为

$$U_{\text{p-p}}=\frac{V}{\text{div}}\times H(\text{div}) \tag{3-28}$$

如果探极上的开关置于×10 位置，那么应按式（3-29）计算被测信号的电压值，即

$$U_{\text{p-p}}=\frac{V}{\text{div}}\times H(\text{div})\times 10 \tag{3-29}$$

② 直流电压的测量。把触发方式置于“自动”位置，使屏幕上出现时基线。

调节“垂直位移”旋钮，“输入耦合开关”置于“DC”位置，确定“0V 基准”，接入被测直流电压，若此时时基线偏离原高度 $H$ 格，如图 3-64 所示，按式（3-28）或式（3-29）计算出直流电压的大小。应该注意的是，如果接入电压后时基线向下偏移，那么说明输入直流电压的极性为负。

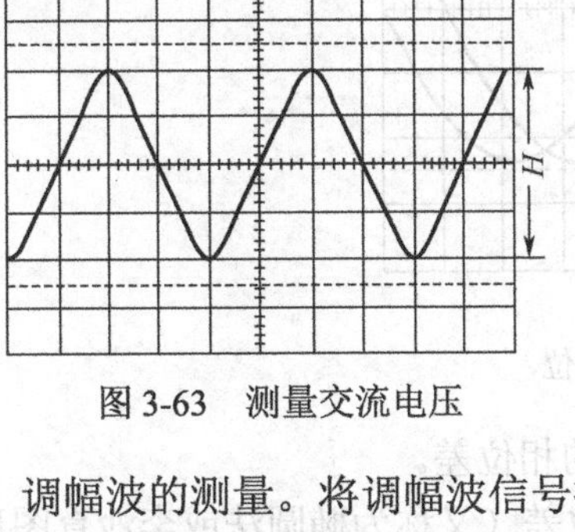


图 3-63 测量交流电压

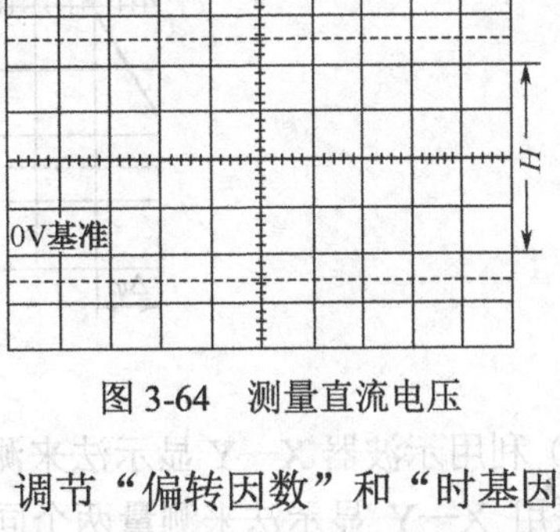


图 3-64 测量直流电压

③ 调幅波的测量。将调幅波信号接入 Y 通道，调节“偏转因数”和“时基因数”开关，使波形显示在有效屏幕内，如图 3-65 所示。然后根据式（3-30）算出被测调幅波信号的调幅系数 $m$

$$m=\frac{H_2-H_1}{H_2+H_1}\times 100\% \tag{3-30}$$

（2）时间间隔的测量。在测量时间时，必须将示波器的“时基因数”微调旋钮置于“校准”位置。接入被测电压，调节“时基因数”开关，使显示波形在有效屏幕内，如图 3-66 所示。若被测的某两点距离为 $L$ 格，则该两点的时间间隔 $T$ 为

$$T = \frac{t}{\text{div}} \times L(\text{div}) \tag{3-31}$$

若使用“扩展×10”，则应将式（3-31）除以 10。

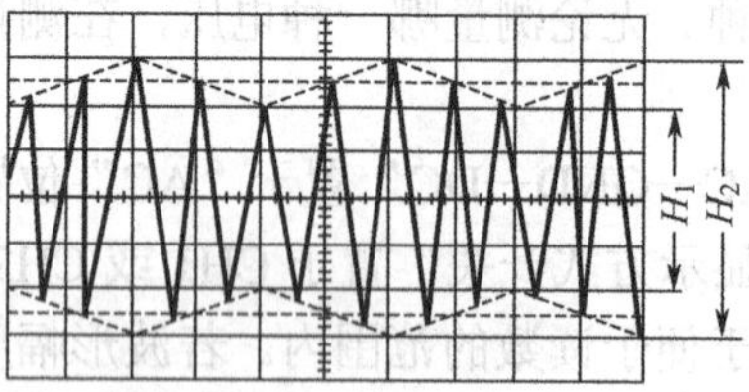

图 3-65　测量调幅系数

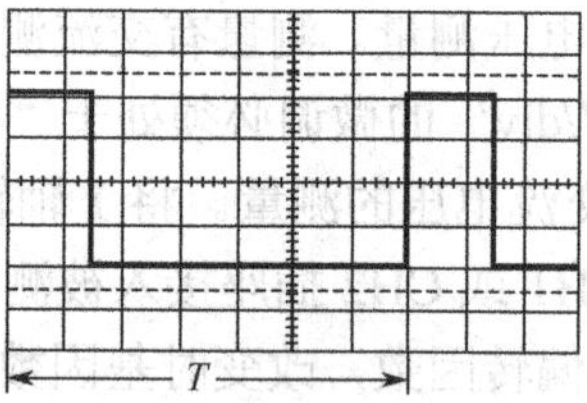

图 3-66　测量时间间隔

（3）频率的测量。由于示波器是时域测量仪器，其水平轴代表时间，因此可根据频率与周期互为倒数的关系，先测量出被测信号的周期，然后计算出其频率。

（4）相位的测量。

① 利用示波器双踪显示法来测量两个信号的相位差。

将示波器“垂直方式”开关置于“双踪”（根据两个信号的频率选择 ALT 或 CHOP）显示。从两个信道分别输入同频比较信号，调节“时基因数”开关和“时基因数”微调旋钮，使一个周期的波形占据 9 格，那么每格相位差为 40°，如图 3-67 所示。根据两个波形在 $X$ 轴上的距离（设为 $L$ 格），则由式（3-32）可算出相位差 $\Delta\varphi$

$$\Delta\varphi = \frac{40^\circ}{\text{div}} \times L(\text{div}) \tag{3-32}$$

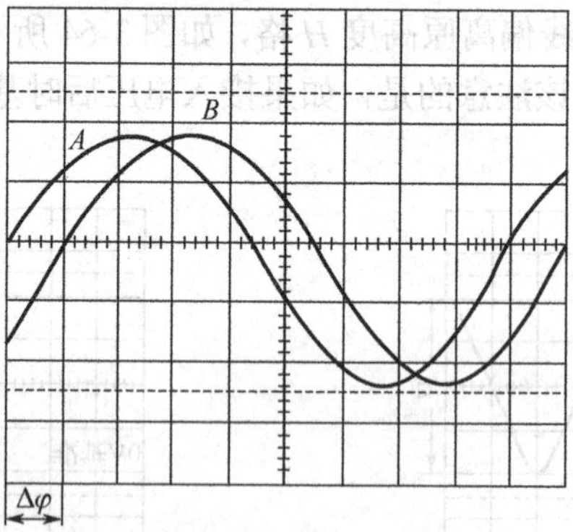

图 3-67　测量相位

② 利用示波器 X—Y 显示法来测量两个信号的相位差。

采用 X—Y 显示法来测量两个同频信号的相位差（又称为椭圆法或李沙育图形法），这是在低频相位差测量中较常使用的一种方法。

在测量时，使示波器工作在 X—Y 显示方式（按下“CHI—X”开关），分别从 CH1、CH2 输入插座输入两个正弦波信号，这时示波器的荧光屏便会显示一个椭圆图形，调节两个通道的偏转因数，使显示的波形便于读数，如图 3-68 所示，则两个信号的相位差可由下

式算出

$$\Delta\varphi = \arcsin\frac{B}{A} \tag{3-33}$$

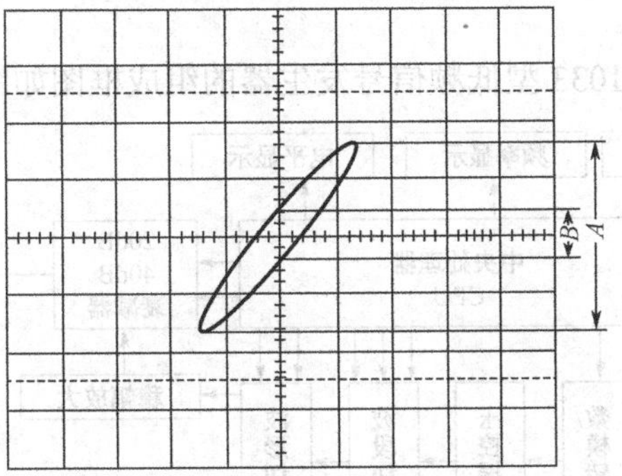


图 3-68 X—Y 显示法测量相位差

### 3. 信号发生器

1）低频信号发生器

低频信号发生器的频率范围通常为 1Hz～1MHz，它能输出正弦波电压，有的还能输出一定的正弦波功率。为了满足多功能测量的需要，有的低频信号发生器还能输出方波信号。低频信号发生器主要用于测量或检修电子仪器及家用电器中的低频放大电路，也可用于测量传声器、扬声器、低频滤波器等元器件的频率特性，还可作为高频信号发生器的外调制信号源。此外，低频信号发生器在校准电子电压表时，可用作基准电压源。因此，低频信号发生器是一种用途最为广泛的信号源。

（1）对低频信号发生器的一般要求。

① 在满足各项规定指标的范围内，能连续或分波段调节输出信号的频率，并且具有较高的稳定性和准确度；一般稳定度应在±1%左右。

② 能连续调节输出电压，并且在整个频率范围内，输出电压应该保持稳定，其不均匀性应在±1dB 左右。

③ 应具有一种或几种不同的输出阻抗，以适应不同需要，通常有 8Ω、50Ω、600Ω 和 5 kΩ 等几种不同的输出阻抗。

④ 输出信号波形的非线性失真系数为 1%～3%。

（2）AS1033 型低频信号发生器。

AS1033 型低频信号发生器采用了中央处理器（CPU）控制面板的操作方式，具有友好的人机对话界面。仪器的工作频率范围为 2Hz～2MHz，幅度范围为 0.5～5$V_{rms}$，输出有正弦波、方波（占空比可调）和 TTL 波形，以数码形式显示出输出信号的频率和幅度。

① 主要技术指标。频率范围为 2Hz～2MHz，共分 5 个波段：2～30Hz、30～450Hz、0.45～7kHz、7～100kHz、0.1～2MHz。频率准确度：5 位数码显示输出频率，分辨率为 $1\times10^{-4}\pm1$ 个字。

a. 正弦波：输出幅度最大输出电压为 5$V_{rms}$（开路电压）；输出电平为-80～13dBm，0～1dBm 微调，分为 1dBm 和 10dBm 两种步进方式，3 位数码显示；幅频特性≤±0.3dB；工作频率范围为10Hz～200kHz时，失真度小于0.1%；200kHz～2MHz谐波抑制>46dB。

b．方波：最大输出电压为20Vp-p（负载开路）；占空比系数为20%～80%；逻辑电平输出为TTL电平时，上升沿、下降沿≤25ns。

c．输出阻抗：600Ω。

② 组成方框图。AS1033型低频信号发生器的组成框图如图3-69所示。

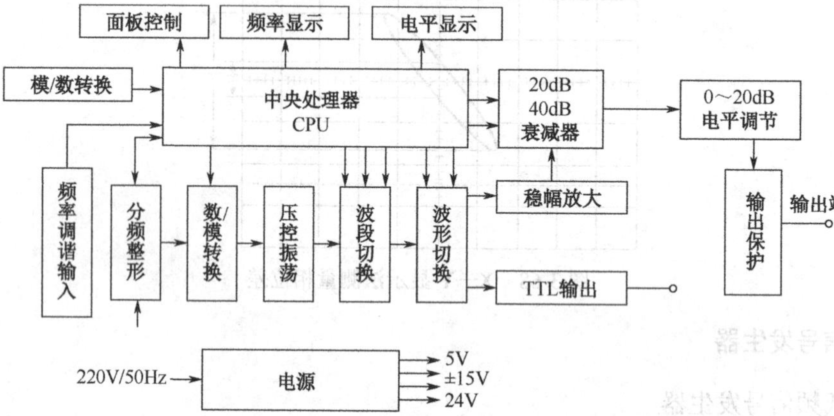


图3-69　AS1033型低频信号发生器的组成框图

整机在中央处理器（CPU）的统一控制和协调下进行工作。从中央处理器输出的数字信号经数/模转换电路转换成直流控制电压，控制压控振荡器的频率，产生频率连续可调的低频正弦波信号和方波信号。振荡器的工作频段在3位编码开关的作用下，实现波段切换。经波形切换电路后，信号通过稳幅放大，以获得足够的电压增益和良好的频率特性，然后经步进衰减器和连续调节衰减器，输出一定电压的低频正弦波和方波信号。另外，从波形切换电路分出一路方波，经TTL输出电路的电平变换，输出TTL测试信号。同时，从仪器输出的信号频率参数通过频率显示电路、电压参数通过电平显示电路，以数码显示的方式显示出来，供操作者读数。

③ 面板说明。AS1033型低频信号发生器的面板图如图3-70所示。

④ 使用方法。使用信号发生器之前应检查电源电压。检查外壳是否可靠接地，若没接地，应在仪器下垫上绝缘板。开机预热15min后，仪器进入稳定的工作状态。

a．频率调节：轻触“频段”按钮置频段于所需频段，指示灯亮表明当前所处频段，调节“频率调谐”（FREQ）旋钮使输出频率显示器显示所需频率值。如果要加快调节频率的速度，可按“FAST”调谐频率按钮，指示灯亮，频率调谐速度加快。

b．输出电压调节：根据所需输出正弦波的幅度大小，按“输出幅度粗调”（AMPL）键，并调节“输出幅度细调”（FINE）旋钮，使“输出幅度显示器”显示出所需电平或电压。按“dBV”键可切换电平和电压的单位。

c．波形切换：轻触“输出波形选择”键可进行正弦波、方波和TTL输出信号的切换。“输出波形选择”处在TTL位置时，可从TTL输出端输出逻辑电平信号，向TTL电路提供测试信号，其脉宽可通过“占空比调节”（DUTY）旋钮来调节。“输出波形选择”处在其余位置时，从OUT输出正弦波或方波测试信号。

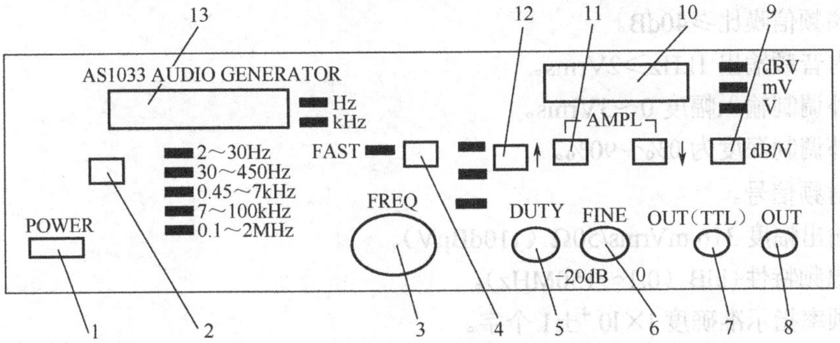


1—整机电源开关：按下此键，接通电源，同时指示灯点亮；2—频段选择手动按钮：每按一次，转换一个频段，指示灯上移一位，在5个频段内循环切换；3—频率调谐旋钮（FREQ）：调节该旋钮，频段跟着自动换挡；4—频率调谐快慢选择按钮：与“FREQ”旋钮配合使用。每按一下，快速调谐与慢速调谐之间转换一次，“FAST”灯亮时为快速调谐频率，否则为慢速调谐频率；5—占空比调节旋钮（DUTY）：该旋钮只对方波有控制作用，调节范围为20%～80%；6—输出幅度细调旋钮（FINE）：按顺时针方向旋转该旋钮，输出幅度增大；反之，逆时针方向调节，输出幅度减小。总的调节幅度量为20dB；7—逻辑电平输出端（TTL）：TTL逻辑电平输出端口；8—输出端（OUT）：主信号输出端，输出阻抗为600Ω；9—输出电平或电压值指示切换按钮；10—输出幅度显示器：使用3位数码管显示输出正弦波电压的有效值或电平；11—输出幅度粗调键：每20dB为一挡，向下每按一次，增大衰减量20dB；向上每按一次，减小衰减量20dB；12—输出波形选择键：每按一次，转换一种波形，指示灯下移一位，在正弦波、方波和占空比可调方波内循环切换；13—输出频率显示器：使用5位数码管显示输出信号的频率

图3-70 AS1033型低频信号发生器的面板图

2）高频信号发生器

高频信号发生器用来产生几十千赫至几百兆赫的高频正弦波信号，一般还具有调幅和调频功能，这种信号发生器有较高的频率准确度和稳定度，通常输出幅度可在几微伏至一伏范围内调节，输出阻抗为50Ω或75Ω。对于输出信号频率、输出电压或调幅度值均有较精确的读数，衰减器也较精密。能保证在较宽的电压范围内有精确读数，通过引入微处理器控制技术，可方便地对频率进行自动调谐和锁定，对输出电压进行精密控制。输出信号的各种工作方式（如内外调幅、调频等）数据，便于存储和提取，有利于多频段、多功能、多波段接收机的调试和检测。

（1）AS1053型高频信号发生器的主要技术指标。

① 频率范围：0.1～150MHz，共分为3个频段。频段1：0.1～1MHz；频段2：1～10MHz；频段3：10～150MHz。

② 音频内调制信号。

a．调幅内调制信号频率：1000Hz；调制深度约为30%（50Ω终端负载）；工作频段有1、2、3。

b．调频内调制信号频率：400Hz、1000Hz；调频频偏为22.5kHz（400Hz）、75kHz（1000Hz）；工作频段有2、3。

c．立体声调制信号频率：L—400 Hz，R—1000 Hz；调频频偏约为75kHz；工作频段为3。

● 立体声调制隔离度≥30dB。

- 调频信噪比≥40dB。
- 内音频输出 1kHz≥2Vrms。
- 外调制输入幅度 0～3Vrms。
- 外调制深度为 0%～90%。

③ 射频信号。

a．输出幅度 316 mVrms/50Ω（110dBμV）。

b．幅频特性+ldB（0.1～150MHz）。

c．频率指示准确度 $1\times10^{-4}\pm1$ 个字。

④ 工作频率、信号方式存储 10 个存储单元。

（2）原理框图。AS1053 型高频信号发生器的原理框图如图 3-71 所示。仪器主要由控制单元、射频信号发生单元、音频调制单元和显示单元等部分组成。

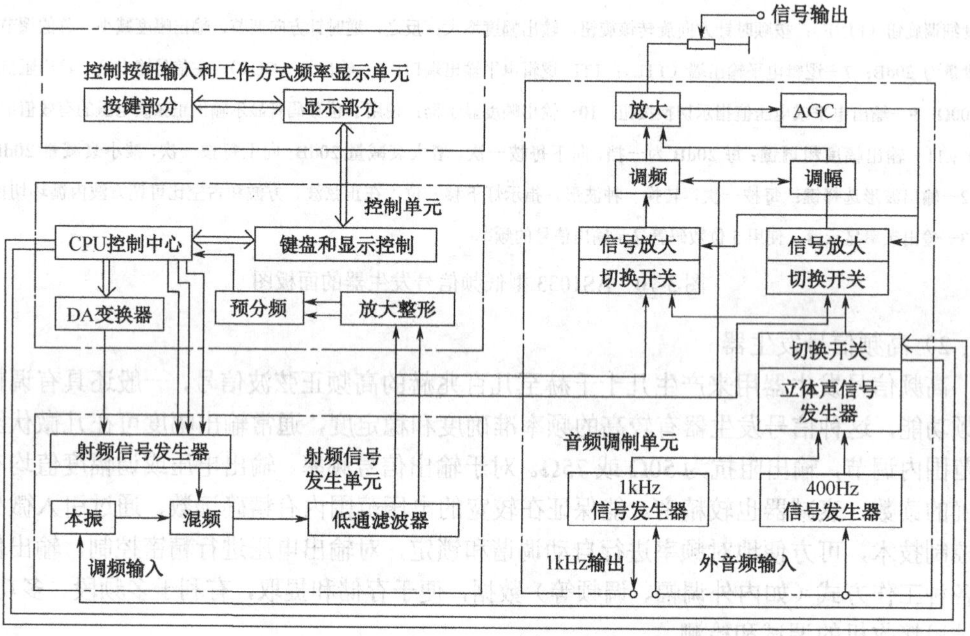


图 3-71　AS1053 型高频信号发生器的原理框图

① 控制单元采用 MC51 微机芯片作为控制核心，它的功能如下。

a．控制射频信号发生单元的波段切换及射频信号工作频率的调谐。

b．控制音频调制器单元的调频、调幅、立体声、外调制等工作方式切换。

c．控制频率显示器和预置存储单元显示器的数码显示。

d．实现“人机对话”，控制仪器的工作状态指示、输出信号的数据存储与调用等。

② 射频信号发生单元由 3 组本振信号及相对应的 3 组射频信号组成，经双平衡混频器混频，混频信号通过对应的低通滤波器后输出。

第一、二波段输出信号为低端输出，第三波段输出信号为高端输出，低、高端输出各分为两路：一路送控制单元供频率数字显示用；另一路送音频调制单元，信号的各种工作方式由音频调制单元处理后输出。

③ 音频调制单元内部设置 1kHz 和 400 Hz 两组振荡器，供内部调制使用。仪器处在内调幅工作方式时，1kHz 调制信号经调幅后产生调制度约为 30%的调幅信号；在内调频工作方式时，经调频后产生频偏分别为 75kHz 和 22.5kHz 的调频信号。

射频信号发生单元输出信号送入音频调制单元，经稳幅放大后由信号输出插座输出。

④ 显示单元采用数码技术，用 5 位数码管显示输出信号频率值，另外设置 1 位数码管显示（0～9）10 个预置存储单元，供操作者存储信号的工作频率、工作方式等数据。

（3）使用方法。AS1053 型高频信号发生器的面板图如图 3-72 所示。信号发生器开机预热 15min 后，即能进入稳定的工作状态。仪器开机后将进入上次关机时的工作状态，然后根据要求进行操作。

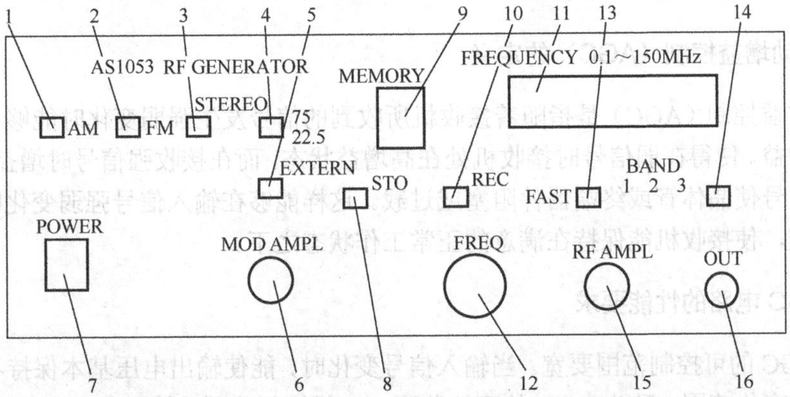


1—调幅AM控制按钮；2—调频FM控制按钮；3—立体声控制按钮；4—调频频偏22.5kHz和75kHz选择键；5—外伴音调制工作按钮；6—外调制调制度旋钮；7—电源开关；8—射频频率和信号工作方式存储按钮；9—存储或调取单元编号显示数码管（0～9）；10—存储的频率和工作方式调取按钮；11—频率显示器；12—频率调谐旋钮；13—频率快速调谐选择按键；14—工作频段选择按键；15—射频输出幅度调节旋钮；16—射频信号输出插座

图 3-72 AS1053 型高频信号发生器的面板图

① 等幅波输出。“调幅 AM”控制按钮和“调频 FM”控制按钮在断开位置，将“工作频段”选在所需波段，调节“频率调谐”旋钮于所需频率，调节“射频输出幅度”，从射频信号“输出插座”可得到高频等幅波。

② 调幅波输出。调幅波分内调幅和外调幅两种工作方式输出。当内调幅时，按下“调幅 AM”控制按钮，内调制信号频率为 1000Hz，调制深度固定为 30%，将“工作频段”选在所需波段，调节“频率调谐”旋钮于所需频率，调节“射频输出幅度调节”旋钮，从射频信号“输出插座”可得到内调幅波。当外调幅时，按下“外伴音调制”工作按钮，取出附带的双莲花头线，将机内“音频输出”连接至“外音频输入 R 端”（在后面板上），调节“外调制调制度”旋钮，即可得到各种调制深度（0%～90%）的调幅波。

③ 调频波输出。按下“调频 FM”控制按钮，将“工作频段”选择在第二或第三频段，内调频频偏固定于 22.5kHz（400Hz）或 75kHz（1000Hz）；外调频时可得到各种频偏（0～75kHz）的调频波输出。

④ 立体声调频输出。按下“立体声”控制按钮，将“工作频段”选择在第三频段，可得到频偏为 75kHz 的立体声调频输出。

⑤ 信号频率和工作方式的存储。先调好要存储的信号频率和工作方式，然后按一下“STO”键，右上角指示灯亮后，再用调谐电位器在 0～9 选一个单元，再按一下“STO”键，指示灯熄灭后，设置的信号频率和工作方式就存入所选择的单元中。

⑥ 存储内容的调取。先按一下“REC”键，右上角指示灯亮后，再用调谐电位器在 0～9 选一个单元，再按一下“REC”键，指示灯熄灭后，就完成了存储内容的调取。此时，信号发生器按原储存在该单元中的工作方式和频率工作。

# 3.6 电子设备的基础知识

## 3.6.1 自动增益控制电路

### 1. 自动增益控制（AGC）的定义

自动增益控制（AGC）是指随着接收机所收到的信号发生强弱变化时能够自动地调整放大器的增益。使得在弱信号时接收机处在高增益状态，而在接收强信号时增益自动减小，以避免强信号使晶体管或终端器件阻塞或过载。这样能够在输入信号强弱变化时，输出信号基本不变，使接收机能保持在满意的正常工作状态之下。

### 2. AGC 电路的性能要求

（1）AGC 的可控制范围要宽。当输入信号变化时，能使输出电压基本保持不变的输入信号电压的变化范围，称为 AGC 的可控范围。一般控制范围是输入信号电平变化为 20～60dB 时，输出电平变化±1.5dB。

（2）性能要稳定。

（3）控制灵敏度要高。AGC 的控制灵敏度就是指输出信号电压的变化量与高频输入信号电压变化量之比值。

（4）控制速度要适当。AGC 的控制速度是指当高频输入信号电平变化时，能否迅速地调节被控管的增益，控制速度不能太慢也不能太快，控制速度是通过 AGC 的电压滤波电路 RC 的时间常数来调节的。

### 3. 接收机中 AGC 的作用

一方面是由于接收的信号有强弱变化，悬殊较大，若不加 AGC 则使输出起伏较大，影响效果；另一方面是为了能够接收微弱信号，接收机的放大量总是做得较大，即其灵敏度高，但在接收强信号时，如果不对通道的放大量进行调节控制，将产生许多不良后果。现从以下 3 点说明。

（1）中放末级的输入信号必须限制在一定的电平。当输入信号太强时，晶体管受动态范围的限制，而超出线性范围产生非线性失真，这种现象在中放末级尤为明显。

（2）混频级的输入信号要限制在一定的电平。为避免混频级产生较大的失真和交扰调制，要求本振电压大于输入信号电压两倍以上。一般本振电压（如电视机）为 100～300V，所以要求混频级输入信号电压小于 100mV，如高频放大器的增益为 20dB（10 倍），则进入高频调谐器的信号电平应限制在10mV以下，从而必须对高放级的增益要控制。

（3）输入信号过大会引起伴音失真或蜂音。

由此可知，接收机必须要加AGC。

### 4. AGC电路的组成

AGC电路的组成框图如图3-73所示。AGC检波级将检波器输出的基本不变的交流信号变换成AGC直流电压，这个电压反映了高频输入信号的强弱，用它来控制高放及中放的增益，使输出电压的大小基本保持不变。AGC检波输出的电压一般较小，还不足以控制高、中放级，因而必须加一级AGC直流放大，以提高AGC控制灵敏度和供给被控管所需要的控制功率。

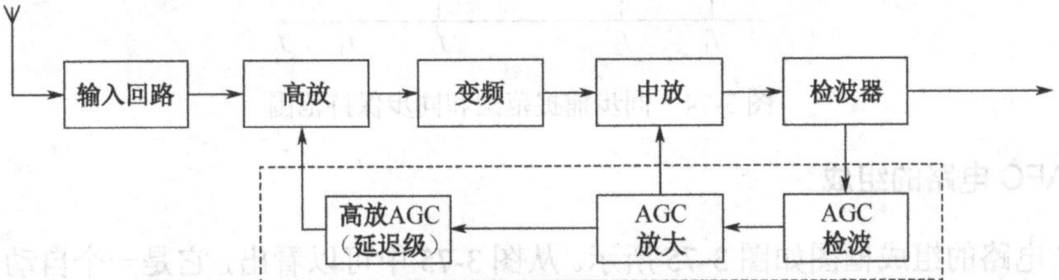


图3-73 AGC电路的组成框图

### 5. AGC电路的种类

按照AGC电路控制被控管集电极电流 $I_C$ 的方式，可分为正向AGC和反向AGC两类。 按照AGC电路控制电压的获取方式不同，AGC电路又可分为平均值型、峰值型和键控型。

平均值型AGC电路的控制电压是和输出信号的平均分量成正比的；峰值型AGC电路的控制电压是和输出信号的峰值成正比的；而键控型AGC电路是用行输出变压器的选通脉冲和视频信号中的同步脉冲作为开关按键来控制AGC电路输出电压，因而相对于峰值型AGC电路来说，键控型AGC电路的抗干扰能力较强。

## 3.6.2 自动频率控制电路

### 1. 自动频率控制电路的作用

自动频率控制电路简称AFC电路，它能使振荡器的频率自动调整并锁定在近似等于标称频率上。例如，电视接收机中行振荡的频率和电视台的行同步信号频率之间的同步锁定就是由AFC电路实现的。

### 2. AFC电路的性能指标

表征AFC电路的性能指标主要有同步保持范围、同步捕捉范围和抗干扰性。

（1）同步保持范围是指接收机在保持同步状态下，能够改变振荡频率的范围。如果缓慢地改变振荡频率，使其不超出此范围都能实现同步，一旦超过此范围就不能保持同步。

（2）同步捕捉范围又称为同步引入范围，它是指能够实现同步的振荡器的频率范围。同步捕捉范围一般都比同步保持范围小，如电视机行振荡频率为 15625Hz，若开机时行振荡器频率为 $f_2$=15525Hz 到 $f_3$=15725Hz，电视机在接收电视信号时，都能自动地引入同步，而离开这个范围的行振荡频率都不能同步，则此范围即为同步捕捉范围。

如图 3-74 所示，如果行振荡频率为 $f_1$～$f_2$ 和 $f_3$～$f_4$，行振荡频率虽然都在同步保持范围内，但在变换频道或关机后再开机时，还要重新捕捉。这时，电视图像便不能保持同步，就是因为同步捕捉范围比同步保持范围小。

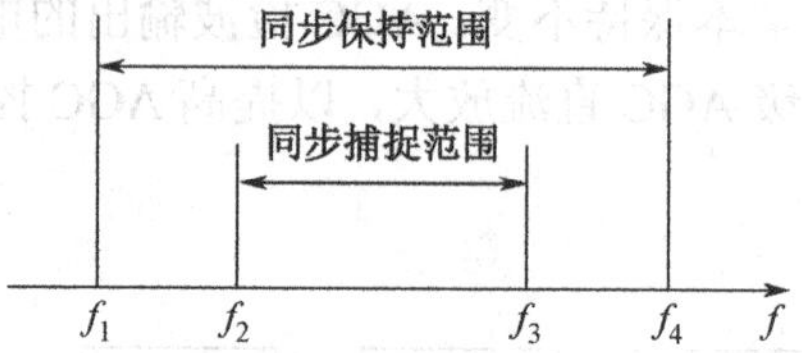


图 3-74　同步捕捉范围和同步保持范围

### 3. AFC 电路的组成

AFC 电路的组成框图如图 3-75 所示。从图 3-75 中可以看出，它是一个自动调整系统。在鉴频器中将基准信号频率（标称频率）$f_i$ 与振荡器产生的频率 $f_o$ 进行频率比较，输出一个相位误差信号电压 $U_{AFC}$，它与频率误差 $\pm\Delta f$ 成比例，误差电压通过积分滤波（低通滤波）后，形成直流控制电压，加到控制元件（如变容二极管 VD）上，使其电容参数发生相应变化。控制元件是振荡器回路的元件，其参数变化使振荡器的振荡频率 $f_o$ 发生变化，最终使频率误差 $|\pm\Delta f|$ 减小到最低值，使振荡频率和基准频率步调达到一致即同步，实现了自动频率控制。

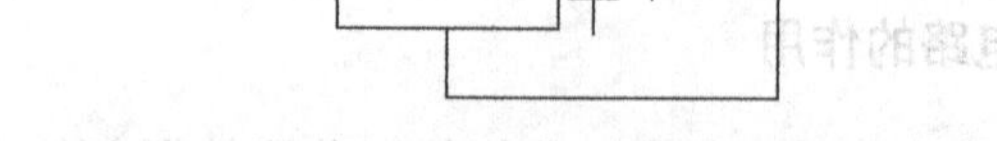


图 3-75　AFC 电路的组成框图

有时把控制元件和振荡器合成压控振荡器（VCO），即该振荡器的振荡频率可由电压来调节改变。

### 4. AFC 电路的类型

AFC 电路的核心部分是鉴频器，根据鉴频器的组成形式不同，可将 AFC 电路分为平衡式（也称为双脉冲型）AFC 电路和不平衡式（也称为单脉冲型）AFC 电路两种类型。其作用都是将振荡信号和基准信号进行频率比较，以得到一个误差控制信号。

# 3.7 电气操作安全规程知识

## 3.7.1 整机的电气连接

### 1. 电气连接的定义

电气连接广义上是指电气产品中所有电气回路的集合，包括电源连接部件（如电源插头、电源接线端子等）、电源线、内部导线、内部连接部件等；而狭义上的电气连接则只是指产品内部将不同导体连接起来的所有方式。电气连接包括接线端子、PCB 连接器、工业连接器、接线盒、重载连接器、电缆、电缆接头、安全栅、接触件等。为了统一术语，一般所称的电气连接是指狭义上的电气连接，而使用电气连接组件来指广义上的电气连接。电气连接广泛应用于电子、电气、工业生产、基础建设、化工、港口、机械、国防、工业控制等领域。

### 2. 电气连接的分类

一般按照电气连接组件的位置，电子产品中的电气连接组件可以分为外部电气连接组件和内部电气连接组件两大部分。外部电气连接组件是指电子产品外壳外部的所有电气连接组件，这些电气连接组件由于不包括在产品外壳的防护之内，因此必须单独满足相应的电击防护要求；内部电气连接组件是指电子产品外壳内部的所有电气连接组件，这些电气连接组件由于包括在电子产品外壳的防护之内，因此一般只需要满足相应的功能绝缘要求即可。以常见的电饭煲为例，它使用电源线组件和供电电网连接提供工作电源，电源线组件通过耦合器与电饭锅的内部实现连接，耦合器通过内部导线连接到内部控制器（限温器、热熔断体）及发热管等部件上，形成电气回路。

### 3. 电气连接组件的组成

一般电气连接组件主要由电气连接部件（如接线端子等）及电线电缆、电线固定装置和电线保护装置（如单独的电线护套等）等部件组成。

电气连接部件通过提供适当的机械作用力，将不同的导体部件可靠地固定在一起，实现电气连接。电气连接部件的关键作用是提供可靠的连接，避免不同导体之间出现接触不良而引起危险。电气连接部件通常由非金属支撑部件和金属连接部件组成，非金属支撑部件作为支撑基础，除了要求能够在长期工作中起到绝缘的作用，还要求能够承受使用中所支撑导体的发热，不会出现导致危险的变形，并且有一定的阻燃等级，不会成为潜在的火源。

电线电缆作为主要的载流部件，除了要求有足够的载流能力，还要求有足够的机械强度和绝缘特性，以满足使用中的电击防护要求。为了确保电气连接的长期有效，一般应采取有效措施，避免电线电缆在电气连接部位承受过分的机械应力。通常的解决方法是在电气连接部位附近使用附加固定方式来固定电线电缆，也就是俗称的电线电缆“双重固定方法”。

#### 4. 电气连接的级别

对于一般电子产品，电气连接技术分为芯片级、板卡级和整机级 3 个级别。芯片级即元器件封装内从裸芯片到对外引线之间的连接，板卡级即印制电路板组装连接，整机级则包括电路板之间、电路板与其他零部件及电路板与机壳面板等的连接。

在复杂电子系统中，电气连接技术就不止上述 3 个级别，若干电路板组成部件、若干部件组成分系统、若干分系统组成系统，都需要电气连接。此外，芯片内部晶体管之间、电路与引出凸点的连接也属于电气连接，因此如果从电子制造全过程一体化考虑，电气连接的级别还应该包括晶圆级和系统级，其中系统级内又有分系统。

虽然对一般电子产品制造而言，芯片级、板卡级和整机级 3 个级别的分级概念已经够用，但从技术发展趋势来看，不同级别、不同层面技术的交叉和融合越来越多，晶圆级电气连接技术，如晶圆制造中薄膜形成与膜互连技术，在高密度封装/组装技术中已经使用；传统电路板与电路板、电路板与其他零部件之间的连接器加电缆的连接方式，在许多产品中正在被柔性电路板取代。因此，建立全面的、一体化电气连接概念很有必要。

### 3.7.2 焊接新型电子元器件

#### 1. QFN 芯片的焊接

QFN 芯片是四侧无引脚扁平封装的，它采用的是一种相对比较新的 IC 封装形式，QFN 芯片外观呈正方形或矩形，很薄很轻。芯片底部具有与底面水平的焊端，在中央有一个大面积裸露焊端用来导热，围绕大面积裸露焊端的四周有实现电气连接的 I/O 焊端，I/O 焊端有两种类型：一种只裸露出芯片底部的一面，其他部分被封装在芯片内；另一种焊端有裸露在芯片侧面的部分。由于其尺寸小、体积小，电气性能优越，应用越来越广泛。

1）焊接前准备

（1）电烙铁。一般的 QFN 芯片都是静电敏感器件，对静电防护要求特别高，所以建议焊接前最好先对电烙铁进行防静电测试，确认其符合静电防护要求。

（2）加热台。加热台应该先确认其已经良好接地并且符合静电防护要求。

（3）防静电手环。焊接前也需要用万用表确认防静电手环状态正常，并且良好接地。

（4）其他常用工具。镊子、松香笔（或自制松香水）、放大镜。

2）焊接步骤

（1）打开电烙铁及加热台。对焊端搪锡时，一般温度设置为 260℃左右，加热台视 PCB 材料及厚度选择合适的温度，一般为 215℃左右。

（2）芯片引脚与 PCB 焊盘搪锡。这一步非常重要，搪锡的质量直接关系到焊接质量。搪锡时，先要在 QFN 芯片的 I/O 焊端涂上一层助焊剂，然后将烙铁头擦拭干净，在烙铁头上蘸少量锡（注意，烙铁头上的锡一定不能太多，不然不同引脚间容易桥连），轻轻地沿着引脚排列方向拖一遍，这样在每个引脚上就会形成一个漂亮的中间高四边略低的“枕形”焊点，然后对中央大面积裸露焊端搪锡，注意这里的锡不要搪得太多，不然容易因为中间锡的高度太高，使得 I/O 焊端焊不上，要尽量使得中央大面积裸露焊端与 I/O 焊端的搪锡高度大致一样。到这里对于那种只裸露出芯片底部的一面，其他部分被封装在芯片内的

QFN 芯片来说，预加工已经完成，而对于另一种焊端有裸露在芯片侧面的 QFN 芯片来说还没有结束，还需要对裸露在芯片侧面的引脚端面进行处理，要像给引脚搪锡一样对引脚端面进行处理，使其端面也搪上一层锡，然后用沾了酒精的擦拭纸对搪好锡的芯片进行清洗。

（3）芯片对中。将清洗干净的芯片与 PCB 先各涂上一层助焊剂，然后再将芯片按资料所示方向放置在PCB上，调整芯片位置使两者精确对中。

（4）焊接。用镊子轻轻地夹住已精确对中好芯片的PCB，放在温度已经升至设定温度的加热台上，用镊子轻轻地压住PCB，使其与加热台良好接触，然后注意观察芯片的状态，等看到芯片塌陷，与PCB焊盘形成良好焊接时，将PCB轻轻取下，使其自然冷却。

（5）检验、清洗。因为QFN芯片没有引出脚，主焊点在芯片下面，检验有一定难度，但也能从外观上有一个判断，首先用放大镜看芯片与印制电路板是否非常服帖地焊接在一起，它们之间是否有空隙的现象，若有则说明没有焊接好。对于那种焊端裸露在芯片侧面的 QFN 芯片来说，如果可以看到芯片引脚端面与印制电路板间形成慢坡状焊锡点，就说明焊接比较可靠。检验完毕，合格后对印制电路板进行清洗。

### 2. BGA 芯片的焊接

BGA 芯片焊接步骤如下。

（1）干燥除潮。在焊接BGA芯片之前，PCB和BGA芯片都要在80～90℃、10～20h的条件下在恒温烤箱中烘烤，目的是除潮，根据受潮程度不同适当调节烘烤温度和时间。没有拆封的PCB和BGA芯片可以直接进行焊接。

（2）对位。在焊接BGA芯片之前，要将BGA芯片准确地对准在PCB的焊盘上。这里采用两种方法：光学对位和手工对位。目前主要采用手工对位，即将BGA芯片的四周和PCB的焊盘四周的丝印线对齐。在把BGA芯片和丝印线对齐的过程中，即使没有完全对齐，如锡球和焊盘偏离30%左右，依然可以进行焊接。由于锡球在熔化过程中，会因为它和焊盘之间的张力而自动和焊盘对齐。

（3）固定主板。在完成对齐的操作以后，将PCB放在BGA芯片返修工作站的支架上，将其固定，使其和BGA芯片返修工作站水平。

（4）选择合适的热风喷嘴（喷嘴大小比BGA芯片略大），然后选择对应的温度曲线，启动焊接，待温度曲线完毕，冷却，便完成了BGA芯片的焊接。

# 3.8 安全用电知识

## 3.8.1 安全用电管理

### 1. 安全用电行为规范

（1）需新增用电，必须申请。

（2）注意配电设施和电气设备本身，以及周围环境的干燥、整洁、通风良好。

（3）保持易燃物品与电源线路、开关、插座的安全距离。

（4）对所属区域进行清洁用水时，注意水对电气设备的影响；对地线槽周围清洁时，应避免水对地槽的浸入。

（5）使用电气设备时要做到人走断电。

（6）电气设备的安全防护部件缺失，或者发生故障时均不得继续使用，及时报电工进行维修。

（7）发现异常气味、冒烟、噪声等应及时断电，并立刻向相关部门报告，以及请电工进行检查工作。

（8）电源开关、插座外壳和电线破旧老化，绝缘有破损不完整或带电部分外露时，应立即找电工修好，否则不准使用，以免发生意外。

（9）电线接头要用绝缘胶布包好，不能用透明胶或塑料袋代替。

（10）电源线不要被重物压住，不要拖放在地面上，否则可能会造成电线折断或绝缘外壳破损，这样容易使电线短路或漏电。此外，防止电源线绊人。

（11）不要站在潮湿的地面上移动带电物体。

（12）禁止用湿手接触带电的开关插座、电气设备，拔、插电源插头，更换电气元件或灯泡。

（13）不能用潮湿抹布擦拭带电的电气设备，以防触电。

（14）开关、插座等电气设备脏污受潮，必须断电用干毛巾擦抹干净后才能使用。

**2. 安全用电的注意事项**

（1）确保电气设备良好散热，不能在其周围堆放易燃易爆物品及杂物，防止因散热不良而损坏设备引起火灾。

（2）大功率用电设备（如空调）应使用专用线路，尽量不要同时使用，避免用电量过大，超过电线的最大允许电流，致使电线发热引发火灾。

（3）外出或下班前，尤其是在突然停电后，应“人去停用”，一定要切断电气设备的电源，及时将电源插头拔掉，不要遗忘，以防通电时间过长，造成电气设备过热，将邻近的可燃物引燃而造成火灾。

（4）在用电上，禁止过度超载及私拉乱接电源线，用电负荷超过规定容量，应申请增容，不要私自在原有的线路上增加用电器具，使电线超负荷运行。

（5）正确按照操作规章使用电气设备，并仔细做好用电设备和器具的管理，按规定正确采用各种保护措施。

（6）在容易引起火灾的场所使用电气设备，应注意加强防火，配置防火器材。

（7）电工安装好设备后，并不意味着可以一劳永逸，在使用过程中发现接线松动，开关接触不良或有过热现象，要及时找电工处理。

（8）启动或关闭电气设备，插、拔插头时要一插到底，防止似接非接状况，造成不必要的事故。

（9）禁止用移动线板来连接大功率电气设备，线板使用不能超过插孔的60%，不能线板连接线板使用，以防发生不可预料的事故。

（10）在移动电气设备时，一定要先拉闸停电，后移动设备，绝不要带电移动。把电气设备移到新的地点后，要先对设备进行检查，确认无问题后，才能开始使用。

（11）电气设备应保持其干燥和清洁，不要用汽油、酒精、肥皂水、去污粉等带腐蚀或导电的液体擦抹电气设备表面。

（12）防止电气设备受潮。电气设备长期搁置不用，容易受潮、腐蚀而损坏，重新使用前要认真检查。

（13）尽量不在同一时间使用大功率电气设备。

## 3.8.2 静电防护知识

### 1. 静电的产生及危害

两个相对绝缘的物体相互摩擦就会产生静电，如塑料、地毯、化纤织物、纸张、海绵等物品之间或人与这些物品之间的相互摩擦均可产生和存有大量的静电荷。例如，人在化纤地毯上行走、坐在用泡沫塑料填充的椅子上、从印制电路板上拉下胶带、对印制电路板进行塑料薄膜包装等都可以使人体携带几千伏特甚至高达万伏特以上的静电。然而在不放电的情况下人体对高达 15000V 的静电毫无感觉，若带电人体去触摸静电敏感器件，则很容易通过静电放电造成器件损坏。静电敏感器件及静电放电情形如图 3-76 所示。

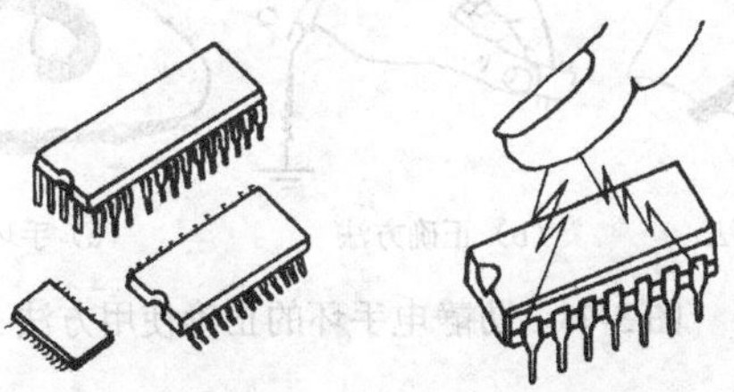

（a）静电敏感器件　（b）静电放电

图 3-76　静电敏感器件及静电放电情形

由于一般静电敏感器件能承受的静电放电电压仅几百伏，最好的也只在 3kV 以下。而人体对 2kV 以下的放电毫无知觉，因此静电放电对元器件的损伤是在不知不觉的状况下发生的，这更增加了其危害性。另外，有些静电敏感器件的绝缘层遭到静电轻微击伤后，在装配的检验工序中并不能被发现，而是等到产品正式投入运行一段时间后，才能发现器件的某些特性变差甚至完全失效。这种留下隐患的损伤，其后果将更加严重。

### 2. 静电的防护

对每个从事电子产品生产的人员，如产品的加工、装配、测试、运输、储存、包装、调试、修理和维护等人员，都应进行静电防护知识的普及教育和培训，增强他们的静电防护意识，这样就可以避免无处不在的静电对电子产品的破坏。

1）静电防护设计

在电子产品设计时，应充分考虑静电防护问题，以使电子产品本身具有较强的抗静电能力。

（1）选择不容易受静电损坏的器件，即选用静电敏感度低的同功能器件。

（2）当必须选用静电敏感器件时，则应将其设置在受保护的位置上，并在印制电路板组装件装配图上标注静电防护标记（图 3-77），以提醒使用者加以防护。

（3）尽量选用耐静电损坏的材料。

（4）结构设计时要考虑布局尽量合理，尽可能使用静电防护技术，如静电屏蔽、开关接地等。

（5）静电敏感器件应放在最后一道工序进行焊接，焊好的印制电路板组装件的插头部位应立即插上保护短路插座。

图 3-77　静电防护标记

2）生产过程中的静电防护

生产过程中静电防护的指导思想是，在可能产生静电的地方，迅速可靠地消除静电的积累。在装配和调试工作场所应建立一个完整的静电防护区，所谓静电防护区，是指避免静电产生和存在的区域，操作人员要遵守以下规则。

（1）进入静电防护区，必须穿上防静电工作服及导电鞋。

（2）在接触静电敏感器件之前，必须戴防静电手环。图 3-78 给出了防静电手环的正确使用方法（手环必须与手腕皮肤紧密接触并通过 1MΩ 的电阻接地）。

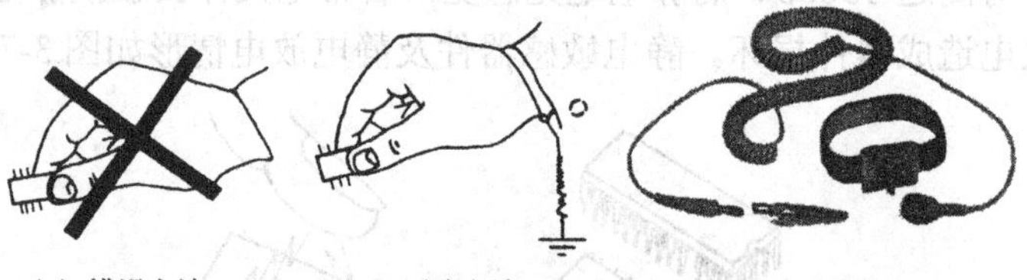

（a）错误方法　（b）正确方法　（c）手环的组成

图 3-78　防静电手环的正确使用方法

（3）在静电防护区内所设立的各类工作台、支架、设备及工具（尤其是电烙铁）均应良好接地。

（4）在进行装配、调试、检测、拆焊等工作时，都必须在静电防护工作台上进行，无论何时都不要将静电敏感器件放置在非静电防护工作台上进行操作，当不可避免地在绝缘体上进行焊接静电敏感器件或调试时，应使用空气电离器，以便有效中和周围的静电。

（5）含有静电敏感器件的部件、整件，在加信号测试或调试时，应先接通电源，后接通信号源，测试或调试结束后，应先切断信号源、后切断电源、严禁在通电的情况下进行焊接、拆装及插拔带有静电敏感器件的印制电路板组装件。

（6）在静电防护区内，必须使用专用的静电防护材料对静电敏感器件进行存放、包装和运输。

# 练　习　题

## 一、单选题

1．三相绕组的各相末端与相邻绕组首端依次相连的连接方式为（　　）。

A．三角形连接　　B．星形连接

C．短接　　D．对称接技术的结合

2．三相对称负载三角形连接时，线电流与相应相电流的相位关系是（　　）。

A．相位差为零　　B．线电流超前相电流 300°

C．相电流超前线电流 300°　　D．同相位

3．以下关于组合逻辑电路的说法正确的是（　　）。

A．电路任何时刻的输出取决于该时刻的输入信号，同时与这一时刻输入信号作用前电路的状态有关系

B．电路任何时刻的输入取决于该时刻的输入信号，同时与这一时刻输出信号作用前电路的状态有关系

C．电路任何时刻的输入仅仅取决于该时刻的输入信号，而与这一时刻输出信号作用前电路的状态没有任何关系

D．电路任何时刻的输出仅仅取决于该时刻的输入信号，而与这一时刻输入信号作用前电路的状态没有任何关系

4．在直流稳压电源中，稳压电路的作用是（　　）。

A．将交流电压变成脉动直流电压

B．将 220V 交流电压进行降压处理

C．去除脉动直流电压中的交流成分

D．使输出直流电压不随电网电压或负载的变化而变化

5．在乙类推挽功率放大电路中，由于偏置电阻开焊，使得晶体管的静态工作点为零，这样会产生（　　）。

A．饱和失真　　B．交越失真　　C．截止失真　　D．放大倍数为零

6．稳压二极管利用二极管反向击穿后，在一定反向电流范围内（　　）这一特点进行工作。

A．反向电压不随反向电流变化　　B．反向电流不随反向电压变化

C．反向电压跟随反向电流变化　　D．反向电流跟随反向电压变化

7．光电耦合器的结构是（　　）。

A．将稳压二极管和光敏三极管封装在一起

B．将发光二极管和光敏三极管封装在一起

C．将稳压二极管和激光二极管封装在一起

D．将发光二极管和整流二极管封装在一起

8．集成运算放大器实际上是一个多级（　　）放大器。

A．直接耦合　　B．变压器　　C．电阻、电容　　D．电感、电容

9．AFC 是（　　）电路。

A．自动增益控制　　B．自动频率控制

C．自动相位控制　　D．自动亮度控制

10．实现计算机网络需要硬件和软件，其中负责管理整个网络各种资源，协调各种操作的软件称为（　　）。

A．网络操作系统　　B．网络应用软件

C．通信协议软件　　D．ISO

## 二、判断题

1．在时序逻辑电路中，任一时刻的输出信号，取决于电路原来的状态。（　　）

2．通过测量稳压二极管与普通二极管的正向导通电压，可将两者区分开。（　　）

3．光电耦合器通过“光－电－光”的方式，实现信号的转换。（　　）

4．AFC 电路由基准频率产生电路、鉴频器、振荡器、控制元件四部分组成。（　　）

5．对信号的峰值进行检波而得到 AGC 控制电压的电路为平均值型 AGC 电路。（　　）

6．数字式万用表的核心是直流数字电压表。（　　）

7．示波器的内触发采用 X 通道的内触发放大器输出的被测信号作为触发信号。（　　）

8．在三角形连接的三相对称电路中，线电压超前相电压。（　　）

9．在三相对称电路中，负载三角形连接，则线电流是相应相电流的 3 倍。（　　）

10．操作人员拿取 SMD 器件时应戴防静电腕带。（　　）

# 第 4 章　印制电路板组装

## 4.1　印制电路板组装基础

印制电路板主要用于电子产品中，在焊接元器件后称为印制板组装件，广泛应用于电子电气的生产过程中。本章介绍印制板组装件的手工焊接及回流焊接知识。

### 4.1.1　元器件的处理

印制板组装件元器件分为通孔安装元器件和表面安装元器件两大类。其中通孔安装元器件的处理主要包括搪锡、成形、三防漆预涂等工序；表面安装元器件①一般不进行预先成形处理，但需进行烘烤等除湿操作。在本章的后续内容中将对元器件的处理工艺方法进行详细介绍。

### 4.1.2　元器件的安装

印制板组装件元器件的安装分为通孔安装和表面安装两大类。通孔安装的元器件有一部分还需要进行裸装，根据印制板组装件的安装要求，一般采取先表面安装，再通孔安装的工艺方法。在本章的后续内容中将详细介绍元器件的安装工艺方法。

### 4.1.3　焊接知识

印制板组装件的焊接方式分为通孔焊接和表面安装回流焊接。在本章的后续内容中将详细介绍元器件的焊接工艺方法。

## 4.2　元器件成形

### 4.2.1　成形工具及工装选择

#### 1. 弯曲与剪切

（1）在弯曲与剪切元器件引线时，应固定引线根部，防止产生轴向应力损坏元器件密封处或元器件内部的连接。

（2）元器件引线弯曲应目视对称，引线根部到弯曲点的距离，在元器件的每边应大致相等和方位一致。由于应力消除要求而采用不同的引线弯曲方法时，元器件本体可产

① 《国家职业技能标准——广电和通信设备电子装接工（2019 年版）》中称为表面贴装元器件。

生偏移。

（3）元器件引线不允许在根部弯曲，也不应在引线根部和引线熔接点之间弯曲，引线的弯曲点到根部或熔接点必须留有一定的距离才能弯曲成形。

（4）消除应力的弯曲半径应不小于引线的直径或扁平引线的厚度。

（5）元器件必须按照印制电路板的焊盘间距进行弯曲成形，弯曲方位应保证元器件安装后标志外露，明显可见，如图 4-1 所示。特殊情况下，标志外露优先顺序为极性、数值、型号。

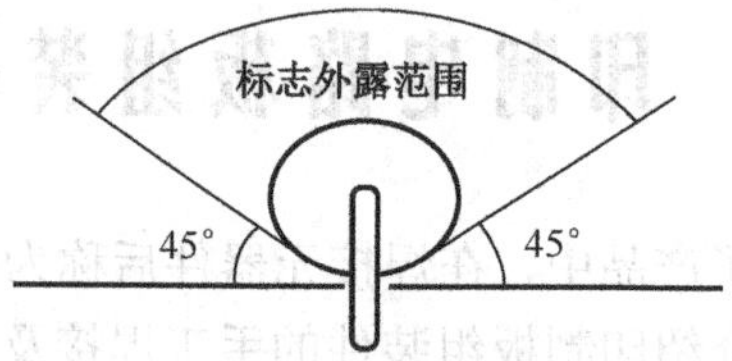


图 4-1　元器件成形标志露出示意图

（6）在引线手工弯曲中，应将成形工具夹持在引线弯曲点上固定不动，然后由另一只手对引线进行逐渐弯曲，如图 4-2 所示。

（7）在剪切引线或导线过程中，应无扭转和轴向直拉动作，避免根部受力。剪切示意图如图 4-3 所示。

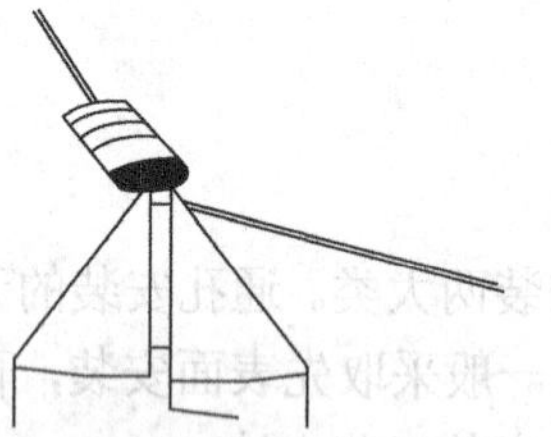

图 4-2　工具夹持位置示意图

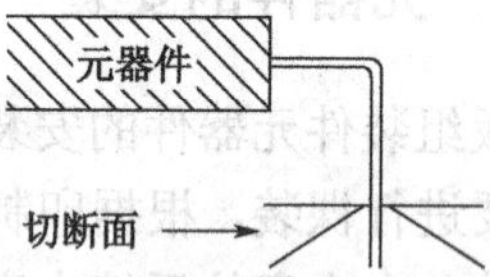


图 4-3　元器件引线剪切示意图

（8）多引线的元器件如扁平封装器件，引线的成形应使用专用成形工具，禁止手工成形和剪切引线。

（9）回火引线（又称为针形引线）不能弯曲成形，如继电器、电连接器等元器件引线，直径不小于 1.3mm 的引线也不能弯曲成形。当必须成形时，须经批准后进行。

（10）引线弯曲不当，弯曲半径小于两倍引线直径时，允许矫直后再弯一次，当弯曲半径大于两倍引线直径时，可以再弯两次。

（11）成形后的元器件应放入有盖的容器内，静电敏感元器件必须装入防静电容器内加以保护。

（12）元器件引线无论采用手工还是机械成形，如果有明显的刻痕或形变超过引线直径的 10%，那么元器件不应使用。

（13）成形后用 3～5 倍放大镜进行外观检查，不允许引线表面有明显镀层脱落现象。

（14）元器件引线的成形应使其能插入安装孔内而不引起较大的变形，不使元器件本体或密封端承受应力。

**2. 端头折弯**

导线或元器件引线的折弯部分长度应不小于焊盘最大尺寸的 1/2 或 0.8mm，取其中最大值，但不应大于焊盘最大长度。引线弯曲应沿着焊盘最长尺寸方向或沿与焊盘相连的印制导线方向折弯，如图 4-4 所示。全折弯引线与板面垂直线之间的夹角为 75°～90°，如图 4-5 所示。

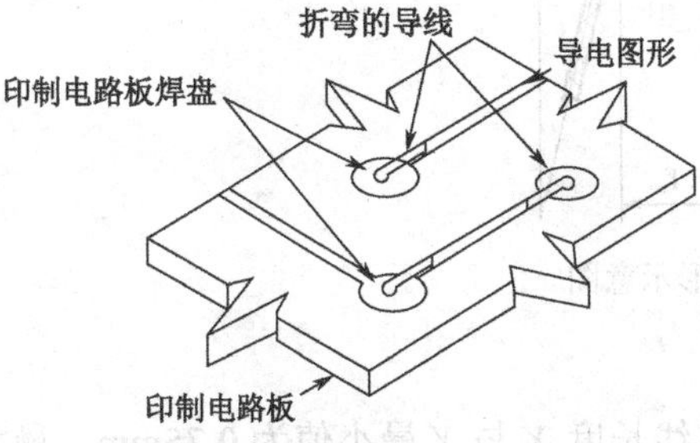

图 4-4 引线折弯示意图

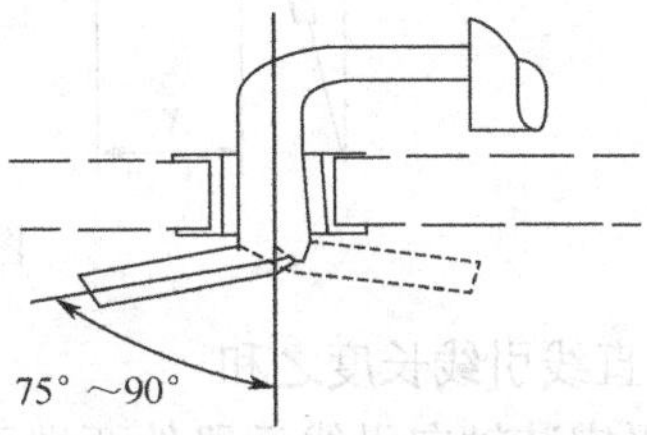

图 4-5 全折弯引线示意图

### 3. 端头直插通孔

直穿过印制电路板的元器件引线，其伸出部分最小值为 0.8mm、最大值为 1.5mm。如果通孔是非金属孔，元器件引线应符合端头折弯要求。若必须采取直插通孔，则引线伸出部分最大值为 2mm，如图 4-6 所示，最小引线长度应在焊前决定。直插通孔引线可以打弯或与孔轴线有 30° 的夹角，用在锡焊操作中固定组件，如图 4-7 所示。

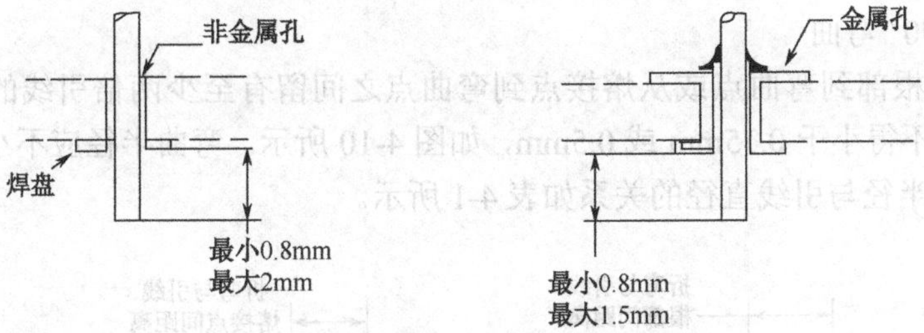

图 4-6 成形示意图

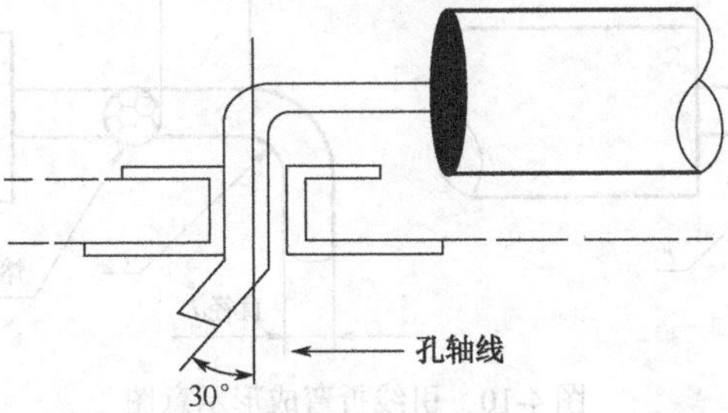

图 4-7 弯折成形示意图

### 4. 水平安装引线成形（轴向引线元器件）

1）组件中心位置

水平安装轴向引线元器件的引线成形，两边应近似地与组件中心对称，元器件引线的延伸尽量与元器件本体的轴线平行，折弯引线尽量与板面垂直，不垂直度不大于 10°，如图 4-8 所示。

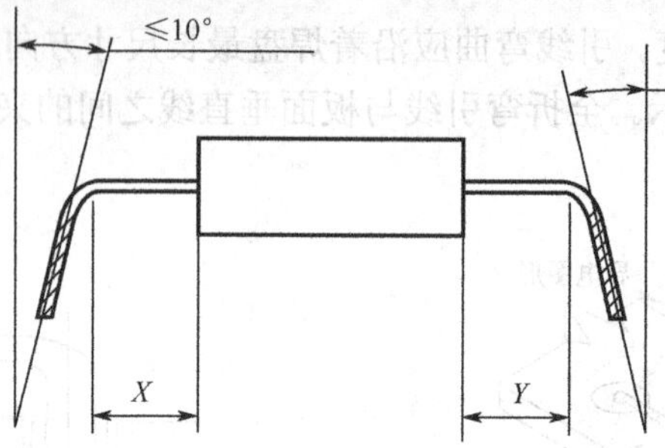


图 4-8　组件成形示意图

2）直线引线长度之和

水平安装轴向引线元器件两端引出的直线引线长度 *X* 与 *Y* 最小值为 0.75mm、最大值为 19mm，*X* 与 *Y* 之和不得超过 25mm，如图 4-9 所示。

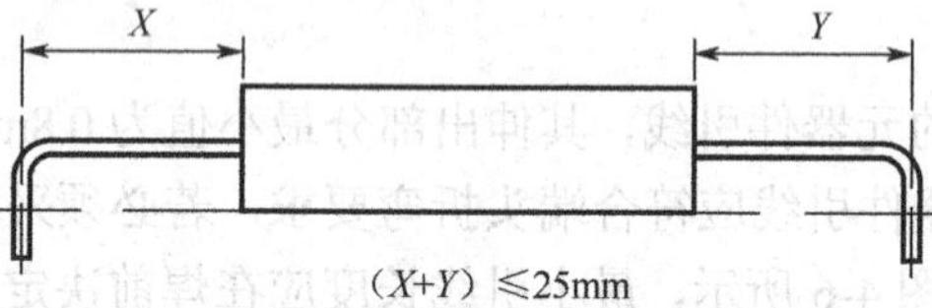


图 4-9　引线成形长度示意图

3）引线 90° 弯曲

引线应从根部到弯曲点或从熔接点到弯曲点之间留有至少两倍引线的直径或厚度的平直部分，但不得小于 0.75mm 或 0.5mm，如图 4-10 所示。弯曲半径应不小于引线的直径或厚度，弯曲半径与引线直径的关系如表 4-1 所示。

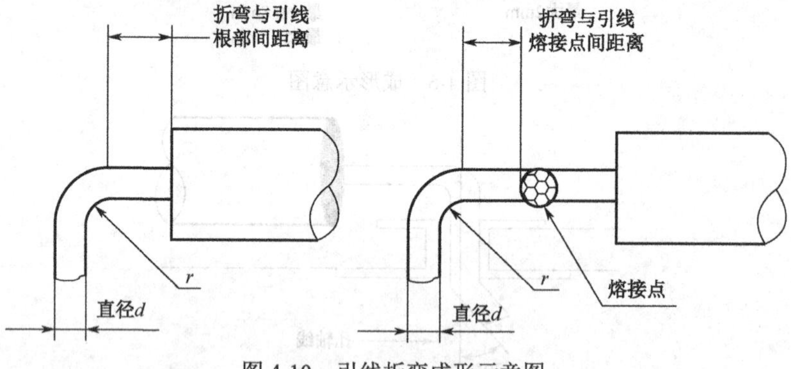


图 4-10　引线折弯成形示意图

**表 4-1　引线直径与弯曲半径对照表**

| 引线直径（*d*）/mm | 弯曲半径（*r*）/mm |
|---|---|
| <0.6 | 1 倍直径 |
| 0.6～1.2 | 1.5 倍直径 |
| >1.2 | 2 倍直径 |

4）引线特殊弯曲

（1）元器件卧式安装。在元器件卧式安装引线成形弯曲时，应按如下要求成形。

① 元器件本体直径 $D$ 小于 3.2mm，直径与印制电路板接触时，一般按图 4-11（a）所示进行弯曲。

② 对玻璃体元器件按图 4-11（b）所示进行弯曲。

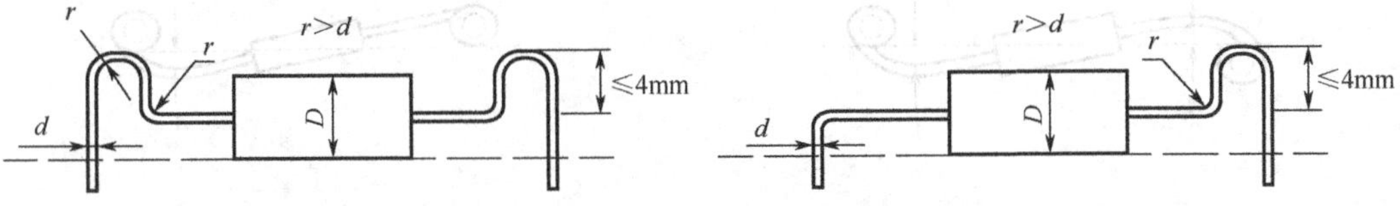


图 4-11 卧式安装特殊成形示意图

（2）安装孔距偏小时。在安装孔距偏小的元器件引线成形弯曲时，应按如下要求成形。

① 当安装孔的位置不能使用标准弯曲时，可以使用环形弯曲，如图 4-12 所示。

② 确保元器件引线不会与相邻引线或导体形成短路危险。

③ 使用环形弯曲时，需要相关的设计人员确认。

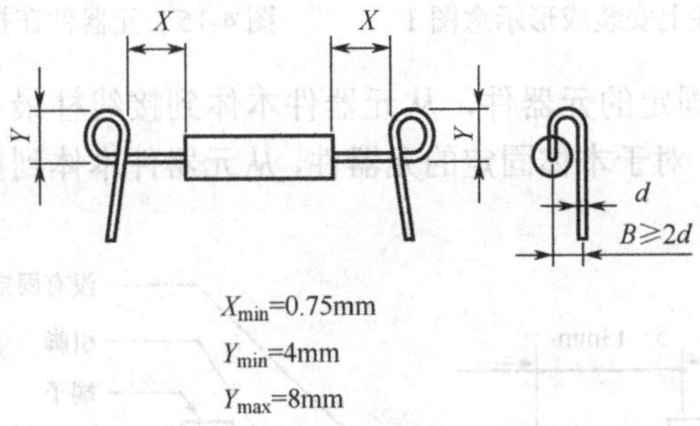


图 4-12 安装孔距偏小特殊成形示意图

（3）散热元器件。散热元器件应按如下要求成形。

① 所有散热元器件抬起高度，距印制电路板 1.5～3mm。

② 散热元器件的引线可参照图 4-13（a）、（b）所示进行成形。

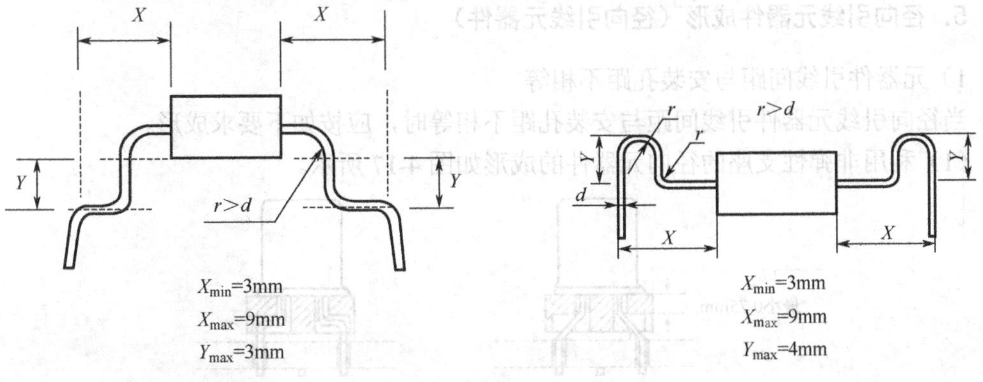


图 4-13 散热元器件成形示意图

（4）接线柱上元器件成形。接线柱上元器件应按如下要求成形。

① 当轴向引线元器件焊于接线柱上时，引线应进行弯曲成形消除应力，弯曲距离 $A$ 应大于两倍引线直径，但不得小于0.75mm，如图4-14所示。

② 当轴向引线元器件不采用黏结或其他方法将本体紧贴在接线柱上时，可以只有一根引线进行弯曲成形，如图4-15所示。

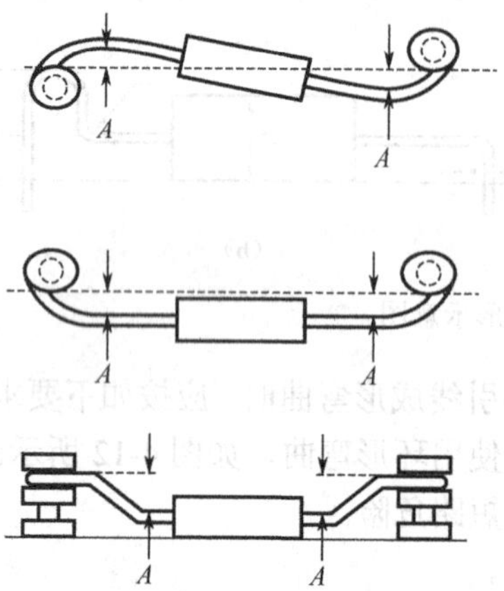


图4-14 元器件在接线柱上安装成形示意图1

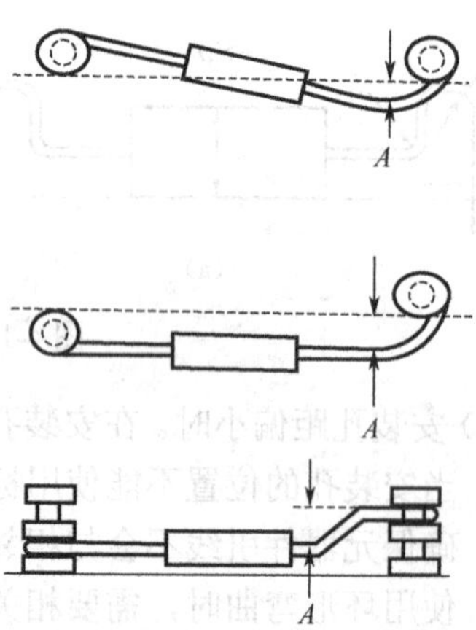


图4-15 元器件在接线柱上安装成形示意图2

③ 对于本体没有固定的元器件，从元器件本体到接线柱最小距离为5mm、最大为13mm，如图4-16所示。对于本体固定的元器件，从元器件本体到接线柱最小距离为5mm、最大为25mm。

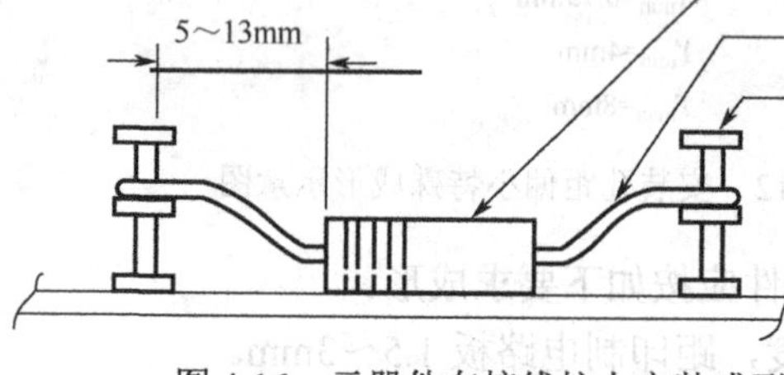


图4-16 元器件在接线柱上安装成形示意图3

## 5．径向引线元器件成形（径向引线元器件）

1）元器件引线间距与安装孔距不相等

当径向引线元器件引线间距与安装孔距不相等时，应按如下要求成形。

（1）利用非弹性支座的径向元器件的成形如图4-17所示。

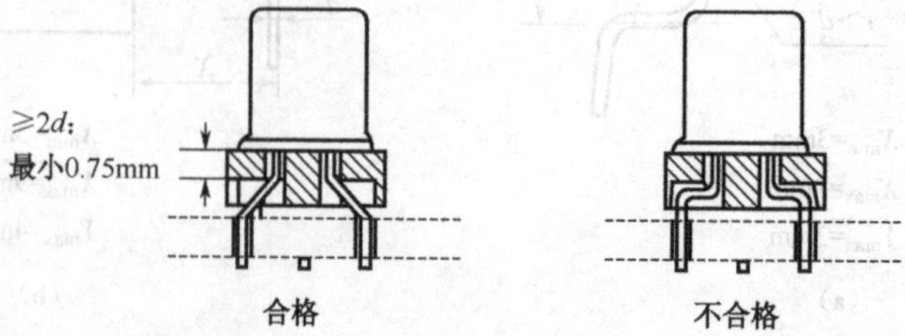


图4-17 支座安装成形示意图

（2）引线间距小于孔距，当需要弯曲时，引线根部到弯曲点平直部分最小尺寸为两倍引线的直径，最小弯曲半径为引线直径的一倍，最大为引线直径的两倍，如图 4-18 所示。

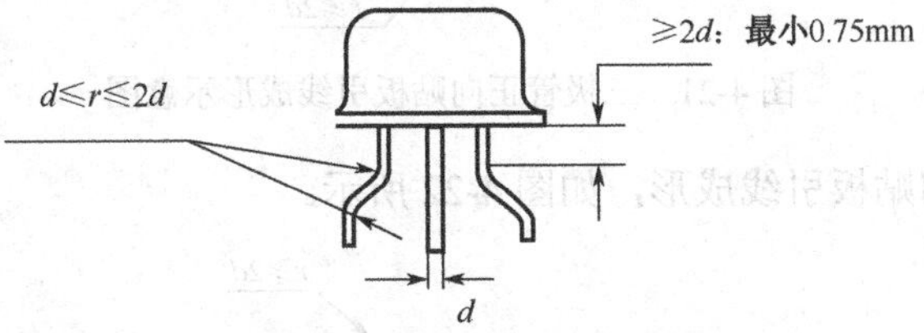


图 4-18　无支座安装成形示意图

2）元器件的侧装或倒装

当元器件侧装或倒装时，引线按如下要求成形。

（1）径向引线元器件侧装或倒装的引线成形，弯曲半径不小于引线直径，最大弯曲半径为 3*d*，如图 4-19（a）所示。当引线按图 4-19（b）轨迹成形时，跨距 *X* 应不超过 6.4mm，倒装元器件的基面上的引线上升距离 *Z* 应不超过 6.4mm。

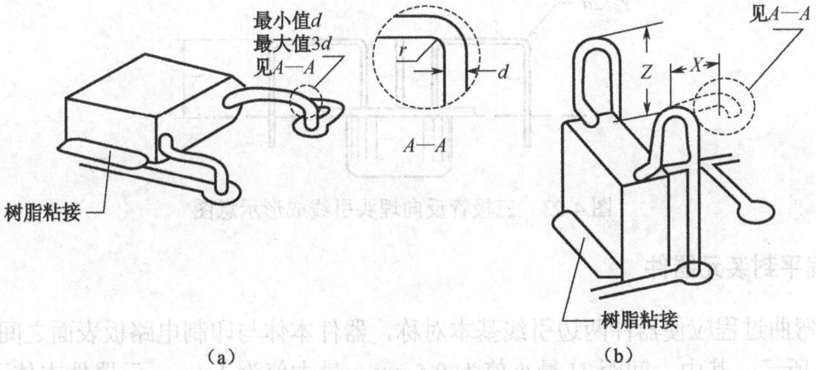


图 4-19　侧装、倒装成形示意图

（2）多引线径向元器件侧装成形如图 4-20 所示。

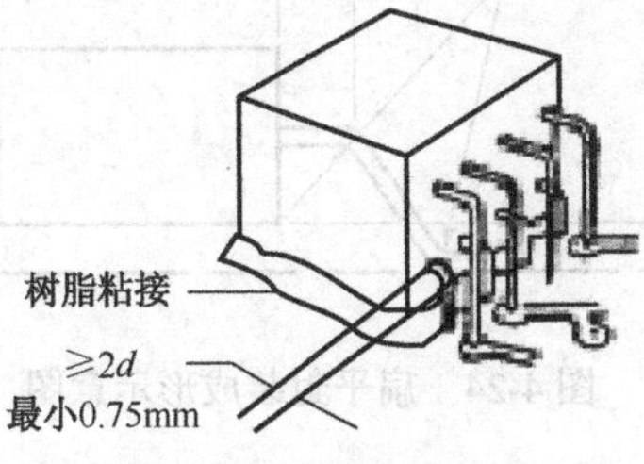


图 4-20　多引线径向元器件侧装成形示意图

3）三极管正、反向安装引线成形

三极管正、反向安装时，引线按如下要求成形。

（1）三极管正向贴板引线成形，如图 4-21 所示。

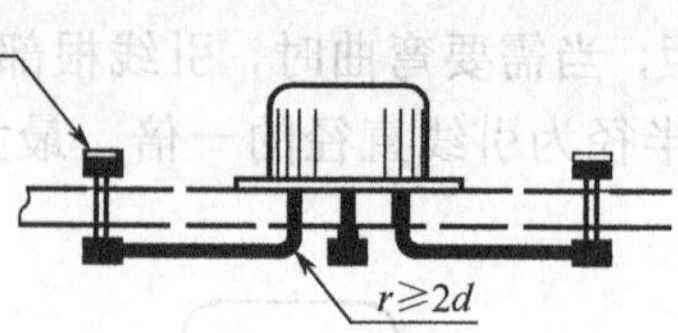


图 4-21　三极管正向贴板引线成形示意图

（2）三极管反向贴板引线成形，如图 4-22 所示。

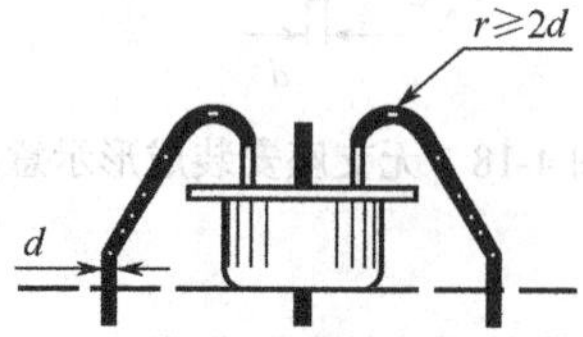


图 4-22　三极管反向贴板引线成形示意图

（3）三极管反向埋头引线成形，如图 4-23 所示。倒装元器件基面上的引线高度为 $A$，$A_{min}$ 为 0.75mm+2$d$、$A_{max}$ 为 6.4mm。

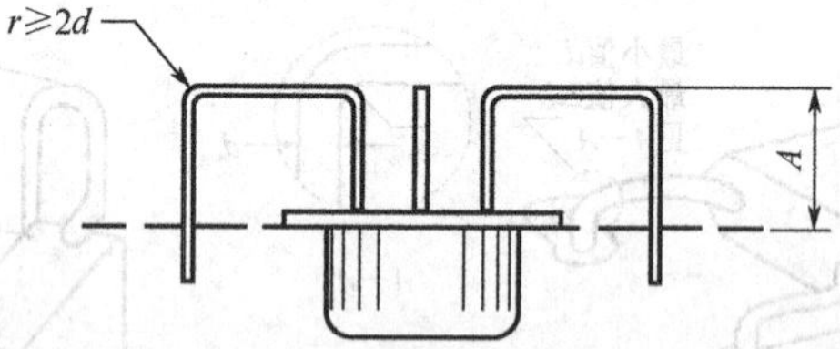


图 4-23　三极管反向埋头引线成形示意图

## 6．扁平封装元器件

（1）弯曲过程应使器件两边引线基本对称，器件本体与印制电路板表面之间基本平行，如图 4-24 所示。其中，间距 $H$ 最小值为 0.5mm，最大值为 1mm；元器件本体下面没有印制导线时，元器件引线可以按贴板安装方式成形。

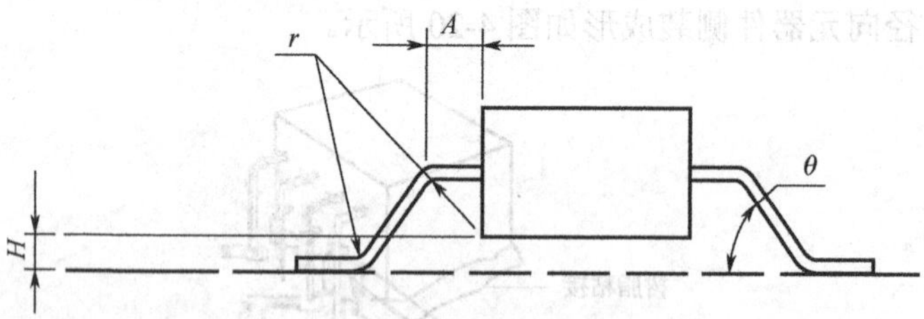


图 4-24　扁平封装成形示意图

（2）引线不应在器件根部弯曲，应使器件体到引线弯曲点间的平直部分 $A$ 最小尺寸为两倍于引线的直径或 0.5mm。

（3）消除内应力的弯曲半径 $r$ 应不小于引线的直径或扁平引线的厚度，打弯的方向必须使器件的标志明显可见。

（4）上下弯曲间的直线部分和印制电路板之间的夹角 $\theta$ 应大于 45°、小于 90°。

## 4.2.2 表面安装元器件成形

### 1. 成形工装及工装选择

以MCCH公司150型QFP封装芯片引脚成形机为例，介绍QFP封装芯片引脚成形的工装及工装选择的相关知识。

由于QFP封装芯片引脚间距较小，引脚刚性较差，且对于引脚共面性要求较高（图4-25），无法使用手工方式对其进行有效成形，这就需要采用成形工具对芯片引脚进行有效成形操作。

MCCH公司150型成形机专门针对小批量、多品种生产用户和芯片生产商用户而研制，用于SMT生产装配前芯片引脚成形，能够满足各类表贴引线扁平封装器件（Flat Pack、QFP、SOT、SSOP等）引脚成形的要求。成形和引脚剪切同步完成，一体化的防静电设计的紧凑外形，操作简单灵活方便，适用面广，LCD数字化显示所要调整的工艺参数，达到好的成形精度和生产一致性，对成形引脚厚度小于0.15mm的芯片不会产生任何损伤。

MCCH公司150型QFP封装芯片引脚成形机配合不同的工装适用于各种引脚数目、引脚间距的未成形的QFP封装芯片引脚成形操作，设备示意图如图4-26所示。

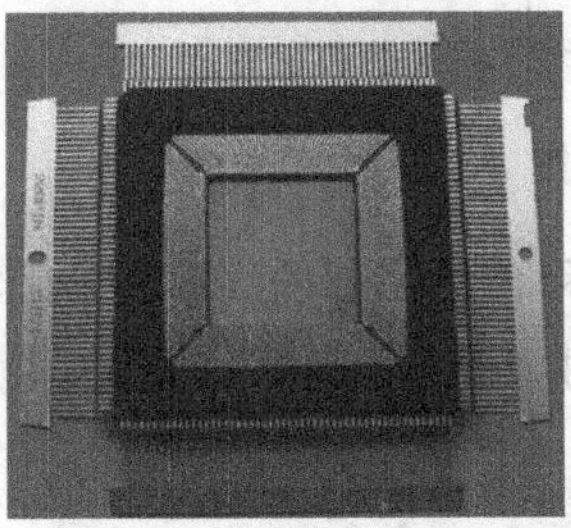

图4-25 QFP封装芯片未成形状态

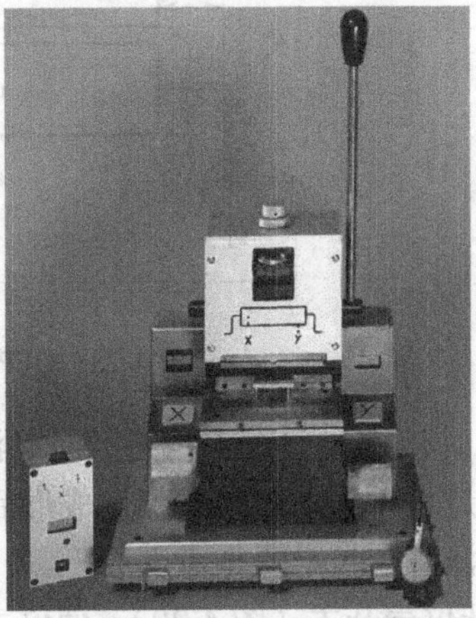

图4-26 MCCH公司150型QFP封装芯片引脚成形机

### 2. 表面安装元器件成形的工艺

以MCCH公司150型QFP封装芯片引脚成形机为例，讲解表面安装元器件成形的基本工艺要求。

1）设备安装环境及要求

（1）放置成形机所用防静电工作台承载重量不小于75kg，且有安全的防静电接地保护措施。

（2）安装无须电源和气源。

（3）成形机属于精密仪器，建议将成形机放置于单独工作间中，环境湿度和温度符合电子装配车间要求（温度为23±5℃，湿度为30%RH～70%RH）即可。

2）设备组成简介

MCCH 公司 150 型 QFP 封装芯片引脚成形机由 9 个部分组成，如图 4-27 所示，下面逐一进行介绍。

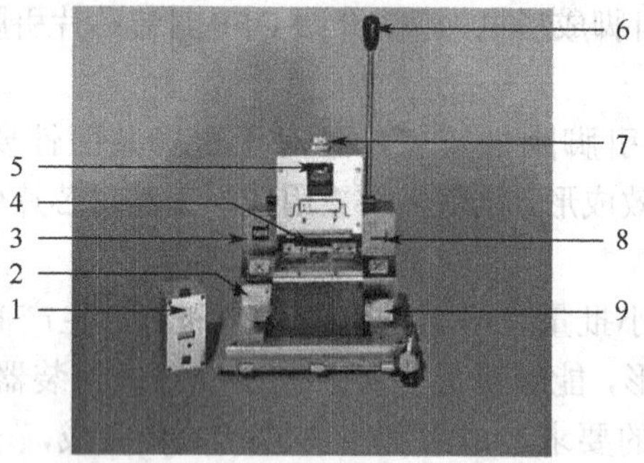


| 序号 | 名称 |
|---|---|
| 1 | X 厚度测量仪 |
| 2 | X 厚度调节旋钮 |
| 3 | *X* 厚度显示窗口 |
| 4 | 工作平台 |
| 5 | 弹簧压力调节模块 |
| 6 | 操作手柄 |
| 7 | 切刀调节模式旋钮 |
| 8 | *Y* 值显示窗口 |
| 9 | Y 调节旋钮 |

图 4-27　成形机组成示意图

3）芯片引脚成形工艺方法

（1）*X* 厚度测量。QFP 封装芯片引脚成形时，需对各部位参数进行确定，各部位示意图如图 4-28 所示。

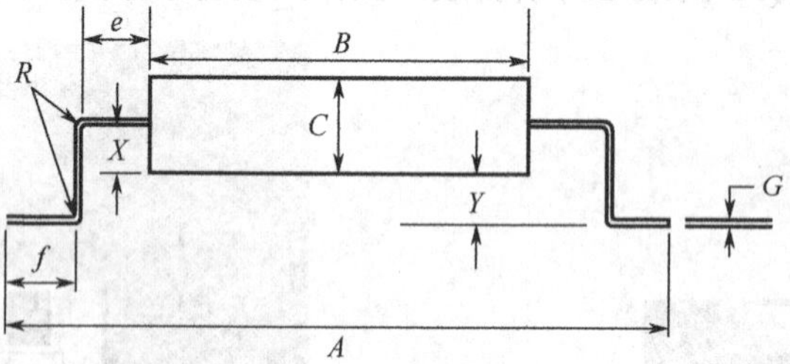


图 4-28　QFP 封装芯片各部位示意图

使用 X 厚度测量仪对 *X* 值进行精确测量，即芯片引脚和芯片底部的高度。精确测量 *X* 值确保成形过程不损伤芯片并保证成形后引脚共面的一致性。

X 厚度测量仪校准操作步骤如下。

① 打开仪表开关（图 4-29），使仪表处于开机状态。

图 4-29　打开仪表开关

② 使用水平校准块校准仪表，使用配套的螺丝刀调节仪器归零，如图 4-30 所示。

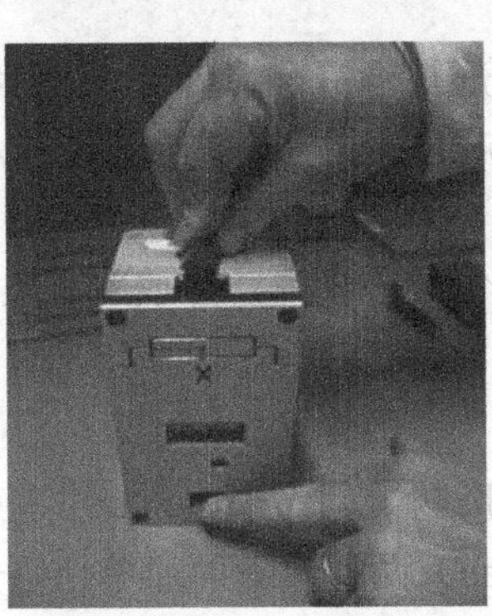
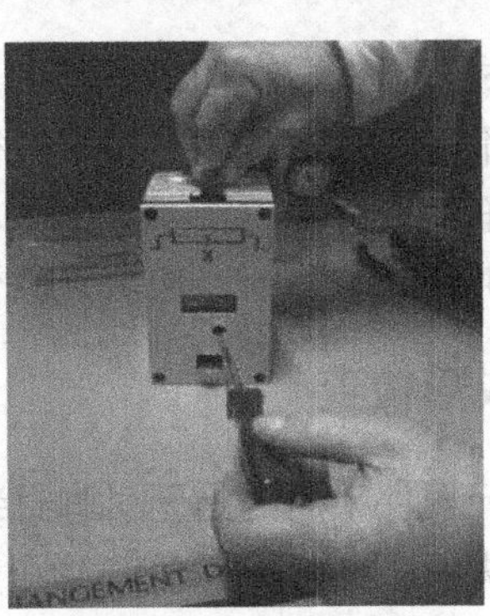

图 4-30 校准仪器

（2）QFP 封装芯片引脚成形。

① 成形机模具刀的水平校准，*X* 值和 *Y* 值仪表清零。

② 利用 X 厚度测量仪测量出芯片各方向引脚 *X* 值并记录，如图 4-31 所示。

③ 在成形机上通过旋转 X 厚度调节旋钮调整输入已经测量出的 *X* 值，如图 4-32 所示。

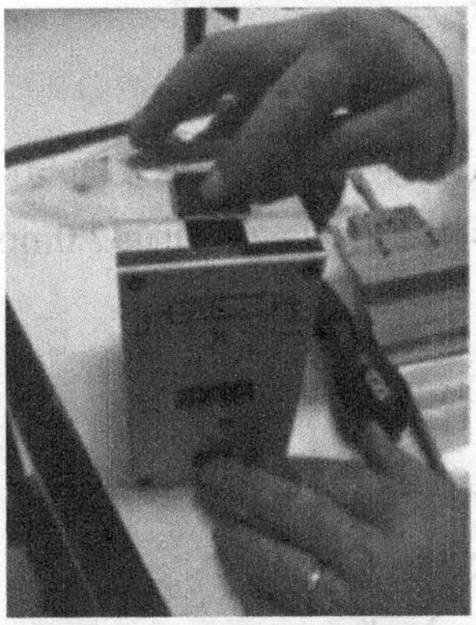

图 4-31 *X* 值测量

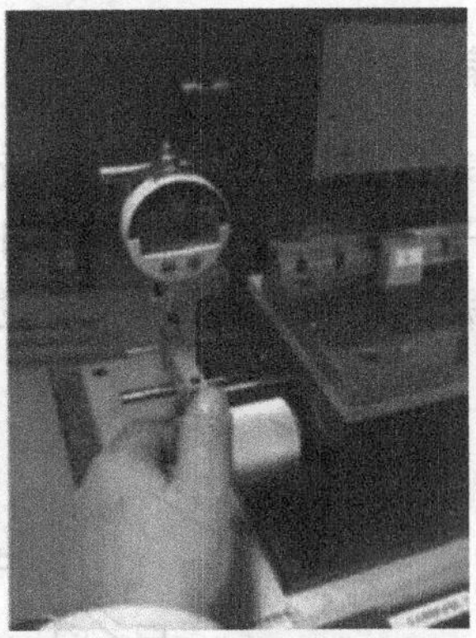

图 4-32 旋转 X 厚度调节旋钮

④ 依据工艺要求，通过旋转 Y 调节旋钮调整芯片底部和 PCB 间的高度，如图 4-33 所示。

⑤ 将芯片置于工作平台支撑模块或微调平台上固定，然后压下操作手柄即可一次性完成芯片单边引脚成形，依次完成多边成形，如图 4-34 所示。

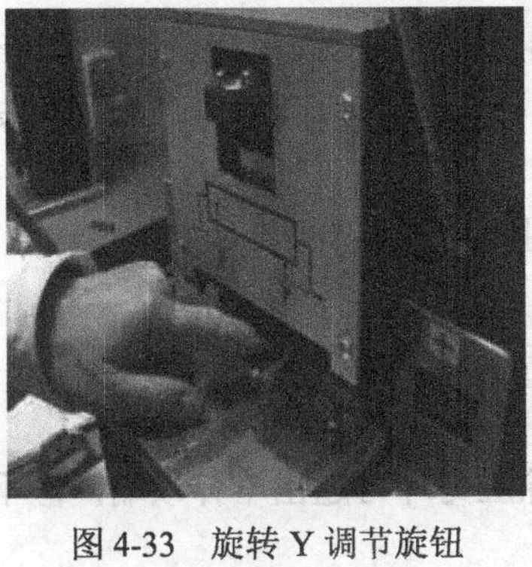

图 4-33 旋转 Y 调节旋钮

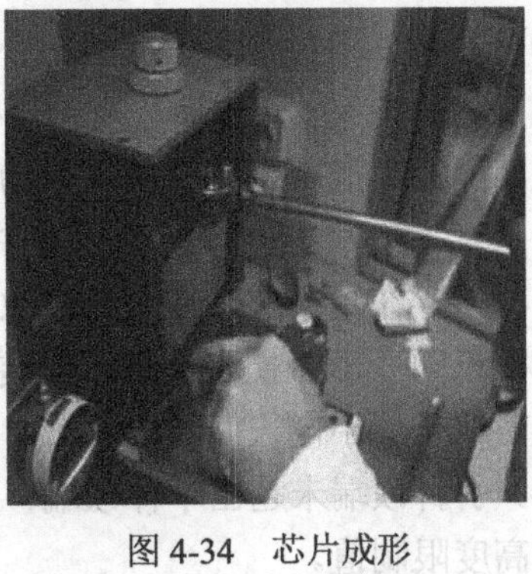

图 4-34 芯片成形

首件芯片成形后应放在印制电路板上比试成形是否符合焊盘尺寸，若符合则继续进行成形工作；若不符合则需对工艺参数进行调整。芯片成形后，应在水平模板上进行共面性检查，引脚共面性应一致。

芯片成形并检查合格后，应放入原包装盒或包装托盘内，并放入干燥柜中存放。

### 4.2.3 成形检查

表面安装元器件采用的是无引脚封装和有引脚封装两种形式。其中有引脚封装的元器件分为翼形引脚（Gull-Wing）和J形引脚（J-Lead）两种。下面简单介绍一下有引脚封装元器件的成形检查方法。

表面安装元器件时的要求：有引脚的表面安装元器件，其引脚在安装前应成形为最终形状。引脚的成形方式：应使引脚一封装体的密封部分不受损害或降低其密封性能，且在随后工序中焊接到规定位置后，不会因残余应力而降低可靠性。当双列直插式封装、扁平封装和其他多引脚元器件的引脚在加工或传递中导致不准位时，可在安装前将其拉直以确保平行和准位，同时保持引脚一封装体密封部分的完整性。

#### 1. 扁平封装的引脚成形

位于表面安装扁平封装件反面的引脚，其成形方式应使元器件衬底表面与印制电路板表面的不平行度(元器件斜面)最小。如果元器件最终形状不超过最大间距 2.0mm(图 4-35)的限制，那么元器件倾斜是允许的。

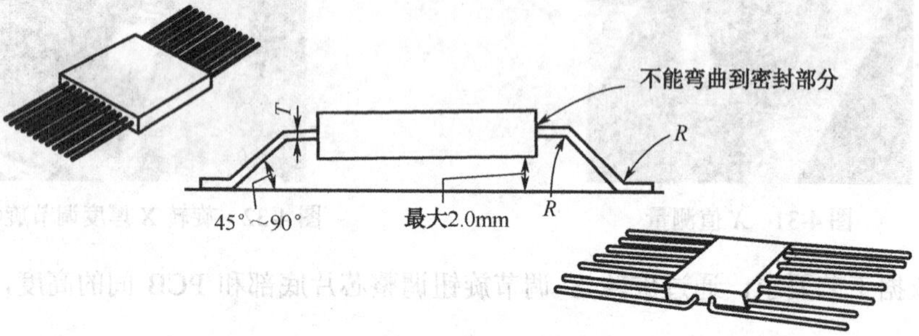


图 4-35　表面安装扁平封装件反面的引脚成形

#### 2. 表面安装元器件引脚的弯曲

为保护引脚一封装体的密封部分，成形过程中引脚应予支撑。弯曲不应延伸到密封部分内。引脚弯曲半径（*R*）必须大于引脚标称厚度。上、下弯曲间的引脚部分和安装的连接盘之间的夹角最小为 45°、最大为 90°。

满足以下条件的引脚变形是允许的（非故意弯曲）。

（1）不存在短路或潜在短路现象。

（2）不因变形而损坏引脚一封装体密封部分或焊接。

（3）符合最小电气间距要求。

（4）引脚顶端未超出本体顶端；预先成形的消除应力环可超出本体顶端，但不应超过接线柱高度限制值。

（5）脚趾卷曲（如果弯曲中存在）不应超过引脚厚度的两倍。

（6）不超过共面性限制范围。

### 3．翼形引脚（Gull-Wing）成形示例

（1）SOP 封装元器件成形示例，如图 4-36 所示。

图 4-36　SOP 封装元器件成形示例

（2）QFP 封装元器件成形示例，如图 4-37 所示。

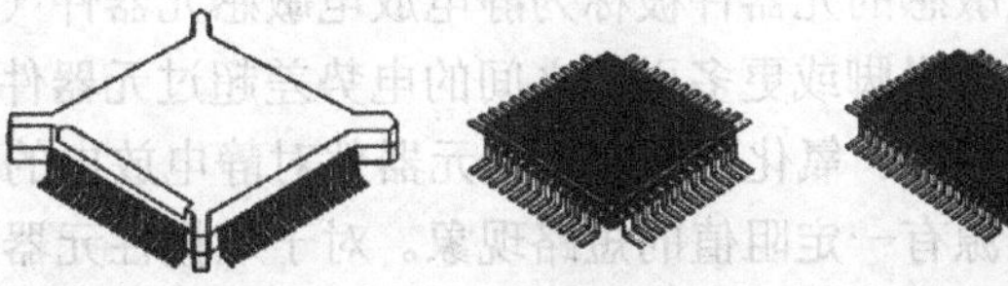

BQFP　　QFP　　QFPR

图 4-37　QFP 封装元器件成形示例

### 4．J 形引脚（J-Lead）成形示例

（1）四面引脚元器件成形示例，如图 4-38 所示。

（2）两面引脚元器件成形示例，如图 4-39 所示。

图 4-38　四面引脚元器件成形示例

图 4-39　两面引脚元器件成形示例

当元器件成形不满足上述要求时，则应对引脚进行矫形。在矫形时应注意工装、工具的选用符合工艺文件的要求，不得对元器件本身造成损伤。若元器件不具备矫形的条件，则应及时停止操作，并上报元器件情况，不得随意对元器件进行操作，避免造成更大的损失。

# 4.3　元器件搪锡

搪锡就是将要锡焊的元器件引线或导电的焊接部位预先用焊锡润湿的过程，一般也称为镀锡、上锡等。本节主要从元器件的保护措施、元器件的耐热等级、元器件搪锡要求及搪锡检查等几方面进行介绍。

## 4.3.1　元器件的保护措施

元器件在存放过程中主要有静电放电损伤、元器件吸湿等使元器件失效或存在质量损伤的可能，下面就以上几点损伤模式提出元器件的保护措施。

### 1．静电放电损伤及保护措施

1）静电放电损伤的危害

静电放电（ESD）是大家熟知的电磁兼容问题，它可引起电子设备或电子元器件失效或损坏。当电子元器件单独放置或装入电路时，即使没有加电，也可能造成这些元器件的永久性损坏。对静电放电敏感的元器件被称为静电放电敏感元器件（ESDS）。

如果一个元器件的两个引脚或更多引脚之间的电势差超过元器件介质的击穿强度，就会对元器件造成静电放电损伤。氧化层越薄，则元器件对静电放电的敏感性越大。故障通常表现为元器件本身对电源有一定阻值的短路现象。对于双极性元器件，损伤一般发生在薄氧化层隔开的已进行金属喷镀的有源半导体区域，因此会产生泄漏严重的路径。

另一种故障是由节点的温度超过半导体硅的熔点（1415℃）所引起的。静电放电脉冲的能量可以产生局部发热，导致出现这种机理的故障。即使电压低于介质的击穿电压，也会发生这种故障。例如，NPN型三极管发射极与基极间的击穿会使电流增益急剧降低。

元器件受到静电放电损伤的影响后，也可能不立即出现功能性的损坏。这些受到潜在损坏的元器件一旦加以使用，将会对以后发生的静电放电或传导性瞬态表现出更大的敏感性。

要密切注意元器件在不易察觉的放电电压下发生的损坏，这一点非常重要。人体有感觉的静电放电电压为3000～5000V，然而元器件发生损坏时的电压可能仅需几百伏特。

静电放电的危害效应是在20世纪70年代开始被认识到的，这是由于新技术的发展导致元器件对静电放电的损坏越来越敏感。静电放电造成的损失每年可达到几百万美元。因此，许多大型的元器件和设备制造厂引进专业技术以减小生产环境中的静电积累，从而使产品合格率和可靠性提高了许多。

2）静电产生的原因

静电电压是由不同种类的物质相互接触与分离而产生的。尽管摩擦能够使电荷积累得更多，但摩擦并不是必要的。这种效应即是大家熟知的摩擦起电，所产生的电压取决于相互摩擦的材料本身的特性。摩擦起电序列表列出了各类物质的带电难易程度。对于相互接触的两种物质，电子会从序列表较上的物质转向较下的物质，这样就会使两种物质分别带正负电荷。

一般情况下，电荷也可以通过感应产生，这是带电物体使其附近的另一物体上的电荷发生分离的结果。

3）元器件静电放电损伤的保护措施

在运输带引脚的元器件时，通常使用导电泡沫材料，这可以防止元器件引脚间出现较高的电势差。对于双列直插式封装的元器件，在散装运输过程中常采用静电损耗性管。

当位于静电放电保护区外时，应将其置于静电屏蔽袋或导电搬运箱内进行运输。有的包装袋使用导电材料制成，它可确保所有元器件在稳定条件下处于同一电势，同时将偶然跑到袋上的静电荷耗散掉。

### 2．元器件的吸湿损伤

1）吸湿损伤的危害

吸湿、受潮的元器件在进行回流焊接时，潮气因迅速受热而急剧膨胀，气体膨胀产生的压力作用于封装材料内部，导致封装材料分层甚至破裂，从而降低元器件的可靠性，严重情况下导致湿敏元器件失效。

2）湿敏元器件简介

湿敏元器件（Moisture Sensitivity Devices，MSD）是由潮湿可透材料（如塑料）所制造的非气密性封装的元器件，主要指用于 SMT 生产的表面安装元器件。它包括但不限于以下元器件：小尺寸封装（SOP）、微型小尺寸封装（MSOP）、窄间距小尺寸塑封（SSOP）、薄型小尺寸封装（TSOP）、薄型的缩小型小尺寸封装（TSSOP）、塑料方块平面封装（PQFP）、球栅阵列封装（BGA）、带引线的塑料芯片封装（PLCC）等。湿敏元器件等级和存放条件如表 4-2 所示，湿敏元器件包装要求如表 4-3 所示。

表 4-2 湿敏元器件等级和存放条件

| 湿敏等级 | 拆封后可暴露时间（累计值） | 存放条件 |
|---|---|---|
| 1 | 无要求 | 温度：≤30℃，湿度：≤85%RH |
| 2 | 1 年 | 温度：≤30℃，湿度：≤60%RH |
| 2a | 4 周 | |
| 3 | 168h | |
| 4 | 72h | |
| 5 | 48h | |
| 5a | 24h | |
| 6 | 安装前必须烘烤，烘烤后 24h 内（温度：≤30℃，湿度：≤60%RH）必须加工使用完毕，具体烘烤条件和烘烤后最大存放时间见元器件原包装要求 | |

表 4-3 湿敏元器件包装要求

| 湿敏等级 | 防潮包装袋 | 干燥剂 | 警告标签 |
|---|---|---|---|
| 1 | 无要求 | 无要求 | 220℃时不必标示<br>235℃时必须标示 |
| 2～5a | 要求 | 要求 | 要求 |
| 6 | 无要求 | 无要求 | 要求 |

湿敏元器件的防潮包装袋会有湿敏警告标志和防潮等级标志，或者贴雨滴和警示标志

（图 4-40），一般湿敏元器件同时为静电敏感元器件（ESD），取用和存放的同时应注意做好静电防护。

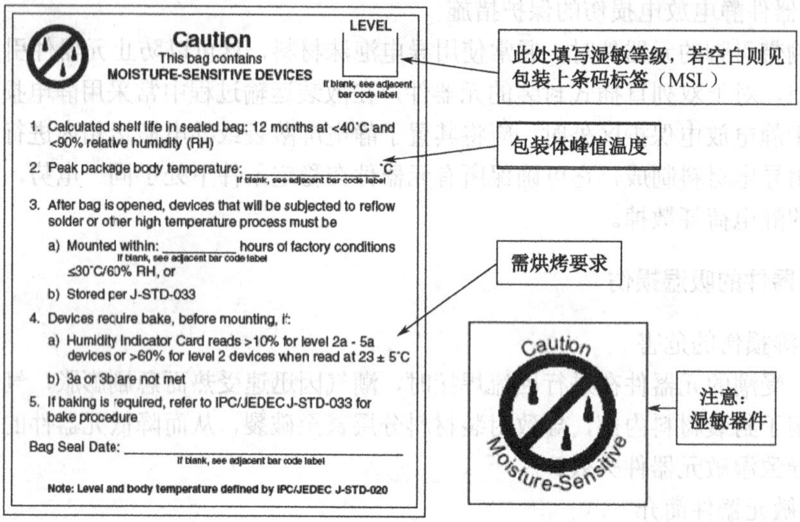


警示标签　　雨滴标志

图 4-40　湿敏元器件的防潮包装袋指示标签示意图

湿敏元器件的包装袋一般还提供以下信息。

（1）特定温度与湿度范围内的储存寿命、包装体的峰值温度、开袋之后的暴露时间、关于何时要求烘烤的详细情况、烘烤程序及袋的密封日期。

（2）湿敏等级（MSL/LEVEL），具体湿敏元器件等级和存放条件。

（3）真空包装内部应包含湿度指示卡（HIC），当湿度达到一定程度时，湿度指示卡对应指示位置会变为粉红色。一般相对湿度超过 30%表示元器件已吸潮，干燥剂已失效，元器件需烘烤并且更换干燥剂重新密封包装（图 4-41）。具体湿度要求参照元器件原包装说明。

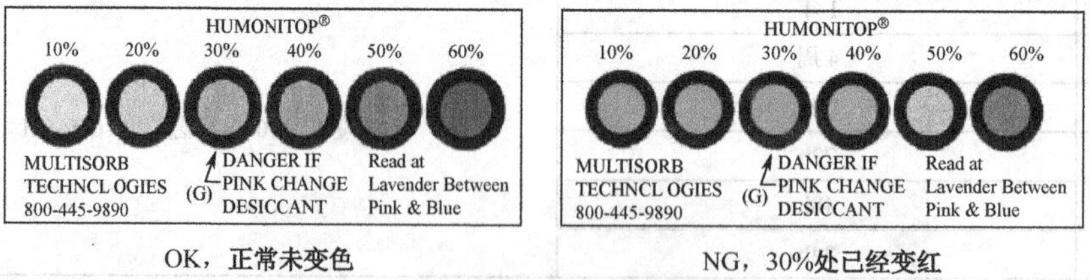


OK，正常未变色　　NG，30%处已经变红

图 4-41　湿度指示卡示意图

3）湿敏元器件的保护措施

（1）来料时识别 MSD 并进行检查，按湿敏元器件包装要求对于湿敏等级为 2 级（含）以上元器件必须有真空包装盒警告标签，检查袋内湿度指示卡和干燥剂是否齐全，生产日期有无超过规定有效期限，包装袋是否破损。若有一项不符判，则为不合格品。

（2）应在半小时内完成拆封湿敏元器件检查并将元器件和干燥剂、湿度指示卡等用原包装抽真空包装，标签上应注明拆封时间和重新真空包装时间。

（3）正常状况下所有真空包装材料不需要全部拆开包装检查里面的元器件，对拆封后元器件应优先发料。

（4）进料为非真空包装、已过期或湿度指示卡变色等物料，则需在外包装上粘贴相应标记，以此提醒产线此物料需按计划安排在上线前进行烘烤。

（5）上线前必须检查湿敏元器件包装是否满足要求，打开包装后应首先检查湿度指示卡 30%及以上的位置是否变色（正常状态为蓝色，不良状态为粉红色），若有变色则需返回烤箱进行烘烤。

（6）生产人员在元器件使用过程中严格按照生产进度来确定所需拆封元器件数量，对于拆封后无法立即上线使用的应该放入干燥箱（23℃±5℃、≤10%RH）暂时保管。

（7）如果打开包装的元器件累计暴露时间超规定时间未使用，则需对元器件按照湿敏元器件烘烤温度要求进行烘烤（在烘烤后 MSD 元器件暴露时间从“0”开始计算），烘烤完毕，用专用包装袋真空包装。

（8）在生产过程中出现生产中断停产时间在 4h 以上，湿敏元器件必须存放干燥箱（23℃±5℃、≤10%RH）暂时保管。

（9）依据元器件封装本体厚度及封装料盘材料差异，采取不同的烘烤温度和时间，具体按表 4-4 所示的湿敏元器件烘烤温度要求执行。一般耐高温包材的湿敏元器件，设定烘烤温度为 125℃；不耐高温包材的湿敏元器件，设定烘烤温度为 40℃。

表 4-4 湿敏元器件烘烤温度要求

| 元器件封装规格 | 防潮等级 | 烘烤条件 温度 125℃ | | 烘烤条件 温度 90℃ 湿度≤5%RH | | 烘烤条件 温度 40℃ 湿度≤5%RH | |
|---|---|---|---|---|---|---|---|
| | | 拆封后有效时间 | | 拆封后有效时间 | | 拆封后有效时间 | |
| | | 时间>72h | 时间≤72h | 时间>72h | 时间≤72h | 时间>72h | 时间≤72h |
| 厚度≤1.4mm | 2 | 5h | 3h | 17h | 11h | 8d | 5d |
| | 2a | 7h | 5h | 23h | 13h | 9d | 7d |
| | 3 | 9h | 7h | 33h | 23h | 13d | 9d |
| | 4 | 11h | 7h | 37h | 23h | 15d | 9d |
| | 5 | 12h | 7h | 41h | 24h | 17d | 10d |
| | 5a | 16h | 10h | 54h | 24h | 22d | 10d |
| 厚度>1.4mm ≤2.0mm | 2 | 18h | 15h | 63h | 2d | 25d | 20d |
| | 2a | 21h | 16h | 3d | 2d | 29d | 22d |
| | 3 | 27h | 17h | 4d | 2d | 37d | 23d |
| | 4 | 34h | 20h | 5d | 3d | 47d | 28d |
| | 5 | 40h | 25h | 6d | 4d | 57d | 35d |
| | 5a | 48h | 40h | 8d | 6d | 79d | 56d |
| 厚度>2.0mm ≤4.5mm | 2 | 48h | 48h | 10d | 7d | 79d | 67d |
| | 2a | 48h | 48h | 10d | 7d | 79d | 67d |
| | 3 | 48h | 48h | 10d | 8d | 79d | 67d |
| | 4 | 48h | 48h | 10d | 10d | 79d | 67d |
| | 5 | 48h | 48h | 10d | 10d | 79d | 67d |
| | 5a | 48h | 48h | 10d | 10d | 79d | 67d |

### 4.3.2 元器件的耐热等级

元器件在搪锡时应注意耐热温度，常见元器件搪锡温度和位置如表 4-5 所示。

表 4-5 常见元器件搪锡温度和位置

| 元器件名称 | 电烙铁搪锡温度/℃ | 锡锅搪锡温度/℃ | 搪锡位置（距引线根部距离）/mm |
|---|---|---|---|
| 普通电阻器 | 300 | 280 | 2 |
| 精密电阻器 | 300 | 280 | 2 |
| 线绕电阻器 | 300 | 280 | 2 |
| 热敏电阻器 | 270 | 250 | 3 |
| 无极性电容器 | 280 | 260 | 2 |
| 钽电容器 | 270 | 250 | 3.5 |
| 二极管（玻璃封装） | 280 | 260 | 5 |
| 三极管 | 300 | 280 | 3 |
| 继电器 | 270 | 250 | 2（直插式），3（焊线式） |
| 熔断器 | 280 | 260 | 2（径向），3（轴向） |
| 电感器 | 300 | 280 | 焊接部位 |
| 变压器线圈 | 300 | 280 | 焊接部位 |
| 圆管形封装器件 | 270 | 250 | 3 |
| 双列直插器件 | 270 | 250 | 到元器件引线肩平行 |
| 注：电烙铁和锡锅搪锡温度可根据被搪元器件引线直径粗细、散热情况、结构形式等进行适当调整 | | | |

### 4.3.3 元器件搪锡要求

目前元器件的可焊性已经提高了很多，元器件厂家生产出来的产品基本上可以不进行预处理，直接进行焊接。但是，有些高可靠性产品（如航空产品、航天产品、某些医疗电子设备等）无论元器件的可焊性如何，都要求进行预处理，以确保焊接质量。因为可焊性对电子产品的装配来说，是影响焊接质量的一个很重要的因素，如果被焊件的可焊性差，就不可能焊接出合格的焊点。

#### 1. 搪锡所需要的材料

元器件搪锡用主要材料如表 4-6 所示。

表 4-6 元器件搪锡用主要材料

| 材料名称 | 型号规格 | 适用标准 |
|---|---|---|
| 锡铅焊料 | S-Sn63PbAA | GB/T 3131—2020 |
| 焊剂 | R 型、RMA 型 | GB/T 9491—2021 |
| 氢化松香 | — | GB/T 14020—2006 |
| 无水乙醇 | 分析纯 | GB/T 678—2023 |
| 异丙醇 | 分析纯 | HG/T 2892—2020 |
| 绘图橡皮 | — | — |
| 金相砂纸 | W14～W28 | — |
| 医用脱脂棉纱布、脱脂棉 | — | — |

在使用过程中，应定期对锡锅中焊料成分进行理化分析，时间可根据使用频次、锡锅容量大小而定，一般3个月进行一次，也可根据实际使用情况及时更换焊料。

## 2. 工具

元器件搪锡主要用以下工具。

（1）温控电烙铁。

（2）无齿平口钳。

（3）工装夹具。

（4）3～5倍放大镜。

（5）40倍及以上体视显微镜。

## 3. 设备

元器件搪锡用主要设备为100～400℃可调温的温控锡锅（要求用不锈钢或铸铁内胆）。设备应符合以下要求。

（1）搪锡设备应定期检测、校准，并在有效期内使用。

（2）搪锡设备交流供电线护套应定期检查，确保无破损。

（3）设备外壳应良好接地。

## 4. 搪锡工艺方法

1）电烙铁搪锡

（1）温控电烙铁的温度可根据被搪锡元器件引线直径粗细、散热情况、结构形式进行调整，以不损坏元器件和保证搪锡质量为准则。

（2）电烙铁搪锡一般采用倾斜搪锡和水平搪锡两种方法。当倾斜搪锡时，一手捏住元器件，使引线一端靠近氢化松香，另一手拿电烙铁，烙铁头上应带有适量焊料，先将烙铁头蘸取适量氢化松香，然后将烙铁头很快移至元器件引线上，顺着引线上下不断地移动，同时转动元器件，待引线四周都搪上焊锡后，将元器件放下冷却，如图4-42（a）所示。当水平搪锡时，一手捏住元器件呈水平状态放置在氢化松香上，另一手拿电烙铁，烙铁头带适量焊料靠近引线加热，待引线粘上适量氢化松香后，烙铁头顺着引线上下不断移动，同时转动元器件，待引线四周都搪上焊锡后，将元器件放下冷却，如图4-42（b）所示。

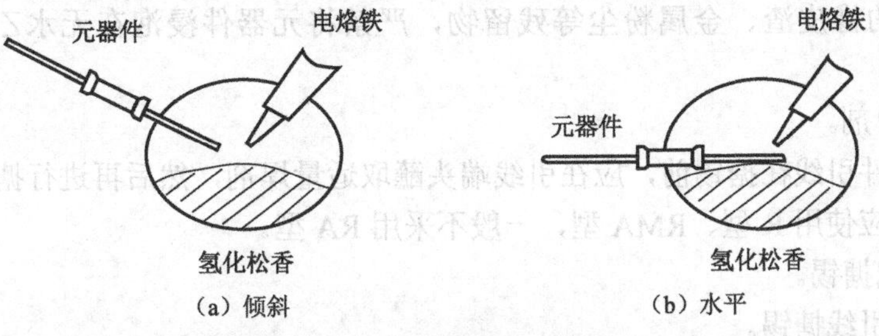


图4-42　电烙铁搪锡示意图

（3）在用液态焊剂时，引线端头蘸取适量焊剂，然后用烙铁头上带有适量焊料的电烙铁直接搪锡。

2）锡锅搪锡

（1）当使用锡锅搪锡时，加热设备应有调节装置，以便控制搪锡温度。

（2）在整个搪锡过程中，应不断清除焊锡槽中熔融的焊锡表面上的氧化残渣，确保搪锡件表面光滑明亮，无残渣黏附。

（3）在使用锡锅搪锡时，用手捏住元器件的一端，将另一端引线浸入液态焊锡中，引线端头蘸取适量焊剂后将元器件取出，再浸入到锡锅中，在规定的搪锡时间内垂直离开熔融的焊锡表面。一端引线搪锡后应待其自然冷却至室温后，再对另一端引线进行搪锡。

3）元器件引线搪锡

引线搪锡工艺流程如图 4-43 所示。

外观检查 → 引线校直 → 去除氧化层 → 清洗 → 浸焊剂 → 引线搪锡 → 清洗

图 4-43　引线搪锡工艺流程图

（1）外观检查。按元器件清单认真检查元器件的型号、规格，外观标识应清晰、漆层或镀层应完好，应无损伤、无划痕。引线明显扭曲及氧化严重的应予以剔除或更换。

（2）引线校直。元器件搪锡前，应用无齿平口钳将引线校直（玻璃绝缘子密封的继电器、大功率管等除外），严禁使用尖头钳或医用镊子校直引线。在引线校直时，不能有夹痕，引线表面应无损伤。

（3）去除氧化层。

① 用绘图橡皮轻擦引线，清除引线表面沾污或氧化层，必要时也可用 W14～W28 号金相砂纸单方向轻轻打磨引线表面，直至去除氧化层，但不可将引线上的镀层去除。距引线根部 2～5mm 的位置处不进行去除氧化层的操作。

② 如果元器件引线采用可伐丝材料制成，其引线沾污严重时，只能用 W14～W28 号金相砂纸轻轻打磨，不应将引线上的镀层（镀金层、镀锡层）去除。

③ 若元器件引线本体径向发生形变（刻痕、压痕）超过直径的 10%，横向形变（刻痕、压痕）超过直径的 5%，则应剔除该元器件。

④ 去除氧化层操作时应防止元器件引线根部受损。

⑤ 氧化层去除后 2h 内要搪锡完毕。

（4）清洗。引线去除氧化层后，应用无水乙醇或异丙醇将引线清洗干净，去除引线表面上黏附的橡皮渣、金属粉尘等残留物，严禁将元器件浸泡在无水乙醇或异丙醇溶剂中。

（5）浸焊剂。

① 元器件引线在搪锡前，应在引线端头蘸取适量焊剂，然后再进行搪锡。

② 焊剂应使用 R 型、RMA 型，一般不采用 RA 型。

（6）引线搪锡。

① 一般引线搪锡。

- 根据元器件结构形式、安装特点及印制电路板的安装要求，元器件引线根部不搪锡长度一般应大于 2mm。搪锡温度不应影响元器件的性能。如果有特殊要求，应按元器件承制方提供的产品说明书操作。

- 在钽电容器搪锡时，其正极引线根部应加上散热夹或用浸有微量无水乙醇的脱脂棉包裹后再进行搪锡。
- 在静电敏感元器件（ESDS）搪锡时，操作人员应佩戴防静电腕带，电烙铁或锡锅也应采取防静电措施。静电敏感元器件搪锡后，应先插入防静电泡沫塑料上，再放入防静电容器内。
- 扁平封装元器件引线应先成形再搪锡，搪锡部位如图4-44所示。

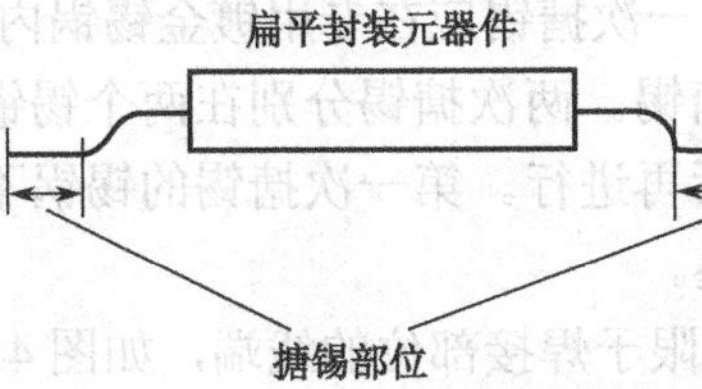


图4-44　扁平封装元器件搪锡部位

- 在轴向元器件搪锡时，在一端引线搪锡完成后，要待其自然冷却至室温，才能对另一端引线进行搪锡。
- 在密封继电器搪锡时，要在引线根部的玻璃绝缘子上穿垫2～3层脱脂棉纱布或电容器纸，以防止绝缘子损伤，如图4-45所示。密封继电器搪锡示意图如图4-46所示。在用电烙铁搪锡时，烙铁头放在继电器引线上的力要尽量小，避免造成根部玻璃绝缘子损伤。三极管、多引线集成电路搪锡也可参照此方法。

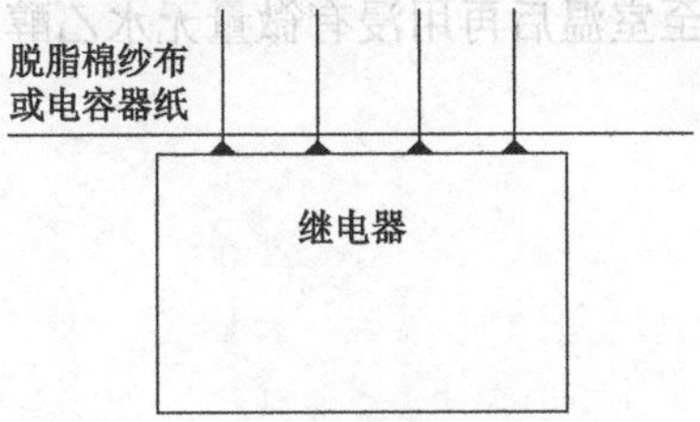


图4-45　密封继电器搪锡防护

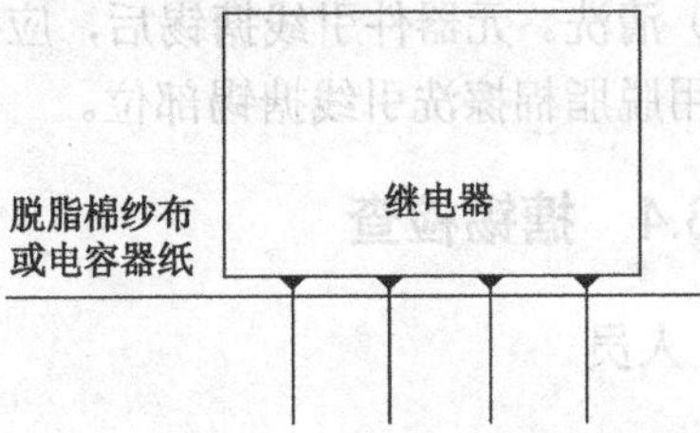


图4-46　密封继电器搪锡示意图

- 在热敏元器件搪锡时，应严格控制温度并采取散热措施，应将热敏元器件的引线根部加散热夹或用浸有微量无水乙醇的脱脂棉包裹后再搪锡，搪锡时间应尽量短。
- 带穿线孔的元器件应使用温控电烙铁进行搪锡。搪锡时将元器件倾斜30°～45°，待一焊接面穿线孔搪锡完成后，再将元器件旋转180°，对另一焊接面穿线孔进行搪锡，如图4-47所示。穿线孔内应无残余焊料。

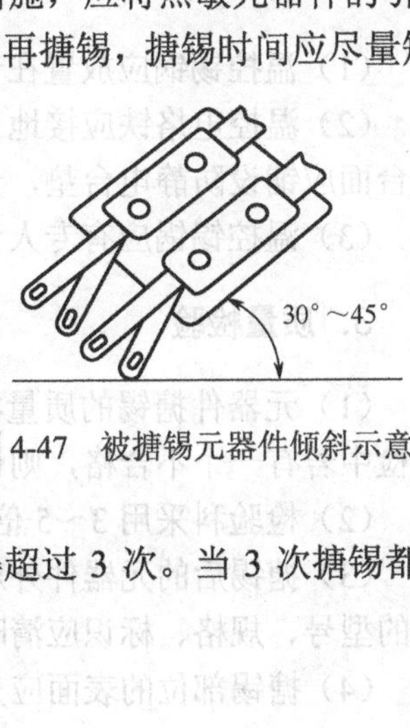


图4-47　被搪锡元器件倾斜示意图

- 电感器和变压器的线圈引出线在搪锡前应去除漆包线绝缘层。
- 如果在规定时间内搪锡质量未达到要求，则可待被搪锡件冷却后再进行一次搪锡操作，但最多不得超过3次。当3次搪锡都达不到质量要求时，应立即停止操作并查找原因。

- 搪锡后的元器件应及时进行安装，一般不应超过 7h，暂不安装的应放入密封容器内防止氧化。
- 表面安装元器件的端电极一般不进行搪锡处理。

② 镀金引线搪锡与除金。

- 一般不应在镀金层上直接进行焊接。若表面镀金层厚度小于 2.5μm，可只进行一次搪锡处理，否则应进行两次搪锡处理以达到除金的目的。
- 在镀金引线搪锡时，第一次搪锡应在专用镀金锡锅内搪锡，如果需要第二次搪锡，那么应在锡铅锡锅内搪锡。两次搪锡分别在两个锡锅中进行，第二次搪锡要待元器件自然冷却至室温后再进行。第一次搪锡的锡锅不可用于非镀金引线的搪锡，锡锅中焊锡应经常更换。
- 镀金引线的搪锡一般仅限于焊接部位的线端，如图 4-48 所示。

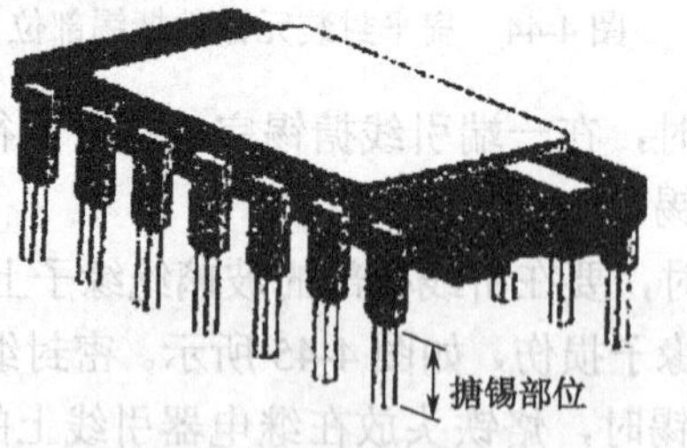

图 4-48　镀金引线搪锡部位

（7）清洗。元器件引线搪锡后，应待自然冷却至室温后再用浸有微量无水乙醇或异丙醇的医用脱脂棉擦洗引线搪锡部位。

## 4.3.4　搪锡检查

### 1. 人员

操作人员和检验人员应接受专业培训，并经考核合格后方可上岗。

### 2. 安全

（1）温控锡锅应放置在专门工作台上，工作台面应铺设耐热材料。

（2）温控电烙铁应接地良好，对静电敏感元器件进行搪锡时，应佩戴防静电腕带，工作台面应铺设防静电台垫，元器件放置在防静电周转箱内。

（3）温控锡锅应有专人负责，锡锅内的焊料未冷却凝固前，禁止移动设备。

### 3. 质量检验

（1）元器件搪锡的质量检验有全检和抽检两种方式，抽检按 5%～10%的比例抽样，抽检中若有一个不合格，则该批次全检。

（2）检验科采用 3～5 倍放大镜目视检验，必要时采用 20～40 倍体视显微镜检验。

（3）搪锡后的元器件外观应无损伤、无裂痕，漆层应完好，无烧焦、脱落现象，元器件的型号、规格、标识应清晰。

（4）搪锡部位的表面应光滑明亮，无拉尖、毛刺现象，锡层厚薄应均匀，无残渣和焊剂黏附，并重点检查引线根部有无断裂、脱落现象。

# 4.4 元器件安装

## 4.4.1 表面安装元器件的安装

### 1. 手工印刷

在 SMT 生产中，表面安装元器件在安装前，应先进行锡膏印刷工作，锡膏印刷是指将锡膏漏印到 PCB 相应的各个焊盘上，为下一步贴片操作做好准备。

手工印刷是指使用手工印刷机进行人工锡膏印刷的过程，常见的手工印刷机如图 4-49 所示。

图 4-49 常见的手工印刷机

手工印刷锡膏的操作流程主要包括放板、定位、手工印刷、取板和清洗网板等。

1）放板和定位

（1）固定网板。利用印刷机的固定装置将网板固定在印刷机上，固定完成后要确保网板与 PCB 呈平面接触，不能出现不平整或片面接触的情况，否则容易造成锡膏印刷的坍塌，影响锡膏印刷的质量和网板的使用寿命。

（2）定位 PCB。在手工印刷时，PCB 一般采用板边定位的方式，就是利用板上的定位孔位置进行定位。定位后必须保证网板的网孔准确对准 PCB 的相应焊盘。为了有良好的焊接质量，要求锡膏与焊盘的错位程度不大于 10%。

2）印刷

（1）搅拌锡膏。锡膏在使用前必须进行回温和搅拌。锡膏使用前至少要提前 2h 从冰箱中取出，并密封放置在室温环境下进行回温，待锡膏温度达到室温时方可打开瓶盖。如果在低温下打开锡膏包装，那么极易使锡膏吸收水汽，在进行焊接时造成锡珠现象。同样，锡膏回温过程不能人为加速，即不可对锡膏进行加温。

锡膏达到室温后，在开封前应使用锡膏搅拌机进行充分搅拌，使锡膏中的各种成分能够达到均匀状态，同时降低锡膏黏度。

（2）选择印刷刮刀。印刷刮刀是进行手工印刷的主要工具，一般有钢制和胶质两种。在选择刮刀时，要求刀口平齐，不能有变形和破损。

（3）手工印刷。手工印刷工序主要有以下 4 个步骤。

① 将回温及搅拌好的锡膏铲平并抹粘在网板上，这时要注意，锡膏要适量，不可取太多，随用随加。

② 将要印刷的 PCB 按正确的方向在印刷台的定位处放好，放下网板，网板的孔位与 PCB 焊盘应对准。

③ 使用刮刀将锡膏推起，使网板上的锡膏呈滚动状，顺着 PCB 的方向从上向下进行印刷。

④ 将印刷好的 PCB 从印刷台上取下，此时应检查是否存在漏印、少锡、多锡、连印等现象。若出现以上缺陷，则应对 PCB 进行彻底清洗，并待其自然干燥后，重新印刷。

印刷过程应注意以下几方面的参数要求。

① 刮刀角度。刮刀刀片与网板的角度一般以 60° 为宜，如图 4-50 所示。

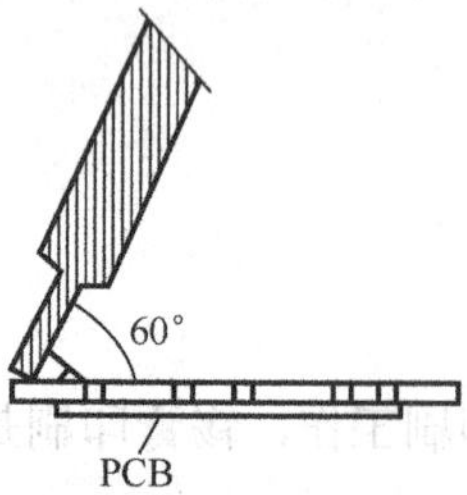

图 4-50　刮刀角度示意图

② 印刷力度。手工印刷力度控制非常重要，最好能调整到印刷后网板表面不残留锡膏的程度。力度过大，会减少网板的使用寿命；力度过小，印刷后留下的锡膏会残留在孔中并堵塞网板，也可能因为印刷锡膏量过大而产生焊接锡珠。

③ 印刷速度。对手工印刷的速度一般无特殊要求，一般根据具体情况和印刷的一次成功率而确定。

### 2. 手工安装

锡膏印刷后，下一个工序是将元器件放在 PCB 的相应位置上。由于 SMT 元器件不可以直接用手接触安装，因此在手工安装的过程中，必须用镊子或真空吸笔进行操作，待手工安装完成后进行回流焊接，使元器件与 PCB 能够焊接在一起。

下面以真空吸笔安装为例，讲解安装的操作方法。

真空吸笔是手动表面安装操作的重要工具，真空吸笔比传统使用的镊子更稳定，操作效率更高。真空吸笔直接从料带取料，避免了对元器件造成意外的浪费，同时由于没有组件正反面及方向性的问题，使贴片操作效率更高，避免了用镊子夹取元器件造成焊端的破坏，因此避免了在后续焊接中出现锡珠、连锡及桥接的问题。使用真空吸笔吸放 IC 芯片，能够有效避免 IC 芯片引脚歪斜造成的虚焊、连锡等现象。

真空吸笔的工作原理是：人工模拟贴片机的贴片吸嘴通过真空吸笔自身产生的负压将表面安装元器件从料带上直接拾取，通过已调整的气压吸力保证真空吸笔吸着力小于锡膏的黏附力，使元器件能够放置在 PCB 的相应焊盘上。

使用真空吸笔进行安装的操作步骤如下。

（1）准备好元器件、真空吸笔和印刷后的 PCB，如果要安装小尺寸的元器件，应配合放大镜台灯使用。

（2）根据要吸放的元器件尺寸，将相对应大小的吸盘装在吸笔嘴上。

（3）把吸盘平行放置在要吸放的元器件上方，按下吸笔上的按钮，使吸笔内部装置的空气排出，然后放开按钮，产生真空吸力把元器件吸起。

（4）把吸起的元器件放在 PCB 对应的焊盘上，按下吸笔上的按钮，笔杆内真空装置排出空气，使元器件从吸盘上脱落。

需要特别注意的是，在手工安装完成后，一定要检查安装元器件的类型、极性、数量及安装位置是否符合要求。

## 4.4.2　通孔元器件的安装

通孔元器件的安装一般有以下要求。

### 1. 元器件套管

（1）除了相邻元器件引线之间或引线与相邻元器件之间的距离小于 2mm 外，一般不加套管。

（2）元器件引线根部距印制电路板安装长度不大于或等于 8mm，一般不加套管。

（3）钽电容器（金属外壳）要求粘接的、贴板安装下面没有印制导线的，其本体可不套通身套管。具体要求如图 4-51 所示。

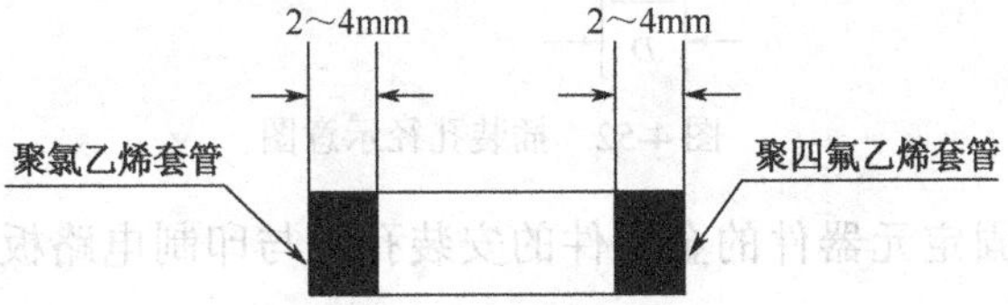


图 4-51 套管示意图

### 2. 标记套管

（1）除了图纸已有规定外，一般来说，凡是正装的二极管、三极管、光电耦合器及有“+”“-”极性的电容器一律不加引线套管；倒装的三极管（包括 3 根引出线的二极管等）、光电耦合器、线性集成电路和外界引出线的大功率三极管应加引线标记套管。

（2）元器件引线套管的色标。

半导体三极管：集电极（c）——红色；基极（b）——黄色；发射极（e）——蓝色。

半导体二极管：阳极（+）——蓝色；阴极（-）——红色。

可控硅管：阳极——蓝色；阴极——红色；控制极——黄色。

双向可控硅管：控制极——黄色；主电极——白色。

半导体双基极管：发射极（e）——白色；第一基极（b1）——绿色；第二基极（b2）——黄色。

场效应半导体管：源极（S）——白色；栅极（G）——绿色；漏极（D）——红色。

有极性电容器：正端——蓝色；负端——红色。

光电耦合器：输入端阳极——蓝色，阴极——红色；输出端发射极（e）——黄色，集电极（c）——白色。

（3）套管颜色的代用色。红、蓝、白、黄、绿的代用色依次为粉红、天蓝、灰、橙、紫。

### 3. 试装

（1）印制电路板组装件要求两次试装，第一次要求在装焊元器件前试装，印制电路板安装孔与盖上粘铆的支柱（或机壳的安装孔）位置相一致，安装和取下应自如；第二次要求装焊元器件后试装，印制电路板上的元器件安装位置和高度满足整机合装要求。

（2）元器件在印制电路板上试装，应满足以下要求。

① 成形后的元器件、插焊式继电器、双列直插式集成电路、扁平封装集成电路与焊盘装位吻合。

② 元器件之间不允许有重叠或相碰现象。

③ 元器件引线直径插入焊盘孔应有 0.2～0.4mm 的间隙，如图 4-52 所示。

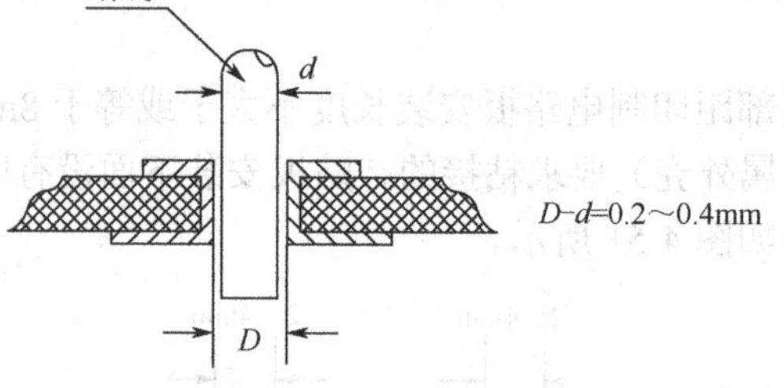


图 4-52　插装孔径示意图

④ 用于安装与固定元器件的金工件的安装孔应与印制电路板上相应安装位置的孔一致。

⑤ 元器件试装后所发现的问题应找出原因、确定责任，按质量管理手册的规定办理相应的手续。如果需要进行钻孔、扩孔、锉、砂纸打磨等加工，则在首件生产前应一次性解决。

## 4. 元器件安装技术

1）元器件安装的基本要求

（1）印制电路板在安装前，需用酒精棉清洗，去除污物、油脂与多余物。清洗后的印制电路板严禁用裸手触摸。

（2）在印制电路板上安装元器件的次序一般应为先低后高（如先电阻器，后半导体器件）、先轻后重（如先电容器，后继电器）、先非敏感元器件后敏感元器件（如先非静电、非温度敏感元器件，后静电、温度敏感元器件）、先表面后通孔安装、先分立元器件后集成电路。

（3）元器件不应挡住其他元器件引线，以便于拆装、清洗和焊料的流动。

（4）元器件和印制电路板之间的安装应能预防潮气的形成，元器件应能满足产品、振动、冲击、离心的环境应力要求。

（5）印制电路板上的金属壳体元器件应与相邻印制导线和导体元器件绝缘。

2）轴向引出线元器件的安装

轴向引出线元器件的安装应采用水平安装方式并满足以下要求。轴向引出线元器件安装示意图如图 4-53 所示。

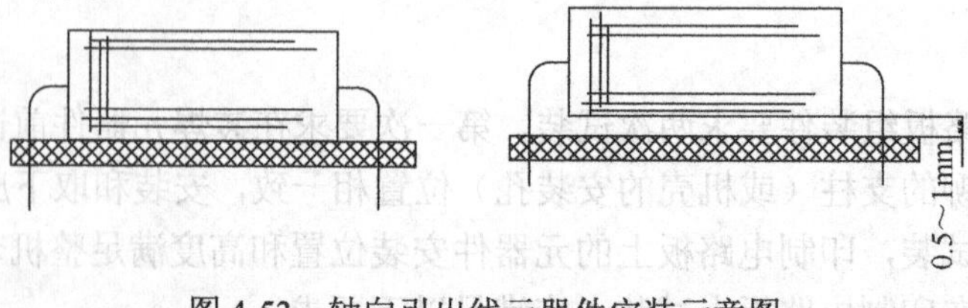


图 4-53　轴向引出线元器件安装示意图

（1）元器件本体长度不大于两个安装孔距、热损耗小于或等于 1W 且下面没有印制导线。

（2）元器件本体长度大于两个安装孔距、热损耗大于或等于 1W、下面有印制导线，元器件距板面应保持 0.25～1mm 的间距。

3）非轴向引出线元器件的安装

（1）三极管、圆形集成电路的安装可分为正向安装（图 4-54）和反向安装（图 4-55）两种。非轴向引出线元器件的安装应该满足以下要求。

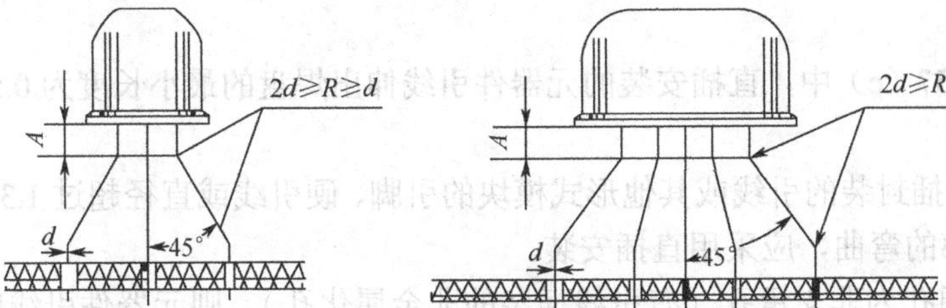


图 4-54　正向安装

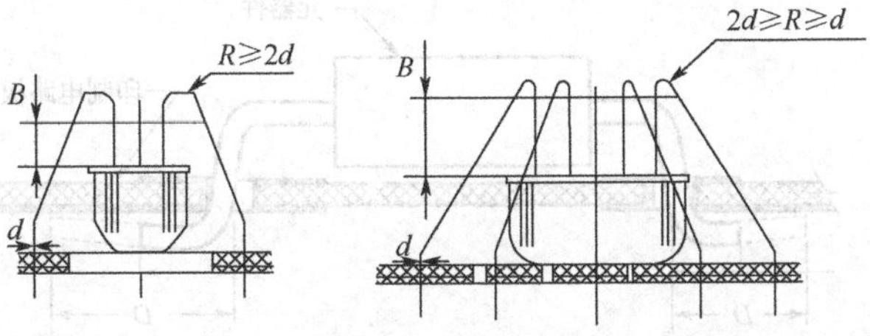


图 4-55　反向安装

① 元器件的正向安装，可不套标记套管（为防止胶黏剂漫流到引线上，需加套管防护的除外）。

② 元器件的反向安装，若元器件下没有印制导线，则贴板安装，若元器件下有印制导线，则元器件壳体应与板面保持 0.5～1mm 间距。

（2）双列直插式集成电路（DIP）的安装示意图如图 4-56 所示。

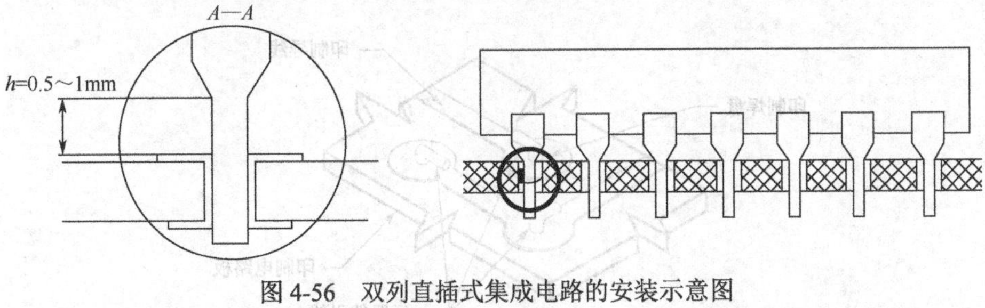


图 4-56　双列直插式集成电路的安装示意图

（3）在印制电路板通孔中的导线和引线端头有弯曲型［图 4-57（a)］、局部弯曲型［图 4-57（b)］、直线型［图 4-57（c)］。弯曲型引线与板面的垂直线之间的夹角为 75°～90°。

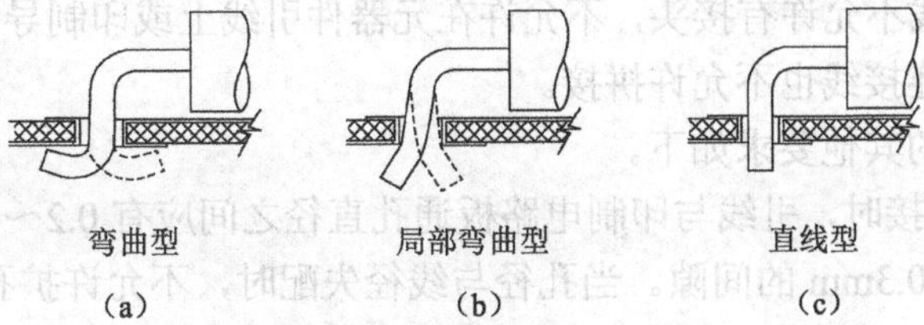


图 4-57　印制电路板通孔安装示意图

① 在图4-57（a）中，导线或元器件引线端头的弯曲部分长度不应小于焊盘的半径或0.8mm（取较大者），也不应大于焊盘的直径，并朝向与焊盘相连的印制导线的方向，如图4-58所示。引线距印制电路板板面高度不大于0.8mm。

② 在图4-57（b）中，弯曲的引线从印制导线的表面测量，引线伸出长度应为0.5～1.5mm。

③ 在图4-57（c）中，直插安装的元器件引线伸出焊盘的最小长度为0.5mm，最大长度为1.5mm。

（4）双列直插封装的引线或其他形式模块的引脚、硬引线或直径超过1.3mm的引线不采用全部或局部的弯曲，应采用直插安装。

（5）如果通孔为非支承孔（有引线插装的非金属化孔），则元器件引线应按弯曲成形要求进行弯曲和连接。

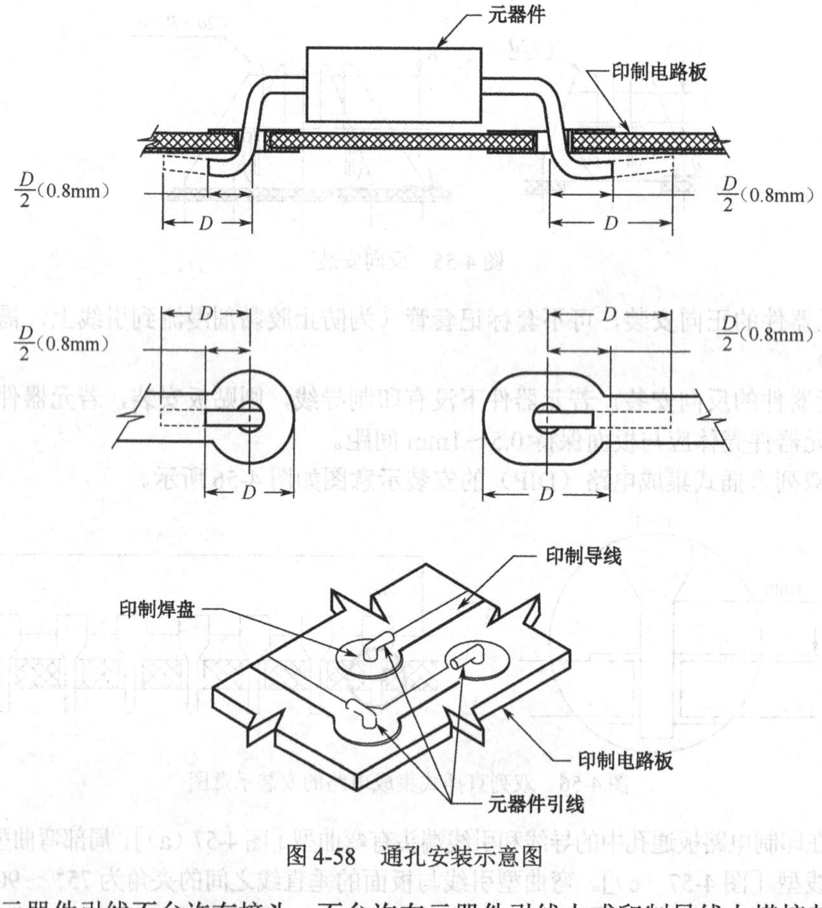


图4-58 通孔安装示意图

（6）元器件引线不允许有接头，不允许在元器件引线上或印制导线上搭接其他元器件（高频电路除外），连接线也不允许拼接。

（7）通孔安装的其他要求如下。

① 采取手工焊接时，引线与印制电路板通孔直径之间应有0.2～0.4mm的间隙，采取波峰焊时应有0.2～0.3mm的间隙。当孔径与线径失配时，不允许扩孔。

② 每个通孔中只允许插入一根导线或元器件引线。

③ 安装导线或元器件引线的通孔不能是中继孔（无引线插装的金属化孔）。

④ 元器件引线或导线插装于支承孔时，引线末端的伸出长度应不小于 0.8mm，不大于 1.5mm，如图 4-59 所示。

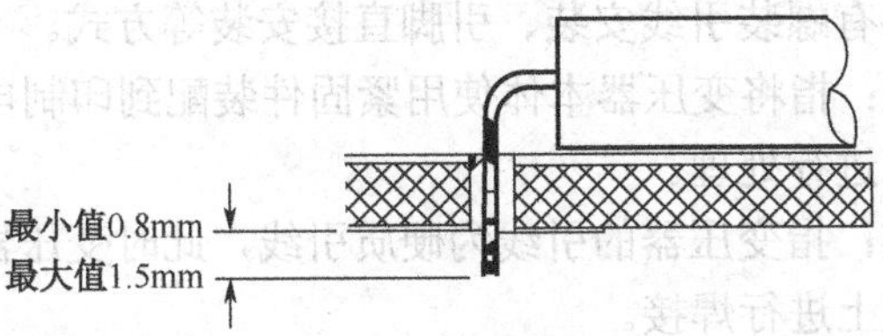


图 4-59　元器件安装高度要求

⑤ 非支承孔中的引线如果不能弯曲而采用直线型安装时，引线的伸出长度为 0.8～2mm。

⑥ 元器件安装应做到不妨碍焊料流向支承孔顶侧的焊盘，如图 4-60 所示为元器件错误安装示意图。

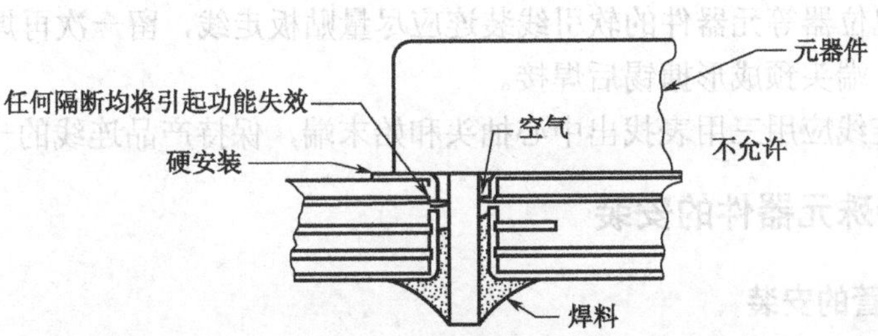


图 4-60　元器件错误安装示意图

## 4.4.3　异形元器件的安装

### 1. 跨接线的安装要求

跨接线一般为印制电路板组装件之间、印制电路板组装件与连接器之间或印制电路板组装件与倒装继电器等元器件之间的导线，通常选用多股绞合的镀银铜线或镀锡铜线。下面介绍跨接线的安装要求。

（1）跨接线不得穿越其他元器件（含跨接线）的上部或下面。跨接线长度小于 15mm，不经过导电区并符合电气间距要求时，可采用裸铜线。跨接线连接不应过紧，防止产生应力。

（2）跨接线长度大于 15mm 或小于 15mm 但下面有印制导线时，应套相应直径的聚四氟乙烯套管。

（3）跨接线应横平竖直、贴板（高频电路除外），不得有绷紧现象，导线端头应先成形再插焊。严禁先焊后再扳倒连线，如图 4-61 所示。

图 4-61　跨接线安装示意图

（4）为防止跨接线损伤，跨接线走向尽量靠印制电路板内侧，不在边沿走线，应尽量在元器件（如继电器）之间，不在元器件之外走线。

### 2. 变压器的安装要求

变压器是利用电感线圈间互感现象工作的，在电路中常用作电压变换、阻抗变换等。变压器的安装方式主要有螺装引线安装、引脚直接安装等方式。

（1）螺装引线安装：指将变压器本体使用紧固件装配到印制电路板上，并将变压器的引线按跨接线安装要求进行处理。

（2）引脚直接安装：指变压器的引线为硬质引线，此时变压器可像普通元器件一样，直接插装到印制电路板上进行焊接。

### 3. 其他异形元器件安装要求

部分电源模块、CMOS 电路等元器件由于本体质量较大，常采用直插焊接和螺钉固定的方法进行装配，一般采用先螺装再焊接的工艺方法进行操作，不能先焊接再螺装，避免使印制电路板焊点受应力影响。

变压器、电位器等元器件的软引线装连应尽量贴板走线，留一次再焊余量，多余部分用留屑钳剪去，端头预成形搪锡后焊接。

电位器的连线应用三用表找出中心抽头和始末端，保持产品连线的一致性。

## 4.4.4 特殊元器件的安装

### 1. 大功率管的安装

（1）散热片与管子接触面应平整，其安装示意图如图 4-62 所示。

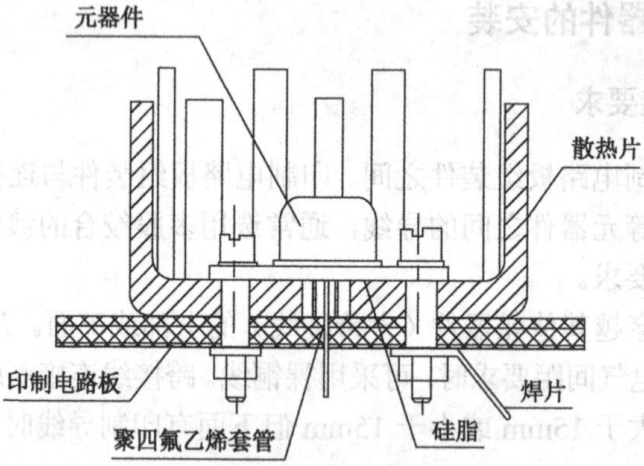


图 4-62　大功率管安装示意图

（2）为防止引线与散热片短路，安装时应使引线处于散热片出线孔中心，并在 e、b 极引线根部套一段聚四氟乙烯套管，套管应和散热片端面平齐。

（3）散热片与管子集电极要求绝缘时，中间应加散热垫。散热片大功率管合装的接触面应涂真空硅脂。

（4）安装大功率管的螺钉、螺母、垫圈，要求用铜质（黄铜）材料。

（5）不允许对管子进行机械加工、整形和施加任何机械应力。

（6）一般情况下，不允许将引脚剪短，有特殊要求的按产品工艺执行。

### 2. 单面伸出的非轴向引线元器件的安装

（1）当每根引线所承受的元器件质量小于3.5g时，元器件可采用非支撑安装（元器件底面与板面不接触，元器件仅以引线支撑）。元器件底面和印制电路板表面之间的最小值为0.75mm，最大值为3.2mm，如图4-63所示。在最大或最小间距范围内，任何情况的不平行都是允许的。注意，留存间隙应控制在最小，以保证因振动和冲击而引起的弯矩尽可能小。

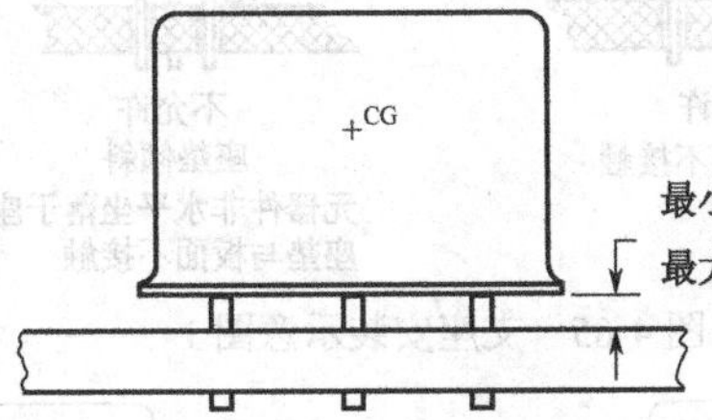


图4-63　元器件安装示意图

（2）当元器件每根引线的承重大于3.5g时，元器件可采用支座安装，即元器件应支撑在与元器件本体成一整体的有弹性的支脚或支座上，如图4-64（a）、（b）所示。采用独立弹性支脚的情况如图4-64（c）所示，采用特殊结构的非弹性支座的情况如图4-64（d）所示。

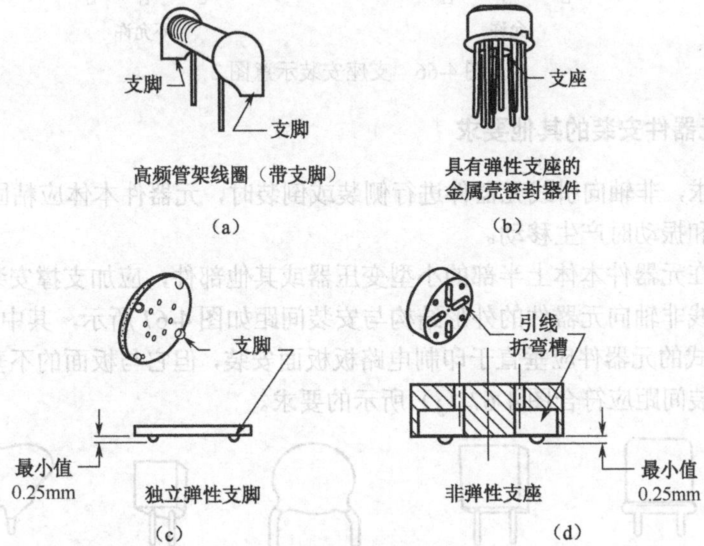


图4-64　支座示意图

支座应与元器件和印制电路板接触安装，如图4-65所示。

当采用特殊结构的无弹性支脚、支座时，在引线弯曲腔中的那一部分引线应加以成形，方向与从支座的引线插入孔延伸至印制电路板的引线插入孔连成的斜角线相一致。支座应与元器件和印制电路板相接触，如图4-66所示；支座不应倒放，带脚支座应有最小高度为0.25mm支脚。

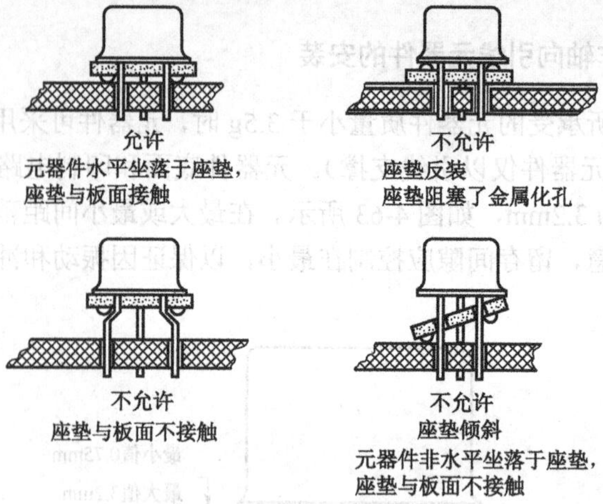


图 4-65　支座安装示意图 1

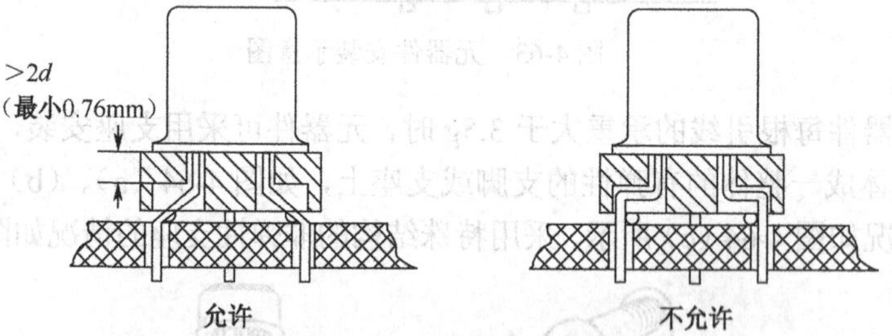


图 4-66　支座安装示意图 2

### 3．特殊元器件安装的其他要求

（1）按要求，非轴向引线元器件进行侧装或倒装时，元器件本体应粘固在印制电路板上，防止冲击和振动时产生移动。

（2）重心在元器件本体上半部的小型变压器或其他部件，应加支撑安装。

（3）双引线非轴向元器件的外形结构与安装间距如图 4-67 所示，其中图 4-67（a）～图 4-67（i）形式的元器件应垂直于印制电路板板面安装，但它与板面的不垂直度、平行度和与板面的安装间距应符合图 4-67（j）所示的要求。

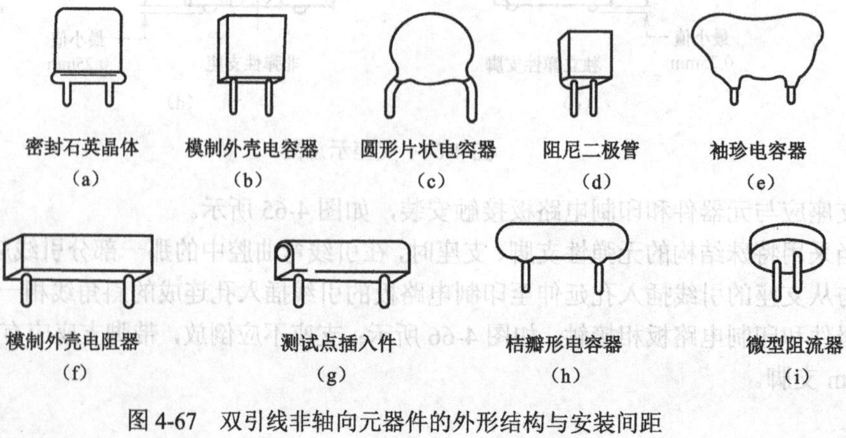


图 4-67　双引线非轴向元器件的外形结构与安装间距

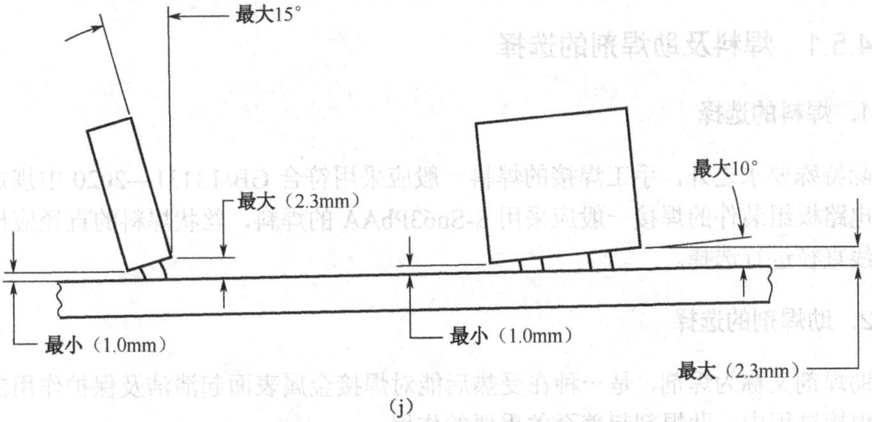


图 4-67 双引线非轴向元器件的外形结构与安装间距（续）

### 4.4.5 安装检查

元器件安装后应检查以下内容。

（1）元器件安装位置、数量、规格、牌号符合图纸或装配说明要求。

（2）有极性的元器件，如二极管、三极管、极性电容器等，应检查极性标识符合图纸或装配说明的要求。

（3）需要螺装的元器件，如大功率管、电源、继电器等，应先进行螺装，再进行焊接，避免焊点受应力作用发生损伤。

（4）在安装过程中，应检查元器件外观是否符合要求，有无损伤、掉块等问题。

## 4.5 手工焊接

手工焊接的一般要求如下。

（1）手工焊接工作环境应满足以下要求。

① 工作场地应保持整洁干净。工作场地的洁净度按安装要求和产品精密程度不同有所区别，精密安装场所的洁净度不低于 100000 级。

② 工作场地内温度应保持在 23℃±5℃，相对湿度应保持在 30%～70%。

③ 工作场地应具有良好的静电防护接地系统，静电防护接地系统的接地电阻应不大于 10Ω，越小越好。

④ 工作场地内应具有良好的照明条件，工作台台面的照明强度不低于 1000lx，台面应至少有 90%无阴影区域，且无强烈反射。

（2）操作的其他要求。

① 进入工作场地应穿戴防静电工作服、工作鞋和工作帽。

② 不应携带与生产无关的物品。

③ 产品不得堆叠放置，应存放在专用搁架上。

④ 产品转运全过程应采取防静电措施，转运工具应符合防静电要求。

### 4.5.1　焊料及助焊剂的选择

**1．焊料的选择**

除特殊要求之外，手工焊接的焊料一般应采用符合 GB/T3131—2020 中规定的焊料。印制电路板组装件的焊接一般应采用 S-Sn63PbAA 的焊料，丝状焊料的直径应按焊盘大小或引线直径进行选择。

**2．助焊剂的选择**

助焊剂又称为焊剂，是一种在受热后能对焊接金属表面起清洁及保护作用的材料，在整个焊接过程中，助焊剂起着至关重要的作用。

1）助焊剂的作用

助焊剂的作用是清除金属表面氧化物、硫化物、油和其他污染物，并防止在加热过程中焊料继续氧化。同时，它具有增强焊料与金属表面的活性、增加浸润的作用。

助焊剂一般是具有还原性的块状、粉状或液体物质。助焊剂的熔点比焊料低，其密度、黏度、表面张力都比焊料小。在进行焊接操作时，助焊剂会先于焊料熔化，将被焊部位上的污染物清洗干净，同时覆盖于焊料及被焊部位表面，隔绝空气防止焊料及被焊部位氧化；降低熔融焊料和被焊部位的表面张力，增加焊料润湿能力。

2）助焊剂的品种与特点

助焊剂有无机系列、有机系列和松香系列 3 种。其中无机助焊剂活性最强，有机助焊剂活性稍弱，而应用最广泛的松香助焊剂活性最差。

（1）无机系列助焊剂：一般包括无机酸和无机盐。无机酸助焊剂有盐酸、氢氟酸、氢溴酸、磷酸等。无机盐助焊剂有氯化锌、氯化铵、氟化钠等。无机盐助焊剂的代表助焊剂是氯化锌和氯化铵的混合物（氯化锌 75%，氯化铵 25%），这种助焊剂的熔点约为 180℃，是适用于锡焊的助焊剂。由于无机系列助焊剂具有强烈的腐蚀作用，一般不允许在印制电路板组装件焊接生产中使用。

（2）有机系列助焊剂：一般是由有机酸、有机类卤化物及各种铵盐树脂类等合成的。这类助焊剂由于含有酸性较强的成分，具有较好的助焊能力，可提高被焊物的焊接性。但此类助焊剂也有一定的腐蚀性，残留物不易清洗，一般不允许在印制电路板组装件焊接生产中使用。

（3）松香系列助焊剂：主要成分是松香，在加热情况下，松香具有去除被焊物表面氧化物的能力，同时焊接后形成的薄膜能够有效覆盖和保护焊点不被氧化。松香无强腐蚀性、不导电，焊接后易于清洗。氢化松香是由普通松香加工得来的，其在常温下不易氧化变色，无毒、无特殊气味，焊接后的残渣易于清洁。所以，目前松香系列助焊剂可用于印制电路板组装件的焊接。

使用助焊剂应注意以下要求。

① 印制电路板组装件手工焊接应采用松香类助焊剂，助焊剂中的松香应采用特级松香或特级氢化松香。

② 助焊剂类型应采用纯松香基助焊剂（R 型）、中等活性松香基助焊剂（RMA 型）。

③ 如果需要使用活性松香基助焊剂（RA 型），则应采取有效控制措施。

④ 当焊接操作时使用含有助焊剂芯丝状焊料和外部施加的液态助焊剂时，两种助焊剂应相互兼容。

## 4.5.2　手工焊接的基本要领

手工焊接是印制电路板焊接技术的基础，目前，在产品的试制、小批量生产、具有特殊要求的高可靠性产品生产等中还采用手工焊接。

印制电路板组装件手工焊接主要有 5 个步骤，分别为准备焊接、加热焊件、熔化焊料、移去焊料和移开电烙铁。焊接步骤示意图和实物图如图 4-68 和图 4-69 所示。

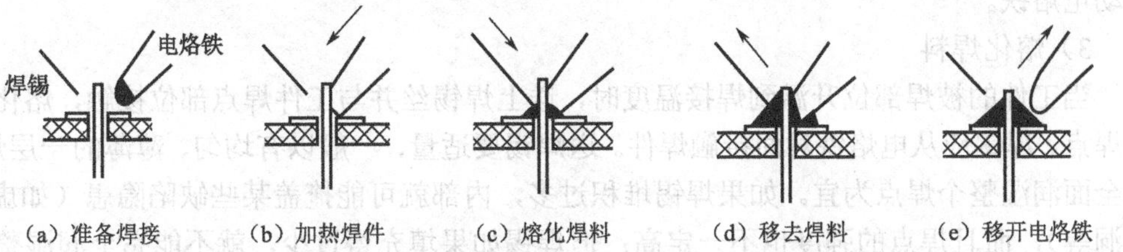
电烙铁
焊锡
（a）准备焊接
（b）加热焊件
（c）熔化焊料
（d）移去焊料
（e）移开电烙铁

图 4-68　焊接步骤示意图

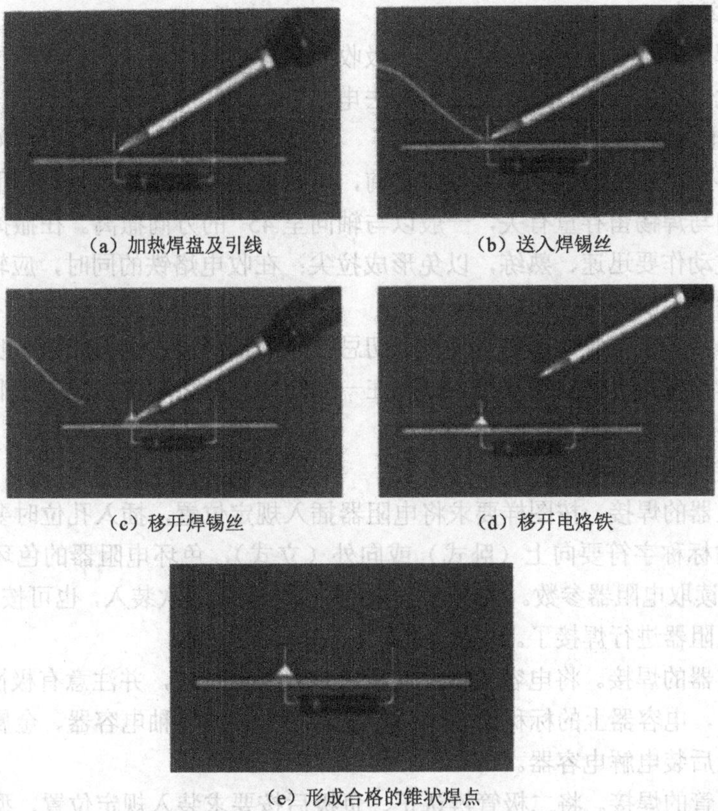
（a）加热焊盘及引线
（b）送入焊锡丝
（c）移开焊锡丝
（d）移开电烙铁
（e）形成合格的锥状焊点

图 4-69　一般元器件焊接实物图

1）准备焊接

准备好被焊印制电路板，固定好位置，在操作过程中，不应滑动。电烙铁加热到工作温度，一般为290～310℃，烙铁头应无氧化层（用烙铁头在松香块上蘸一下，并使用海绵或金属丝球清洁氧化层），用电烙铁熔融一些焊锡。

准备好后，操作人员应一手握好电烙铁，一手抓好焊料（通常是焊锡丝），电烙铁与焊料分居于被焊印制电路板上焊件两侧。

2）加热焊件

用烙铁头接触引脚和焊盘，元器件引脚和焊盘在内的整个焊件要均匀受热，一般需要根据被焊对象的不同，选择适宜的烙铁头。在加热时，不要对焊件施加额外的压力或随意拖动电烙铁。

3）熔化焊料

当工件的被焊部位升温到焊接温度时，送上焊锡丝并与工件焊点部位接触，熔化并润湿焊点。焊锡应从电烙铁对面接触焊件。送焊锡要适量，一般以有均匀、薄薄的一层焊锡，能全面润湿整个焊点为宜。如果焊锡堆积过多，内部就可能掩盖某些缺陷隐患（如虚焊、空洞等），而且焊点的强度也不一定高；但焊锡如果填充得过少，就不能完全润湿整个焊点，造成少锡、虚焊。

4）移去焊料

待适量焊料添加（这时被焊件已充分吸收焊料并形成一层薄薄的焊料层）后，迅速移去焊锡丝，此时应持续进行加热，不得撤去电烙铁。

5）移开电烙铁

移去焊料后，在助焊剂还未挥发完之前，迅速移开电烙铁，否则将留下不良焊点。电烙铁撤离方向与焊锡留存量有关，一般以与轴向呈45°的方向撤离。在撤掉电烙铁时，应往回收，回收动作要迅速、熟练，以免形成拉尖；在收电烙铁的同时，应轻轻旋转一下，这样可以吸除多余的焊料。

另外，焊接环境空气流动不宜过快。切忌在风扇下焊接，也不能用嘴吹，以免影响焊接温度。在焊接时，严禁双面焊接，只能在一侧加锡，避免造成虚焊、空洞。焊接过程中不能振动或移动工件，以免影响焊接质量。

手工焊接的注意事项如下。

（1）电阻器的焊接。按图样要求将电阻器插入规定位置，插入孔位时要注意，字符标注的电阻器的标称字符要向上（卧式）或向外（立式），色环电阻器的色环顺序应朝一个方向，以方便读取电阻器参数。插装时可按图样标号顺序依次装入，也可按单元电路装入，然后就可对电阻器进行焊接了。

（2）电容器的焊接。将电容器按图样要求装入规定位置，并注意有极性电容器的正、负极不能接错，电容器上的标称值要容易看见。可先装玻璃釉电容器、金属膜电容器、瓷介电容器，最后装电解电容器。

（3）二极管的焊接。将二极管辨认正、负极后按要求装入规定位置，型号及标记要向上或朝外。对于立式安装二极管，其最短的引脚焊接要注意焊接时间不超2s，以避免温升过高而损坏二极管。

（4）晶体管的焊接。按要求将e、b、c 3个引脚插入相应孔位，焊接时应尽量缩短焊接时间，可用平口镊子夹住引脚，以帮助散热。焊接大功率晶体管，若需要加装散热片，则应将散热片的接触面加以平整，打磨光滑，涂上硅脂后再紧固，以加大接触面积。注意，有的散热片与管壳间需要加垫绝缘薄膜片。当引脚与印制电路板上的焊点需要进行导线连接时，应尽量采用绝缘导线。

（5）集成电路的焊接。将集成电路按照要求装入印制电路板的相应位置，并按图样要求进一步检查集成电路的型号、引脚位置是否符合要求，确保无误后便可进行焊接。焊接时应先焊接 4 个角的引脚，使之固定，然后再依次逐个焊接。

焊接时的注意事项如下。

（1）焊锡量要合适。在实际焊接时，只有合适的焊锡量，才能得到合适的焊点。过量的焊料不仅增加了焊后清洁的工作量，延长了工作时间，而且当加热不足时，会造成“夹渣”现象。合适的焊料是熔化时仅能润湿将要形成的焊点。

图 4-70 示意了焊料使用过少、过多及焊料合适时焊点的形状。如果焊料过少［图 4-70（a）］，则焊料未形成平滑过渡面，焊接面积小于焊盘的 80%，机械强度不足。当焊料过多时，焊料面呈凸形，如图 4-70（b）所示。合适的焊料，外形美观、焊点自然成圆锥状，导电良好，连接可靠，以焊接导线为中心，匀称、成裙形拉开，外观光洁、平滑，如图 4-70（c）所示。

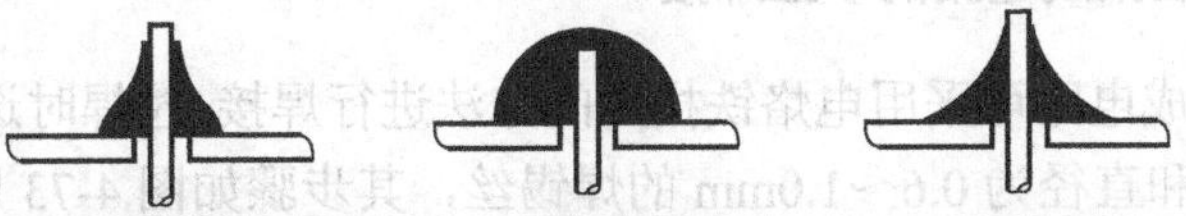

（a）焊料过少　（b）焊料过多　（c）焊料合适

图 4-70　焊点示意图

（2）正确的加热方法和合适的加热时间。加热时依靠增加接触面积加快传热，不用电烙铁对焊件加力，因为这样不但加速了烙铁头的损耗，而且会对元器件造成损坏或产生不易察觉的隐患。所以，要让烙铁头与焊件形成面接触，使焊件上需要焊锡浸润的部分受热均匀。

加热时应根据操作要求选择合适的加热时间，一般一个焊点需加热 2～3s。焊接时间不能过短也不能过长。加热时间长，温度高，容易使元器件损坏，焊点发白，甚至造成印制电路板上铜箔脱落；而加热时间过短，则焊锡流动性差，容易凝固，使焊点成“豆腐渣”状。

（3）固定焊件，靠焊锡桥传热。在焊锡凝固之前不要使焊件移动或振动，否则会造成“冷焊”，使焊点内部结构疏松，强度降低，导电性差。实际操作时可以用各种适宜的方法将焊件固定。

如果焊接时所需焊接的焊点形状很多，为了提高烙铁头的加热效率，就需要形成热量传递的焊锡桥。所谓焊锡桥，就是靠电烙铁上保留少量焊锡作为加热时烙铁头与焊件之间传热的桥梁，如图 4-71 所示。由于金属液的导热效率远高于空气，而使焊件很快被加热到焊接温度，所以应注意作为焊锡桥的焊锡保留量不可过多。

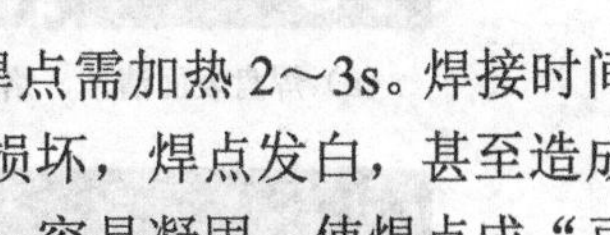


图 4-71　焊锡桥传热

（4）电烙铁撤离方式要正确。电烙铁撤离要及时，而且撤离时的角度和方向对焊点的形成有一定的关系。不同撤离方向对焊料的影响如图 4-72 所示。

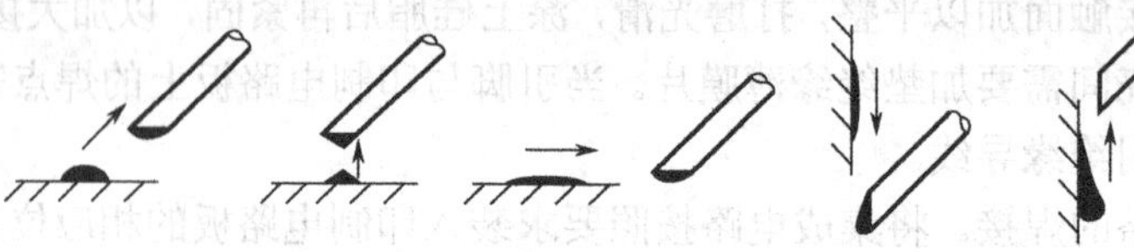

图 4-72　不同撤离方向对焊料的影响

因为烙铁头温度一般都在 300℃左右，焊锡丝式的助焊剂在高温下容易分解失效，所以用烙铁头作为运载焊料的工具，很容易造成焊料的氧化及助焊剂的挥发。在调试或维修工作时，不得不用烙铁头蘸焊锡焊接时，动作要迅速敏捷，防止氧化造成劣质焊点。

### 4.5.3　细间距表面安装元器件的手工焊接

在生产过程中，焊接表面安装元器件主要依靠自动焊接设备，但在产品维修或制作样机时，焊接表面安装元器件可能需要手工操作，这时的细间距表面安装元器件的手工焊接就成了操作人员的必备技能。

#### 1．SOP 封装集成电路的手工焊接

SOP 封装集成电路可采用电烙铁拉焊的方法进行焊接。拉焊时选用宽度为 2.0～2.5mm 的扁平式烙铁头和直径为 0.6～1.0mm 的焊锡丝，其步骤如图 4-73 所示。

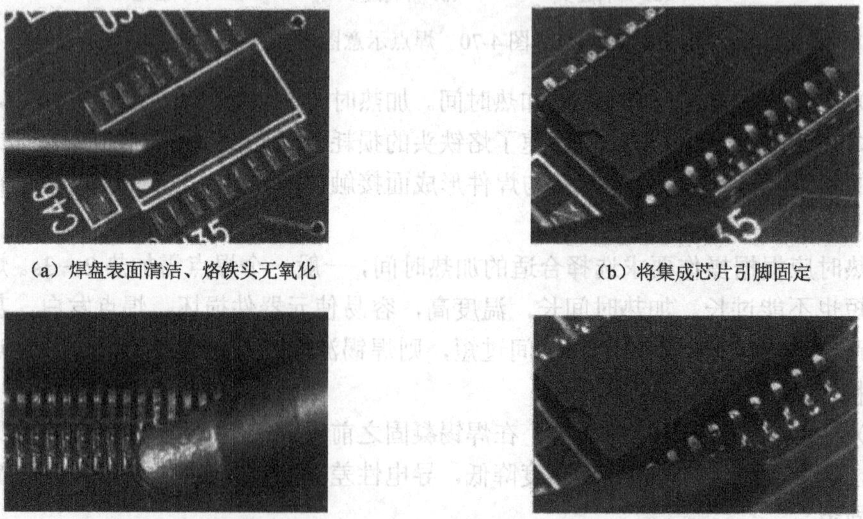

（a）焊盘表面清洁、烙铁头无氧化　　（b）将集成芯片引脚固定

（c）由左至右对引脚焊接　　（d）再拉焊另一边

图 4-73　SOP 封装集成电路手工焊接的步骤

（1）检查焊盘，焊盘表面要清洁，如有污物可用无水乙醇擦除。检查集成电路引脚，若有变形，用镊子仔细调整。清洁烙铁头并上锡。

（2）将集成电路放在焊接位置上，此时应注意集成电路的方向，且各引脚应与其焊盘对齐，然后用点锡焊的方法先焊接其中的一两个引脚将其固定。当所有引脚与焊盘的位置无偏差时，方可进行拉焊。

（3）一手持电烙铁由左至右对引脚焊接，另一手持焊锡丝不断加锡，如图 4-73 所示。最后将引脚全部焊好。

注意事项如下。

（1）在拉焊时，烙铁头不可触及器件引脚根部，否则易造成短路，并且烙铁头对器件的压力不可过大，应处于“漂浮”在引脚的状态，利用焊锡膏张力，引导熔融的焊珠由左向右慢慢移动。

（2）在拉焊过程中，电烙铁只能向一个方向移动，切勿往返，焊锡丝要紧跟电烙铁。

### 2．QFP 封装集成电路的焊接

在焊接 QFP 封装集成电路时，最好选用刀形烙铁头，焊接前，用少量焊锡膏涂在焊盘上，把集成电路放在预定的位置上，然后使集成电路准确地固定在焊盘上，再给其他引脚涂上助焊剂，使用含松香芯等助焊剂的焊锡丝，焊前可不必涂敷助焊剂，在固定点的另一边加焊锡膏，并轻轻刮动几下，使焊锡膏充分浸润，然后用烙铁头蘸上松香，轻轻地沿引脚向外刮锡，在清洗海绵上将烙铁头上的焊锡膏蹭掉，重复几次即可将多余的焊锡膏除去，具体焊接过程如图 4-74 所示的步骤分解图片。

（a）选择刀形烙铁头

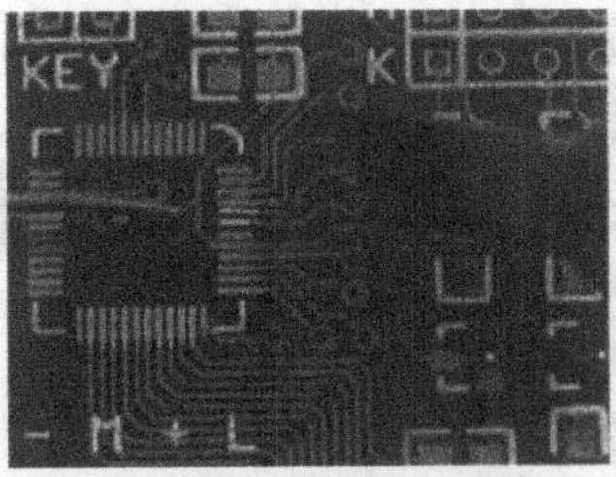


（b）焊盘加少许焊锡膏

（c）集成电路放在预定的位置

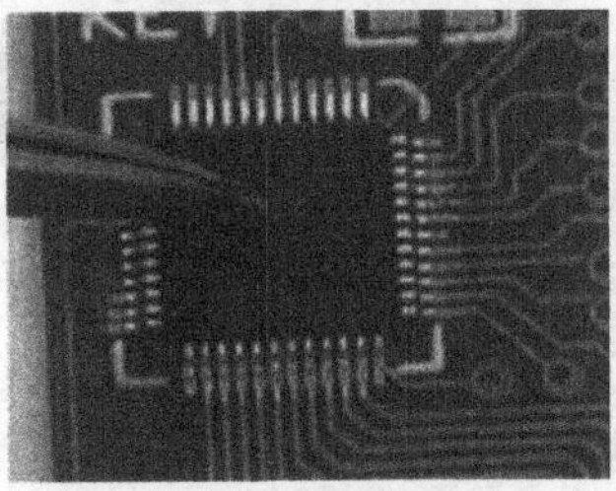

（d）使集成电路准确对齐并按住不动

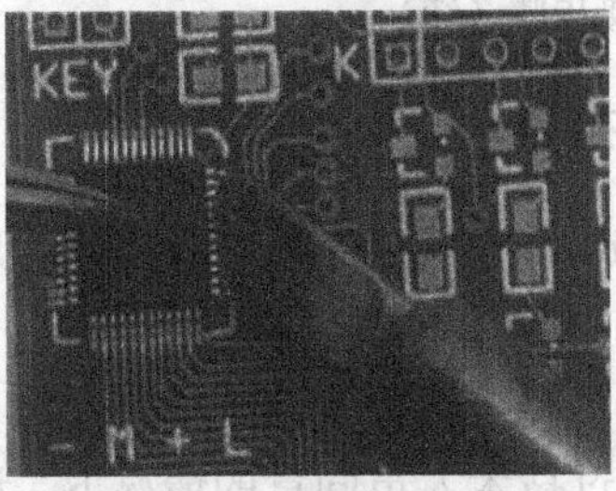


（e）使集成电路固定在焊盘上

（f）在固定点的另一边加焊锡膏

图 4-74　QFP 封装集成电路焊接步骤

（g）固定引脚的一边加焊锡膏

（h）电烙铁蘸松香、刮焊锡膏

（i）将电烙铁上刮下的焊锡膏在清洗海绵上蹭掉

（j）电烙铁蘸松香继续刮焊锡膏

（k）在清洗海绵上蹭掉电烙铁上刮下的焊锡膏

（l）重复几次将多余的焊锡膏刮干净

（m）用同样的方法将另外三边的焊锡膏刮干净

（n）焊接完成

图 4-74　QFP 封装集成电路焊接步骤（续）

### 4.5.4　异形元器件、特殊元器件的手工焊接

继电器、导线等元器件的手工焊接也应遵循手工焊接的一般要求，还需注意以下要求。

（1）继电器、大功率管等的硬质引脚在焊接后不可进行修剪。

（2）需要螺装的元器件，一定要先螺装，再焊接，避免焊点受应力作用受损。

（3）在进行大面积覆铜的焊点焊接时，允许在经过技术人员同意的情况下，调高电烙铁温度或延长焊接时间，并在需保护部位做好散热措施。

### 4.5.5 焊接质量检查

#### 1．焊接的质量要求

（1）电气接触良好。良好的焊点应该具有可靠的电气连接性能，不允许出现虚焊、桥接等现象。

（2）机械强度可靠。确保在使用过程中，不会因正常的振动而导致焊点脱落。

（3）外形美观。一个良好的焊点其表面应该光洁、明亮，不得有拉尖、毛刺、起皱、鼓气泡、夹渣、出现麻点等现象；其焊料到被焊金属的过渡处应呈现圆滑流畅的浸润状凹曲面。良好焊点如图 4-75 所示，其中 $a$=（1～1.2）$b$，$c$=1～2mm。

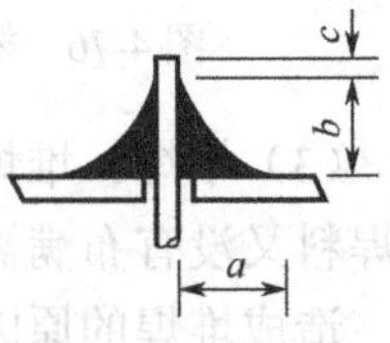

图 4-75 良好焊点

#### 2．焊接的质量检查方法

焊接的质量检查通常采用目视检查、手触检查和电气性能检查的方法。

（1）目视检查。目视检查是指从外观上检查焊接质量是否合格，焊点是否有缺陷。目视检查的主要内容有：是否有漏焊；焊点的光泽好不好，焊料是否充足；是否有桥接、拉尖现象；焊点有没有裂纹；焊盘是否有起翘或脱落情况；焊点周围是否有残留的助焊剂；导线是否有部分或全部断线、外皮烧焦、露出芯线的现象。

（2）手触检查。手触检查主要是用手指触摸元器件，观察元器件的焊点有无松动、焊接不牢的现象。用镊子夹住元器件引线轻轻拉动，查看有无松动现象。

（3）电气性能检查。电气性能检查必须在目视检查和手触检查无误的情况之后进行，这是检验电路性能的关键步骤。电气性能检查一般包括通路检查、绝缘电阻检查、耐压能力检查和功能检查，应严格按图纸或技术说明的要求进行操作，不得随意更改测试点位。

#### 3．焊点的缺陷及质量分析

（1）桥接。桥接是指焊料将印制电路板中相邻的印制导线及焊盘连接起来的现象。明显的桥接较易发现，但较小的桥接用目视法较难发现，往往要通过仪器检测才能暴露出来。

明显的桥接是由于焊料过多或焊接技术不良造成的。当焊接的时间过长使焊料的温度过高时，将使焊料流动而与相邻的印制导线相连，以及电烙铁离开焊点的角度过小都容易造成桥接，如图 4-76（a）所示。对于毛细状的桥接，可能是由于印制电路板的印制导线有毛刺或有残余的金属丝等，在焊接过程中起到了连接作用而造成的，如图 4-76（b）所示。

处理桥接的方法是将电烙铁上的焊料抖掉，再将桥接的多余焊料带走，断开短路部分。

（2）拉尖。拉尖是指焊点上有焊料尖产生（图 4-77），焊接时间过长，焊剂分解挥发过多，使焊料黏性增加，当电烙铁离开焊点时，就容易产生拉尖现象，或者是由于电烙铁撤离方向不当，也可产生拉尖现象。避免产生拉尖现象的方法是提高焊接技能，控制焊接时间，对于已造成拉尖的焊点，应进行重焊。焊料拉尖如果超过了允许的引出长度，将造成绝缘距离变小，尤其是对高压电路，将造成打火现象。因此，对这种缺陷要加以修整。

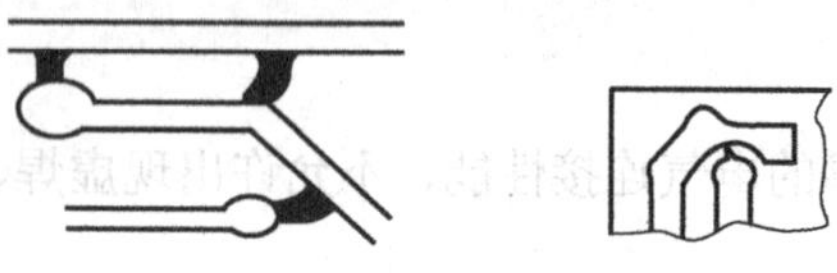

(a)　(b)

图 4-76　桥接故障示意图

图 4-77　拉尖故障示意图

（3）堆焊。堆焊是指焊点的焊料过多，外形轮廓不清，甚至根本看不出焊点的形状，而焊料又没有布满被焊物引线和焊盘，如图 4-78 所示。

造成堆焊的原因是焊料过多，或者是焊料的温度过低，焊料没有完全熔化，焊点加热不均匀，以及焊盘、引线不能润湿等。避免堆焊形成的方法是彻底清洁焊盘和引线，适量控制焊料，增加助焊剂，或者提高电烙铁的功率。

（4）空洞。空洞是由于焊盘的穿线孔太大、焊料不足，致使焊料没有完全填满印制电路板插件孔而形成的。除上述原因之外，如果印制电路板焊盘开孔位置偏离了焊盘中点，或者孔径过大，或者孔周围焊盘氧化、脏污、预处理不良，都将造成空洞现象，如图 4-79 所示。出现空洞后，应根据空洞出现的原因分别予以处理。

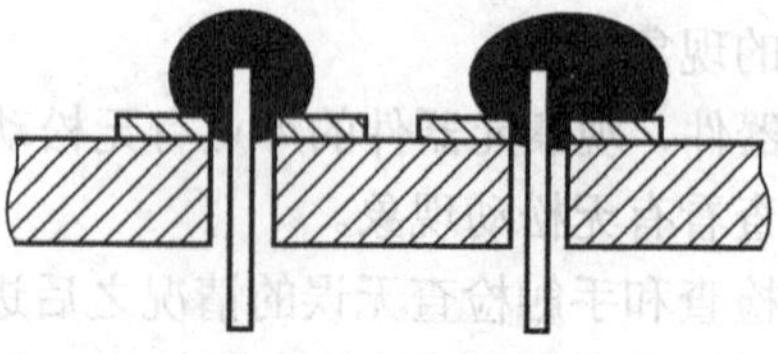

图 4-78　堆焊故障示意图

图 4-79　空洞故障示意图

（5）浮焊。浮焊的焊点没有正常焊点圆滑和有光泽，而是呈白色细颗粒状，表面凹凸不平，造成原因是电烙铁温度不够，或者焊接时间过短，或者焊料中的杂质太多。浮焊的焊点机械强度较弱，焊料容易脱落。在出现该焊点时，应进行重焊，重焊时应提高电烙铁温度，或者延长电烙铁在焊点上的停留时间，也可更换熔点低的焊料重新焊接。

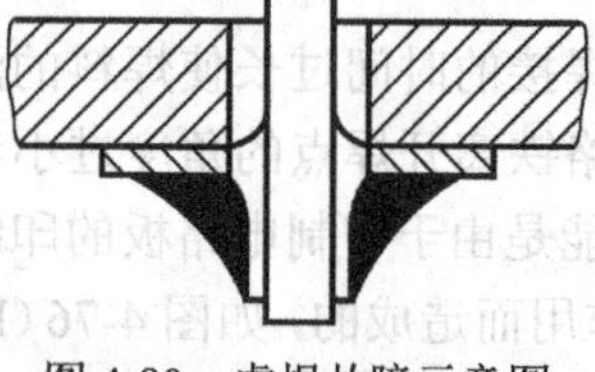

图 4-80　虚焊故障示意图

（6）虚焊。虚焊是指焊锡简单地依附在被焊物的表面上，未与被焊接的金属紧密结合，形成金属合金层，如图 4-80 所示。从外形来看，虚焊的焊点看似焊接良好，但实际上有松动，或者电阻很大，甚至没有连接。由于虚焊是较易出现的故障，且不易被发现，因此要严格控制焊接程序，提高焊接技能，尽量减少虚焊的出现。

造成虚焊的原因有两个：一是焊盘、元器件引线上有氧化层、油污和污物，在焊接时没有被清洁或清洁不彻底而造成焊锡与被焊物的隔离，因而产生虚焊；二是由于在焊接时焊点上的温度较低，热量不够，使助焊剂未能充分发挥，致使被焊面上形成一层松香薄膜，这样就造成了虚焊。

（7）焊料裂纹。焊点上产生裂纹，主要是由于在焊料凝固时，移动了元器件位置而造成的。

（8）铜箔翘起、焊盘脱落。铜箔从印制电路板上翘起，甚至脱落，主要原因是焊接温度过高，焊接时间过长。另外，维修过程中拆卸和重插元器件时，由于操作不当，也会造成焊盘脱落。有时元器件过重而没有固定好，不断晃动也会造成焊盘脱落。

由焊接缺陷产生原因的分析可知，焊接质量的提高要从以下两方面着手：第一，要熟练掌握焊接技能，准确掌握焊接温度和焊接时间，使用适量的焊料和助焊剂，认真对待焊接过程中的每个步骤；第二，要保证被焊面的可焊性，必要时采取涂敷浸焊措施。

# 4.6 表面安装焊接

表面安装元器件俗称无引脚元器件，问世于20世纪60年代。一般将表面安装无源元器件，如片式电阻器（图4-81）、电容器、电感器称为SMC（Surface Mounted Components），而将有源元器件，如小外形晶体管SOT及四方扁平组件（QFP）称为SMD（Surface Mounted Devices）。无论是SMC还是SMD，在功能上都与传统的通孔安装元器件相同，最初是为了减小体积而制造，最早出现在电子表、计算机中，使这些产品的微型化成为可能。然而，它们一经问世，就表现出强大的生命力，其体积明显减小、高频特性提高、耐振动、安装紧凑等优点是传统通孔元器件所无法比拟的，从而极大地刺激了电子产品向小型化、微型化、多功能、高性能、低成本的方向发展。

图4-81 片式电阻器

片式电阻器、电容器已由早期的3.2mm×1.6mm缩小到0.6mm×0.3mm，IC芯片的引脚中心距已由1.27mm减小到0.3mm，且随着裸芯片技术的发展，BGA和CSP类高引脚数器件已广泛应用到生产中。一些机电元器件，如开关、继电器、滤波器等，也都实现了片式化。

表面安装元器件也存在着不足之处，如元器件与PCB表面非常贴近，与基板间隙小，给清洗带来了困难；元器件体积小，电容器一般不设标记，一旦出现混料就不容易分清了；特别是元器件与PCB之间热膨胀系数的差异性也是SMT产品中应注意的问题。

下面主要介绍SMT生产中常用的SMC及SMD，以及它们的封装特点、主要性能、外形尺寸、成形方法等。

## 4.6.1 元器件封装形式介绍

### 1. 矩形片式电阻器

1）结构

矩形片式电阻器的结构图如图4-82所示。

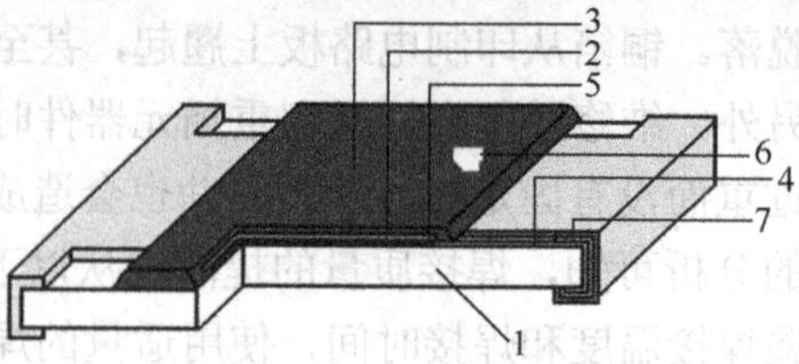


1—白基板；2—C1保护膜；3—C2保护膜；4—C3导体膏；
5—电阻膏；6—字码膏；7—Ni/Sn电镀

图 4-82　矩形片式电阻器的结构图

片式电阻器由于制造工艺不同有两种类型：一类是厚膜型（RN 型）；另一类是薄膜型（RK 型）。厚膜型电阻器是在扁平的高纯度 $Al_2O_3$ 基板上印刷一层二氧化钌基浆料，烧结后经光刻而成的；薄膜型电阻器是在基体上喷射一层镍铬合金而成的，性能稳定，阻值精度高，但价格较贵。在电阻层上涂覆特殊的玻璃釉图层，故电阻器在高温、高湿等环境下性能非常稳定。

片式电阻器有三层端焊层，俗称三层端电极，最内层为银钯合金，它与陶瓷基板的结合力非常好；中间层为镍层，它的作用是防止在焊接期间银层的浸析；最外层为端焊层，不同的类型采用不同的合金，有的采用锡铅合金，有的采用银或银钯合金。

2）性能

（1）技术特性。一般 RI11 型矩形片式电阻器的技术特性及额定值如表 4-7 所示。

**表 4-7　RI11 型矩形片式电阻器的技术特性及额定值**

| | RI11-1/16 | RI11-1/10 | RI11-1/8 |
|---|---|---|---|
| 使用环境温度/℃ | | -55～125 | |
| 额定环境温度/℃ | | 70 | |
| 额定功耗/W | 0.063 | 0.10 | 0.125 |
| 最高使用电压/V | 100 | 150 | 200 |
| 最高过载电压/V | 200 | 300 | 400 |
| 标称阻值范围/Ω | | 1.0～10M | |
| 阻值允许偏差 | | F（±1%）、G（±2%）、J（±5%）、K（±10%） | |
| 电阻温度系数/$10^{-6}$/℃ | | -100～600（<1kΩ）；-300～300（1～100kΩ）；-500～100（>100kΩ） | |

（2）不同外形尺寸相对应的额定功率。不同外形尺寸相对应的额定功率如表 4-8 所示。

**表 4-8　不同外形尺寸相对应的额定功率**

| 参数名称 | 参数数值 | | |
|---|---|---|---|
| 功率/W | 1/16 | 1/8 | 1/4 |
| 对应尺寸 | 0805 | 1206 | 1210 |

片式电阻器的额定功率是电阻器在环境温度为 70℃时应能承受的功率。当环境温度超过 70℃时，承受的功率将下降，直到 125℃时，负载功率为零。

3）外形尺寸

片式电阻器、电容器常以它们的外形尺寸的长宽命名，来标识它们的大小，以英寸及 SI 值（mm）为单位，如外形尺寸为 0.12in×0.06in，标记为 1206；SI 制标记为 3.2mm×1.6mm。

片式电阻器的外形尺寸如表 4-9 和表 4-10 所示。

表 4-9 片式电阻器的外形尺寸英制与 SI 制的换算表

| | 1206 | 0805 | 0603 | 0402 | 0201 |
|---|---|---|---|---|---|
| SI 制/mm | 3.2×1.6 | 2.0×1.25 | 1.6×0.8 | 1.0×0.5 | 0.6×0.3 |
| 英制/in | 0.12×0.06 | 0.08×0.05 | 0.06×0.03 | 0.04×0.02 | 0.02×0.01 |

表 4-10 片式电阻器的外形尺寸

| 尺寸号 | 长（$L$）/mm | 宽（$W$）/mm | 高（$H$）/mm | 端头宽度（$T$）/mm |
|---|---|---|---|---|
| RC0201 | 0.6±0.03 | 0.3±0.03 | 0.3±0.03 | 0.15～0.18 |
| RC0402 | 1.0±0.03 | 0.5±0.03 | 0.3±0.03 | 0.3±0.03 |
| RC0603 | 1.56±0.03 | 0.8±0.03 | 0.4±0.03 | 0.3±0.03 |
| RC0805 | 1.8～2.2 | 1.0～1.4 | 0.3～0.7 | 0.3～0.6 |
| RC1206 | 3.0～3.4 | 1.4～1.8 | 0.4～0.7 | 0.4～0.7 |
| RC1210 | 3.0～3.4 | 2.3～2.7 | 0.4～0.7 | 0.4～0.7 |

注：表中电阻器尺寸为 IPC 标准。

4）标记识别方法

当片式电阻器阻值精度为±5%时，采用 3 个数字表示：跨接线标识为 000；阻值小于 10Ω 的，在两个数字之间补加“R”；阻值在 10Ω 以上的，则最后一个数值表示增加的零的个数。例如，6.3Ω 标识为 6R3；100Ω 标识为 101；1MΩ 标识为 105。

当片式电阻器阻值精度为±1%时，采用 4 个数字表示：前面 3 个数字为有效值，第四位表示增加的零的个数；阻值小于 10Ω 的，仍在第二位补加“R”；阻值为 100Ω 则在第四位补“0”。例如，6.3Ω 标识为 6R30；100Ω 标识为 1000；1MΩ 标识为 1004。

## 2. 表面安装半导体器件

表面安装半导体器件，简称 SMD，它是在双列直插器件（DIP）的基础上发展而来的。常见的封装形式有小外形封装（Small Outline Package，SOP）、塑料有引脚芯片载体（Plastic Leadless Chip Carrier，PLCC）、多引脚方形扁平封装（Quad Flat Package，QFP）、无引脚陶瓷芯片载体（Leadless Ceramic Chip Carrier，LCCC）、塑料方形扁平无引脚（Plastic Quad Flat Pack-No Leads，PQFN）封装、球栅阵列（Ball Grid Array，BGA）封装、芯片级封装（Chip Scale Package，CSP）及裸芯片 COB 和 FC 等，品种繁多。从 SMD 引脚的形状来分，主要有以下 3 种类型。

1）翼形引脚（Gull-Wing）

常见的元器件品种有 SOP 器件（图 4-83）和 QFP 器件（图 4-84），具有翼形引脚的元器件焊接后具有吸收应力的特点，因此与 PCB 的匹配性好。但这类元器件的引脚共面性较差，特别是 QFP 器件，引脚极易损坏，在保存、转运、安装过程中应小心谨慎。

2）J 形引脚（J-Lead）

常见的器件品种有 SOJ 器件（图 4-85）和 PLCC 器件（图 4-86）。J 形引脚刚性好且间距大，共面性较好，但由于引脚在器件本体之下，因此存在阴影效应，焊接温度参数的选择是关键。

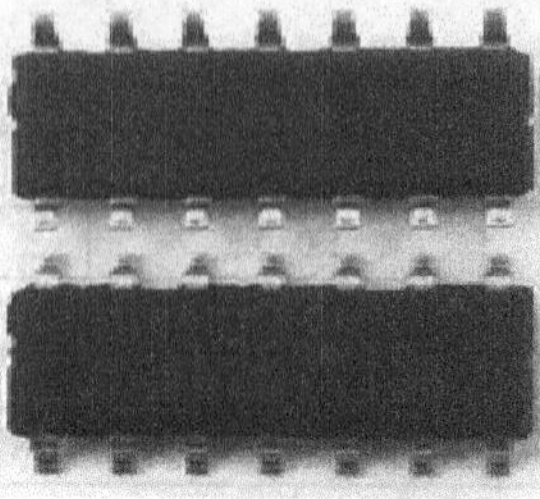

图 4-83　SOP 器件

图 4-84　QFP 器件

图 4-85　SOJ 器件

图 4-86　PLCC 器件

3）球栅阵列

芯片 I/O 端子呈阵列分布在器件表面上，并呈球状。其优点是占用面积小，适用于多引脚数器件的封装，常见的有 BGA 封装器件（图 4-87）和 CSP 器件（图 4-88）等。这类器件焊接时也存在阴影效应。此外，这类器件与 PCB 之间的热膨胀系数存在着差异，在设计温度曲线时应特别注意。

图 4-87　BGA 封装器件

图 4-88　CSP 器件

（1）二极管。用于表面安装的二极管有 3 种封装形式。

① 圆柱形的无引脚二极管，其封装结构是将二极管装在具有内部电极的细玻璃管中，玻璃管两端装上金属帽作为正负电极。外形尺寸有 $\Phi$1.5mm×3.5mm 和 $\Phi$2.7mm×5.2mm 两种。其外形如图 4-89 所示。通常用于通用二极管、高速开关二极管和齐纳二极管，一般采用塑料编带形式。

② 片状二极管为塑封矩形薄片，外形尺寸为 3.8mm×1.5mm×1.1mm，一般采用塑料编带形式，如图 4-90 所示。

图 4-89 玻璃封装二极管的外形

图 4-90 片状二极管

③ SOT-23 封装形式的片状二极管的外形如图 4-91 所示，多用于封装复合二极管，也用于高速开关二极管和高压二极管。

（2）晶体管。晶体管的封装形式主要有 SOT-23、SOT-89、SOT-143 和 SOT-252 等。

① SOT-23 封装。

a．结构。SOT-23 封装有 3 条“翼状”引脚。此种封装形式一般为小功率晶体管、场效应管和带电阻网络的复合晶体管。

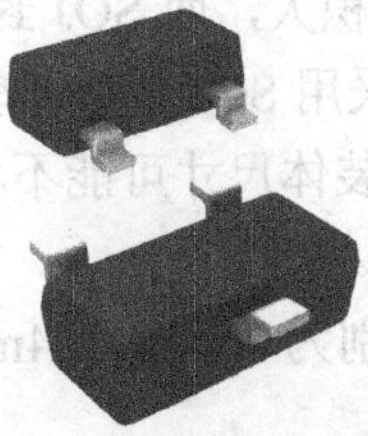

图 4-91 SOT-23 封装形式的片状二极管的外形

b．识别标记。SOT-23 封装表面均印有标记，通过相关半导体器件手册可以查出对应的极性、型号与性能参数。

c．包装。SOT-23 封装一般采用卷带包装，现在也有采用模压塑料空腔带包装。

② SOT-89 封装。SOT-89 封装具有 3 条薄的短引脚分布在晶体管的一端，晶体管粘接在较大的铜片上，以增加散热能力。此种封装形式一般为硅功率表面安装晶体管，其外形如图 4-92 所示。

③ SOT-143 封装。SOT-143 封装有 4 条“翼状”短引脚，引脚中宽度大一些的是集电极。此种封装形式一般为双栅场效应管及高频晶体管，其外形如图 4-93 所示。

图 4-92 SOT-89 封装晶体管的外形

图 4-93 SOT-143 封装晶体管的外形

④ SOT-252 封装。SOT-252 封装是选用最广的封装形式，各种功率的晶体管都可以采用这种封装，其外形如图 4-94 所示。

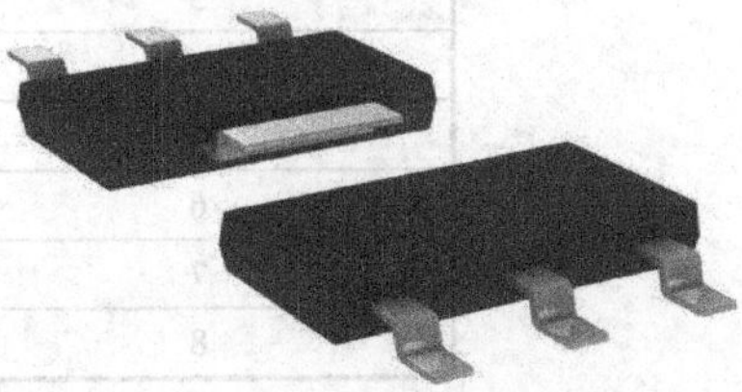

图 4-94 SOT-252 封装晶体管的外形

表面安装分立器件封装类型及产品，到目前为止已有数千种，具体的资料应查看各种器件手册。这些类型的封装在外形尺寸上存在一定差异，但对采用 SMT 的电子整机，都能满足安装精度要求，产品的极性排列和引脚距离基本相同，具有互换性。

（3）小外形封装集成电路。

① 结构。小外形封装集成电路也称为 SOIC，由双列直插封装 DIP 演变而来。这类封装有两种不同的引脚形式：一种具有“翼状”引脚，封装结构如图 4-95 所示，这类封装称为 SOP；另一种具有“J”形引脚，封装结构如图 4-96 所示，这类封装称为 SOJ。SOP 常见于逻辑电路、随机存储器等。

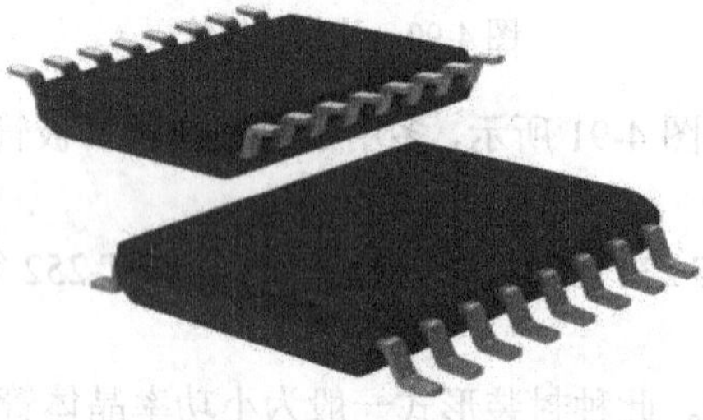

图 4-95　SOP 结构

图 4-96　SOJ 封装结构

SOP 的优点是它的“翼状”引脚易于焊接和检测，但占 PCB 面积大，而 SOJ 封装占 PCB 面积较小，能够提高装配密度。因此，目前集成电路表面安装采用 SOJ 封装的较多。

② 外形尺寸。需要注意的是，同一型号的 SOP，不同厂家的封装体尺寸可能不相同。

③ 包装。SOP 根据外形、间距区别有以下几种不同的包装方式。

a．塑料编带包装，带宽分别为 16mm、24mm 和 44mm。

b．32mm 粘接式编带包装。

c．管料等。

图 4-97　PLCC 封装结构

（4）塑封有引脚芯片载体（PLCC）。

① 结构。PLCC 同样是由 DIP 演变而来的，一般当引脚数量超过 40 个时，采用此种封装形式，引脚采用“J”形结构，如图 4-97 所示。采用 PLCC 封装的多为逻辑电路、微处理器阵列、标准单元等。

② 外形尺寸。PLCC 的外形尺寸如表 4-11 和表 4-12 所示。

表 4-11　方形 PLCC 的外形尺寸

| 序号 | 引脚数 | 边长/mm |
|---|---|---|
| 1 | 20 | 9.78～10.03 |
| 2 | 28 | 12.32～12.57 |
| 3 | 44 | 17.40～17.65 |
| 4 | 52 | 19.94～20.19 |
| 5 | 68 | 25.02～25.27 |
| 6 | 84 | 30.10～30.35 |
| 7 | 100 | 35.18～35.43 |
| 8 | 124 | 42.80～43.05 |

表 4-12 矩形 PLCC 的外形尺寸

| 序号 | 引脚数 | 短边长/mm | 长边长/mm |
|---|---|---|---|
| 1 | 18 | 8.05～8.3 | 11.61～11.86 |
| 2 | 22 | 8.13～8.51 | 13.21～13.59 |
| 3 | 28 | 9.28～10.03 | 14.86～15.11 |
| 4 | 32 | 12.32～12.57 | 14.86～15.11 |

③ 标记。每种 PLCC 表面都标有定位点，供贴片操作时定位方向使用。

④ 包装。因为 PLCC 为“J”引脚，所以一般采用带状或管状包装形式，有利于运输及贴片时装料，也有部分采用华夫盘包装形式。

（5）方形扁平封装（QFP）。

QFP 是为了适应 IC 内容增多，I/O 数量增多而研制的封装形式，最初由日本公司首先开发，目前已广泛应用于工程使用中。美国开发的 QFP 器件，在四角各有一个突出的角，起到对器件引脚的保护作用，一般外形比引脚长 3mil。QFP 器件一般为门阵列的 ASIC 器件。

① 结构。QFP 器件四周有“翼状”引脚，封装形式如图 4-98 所示。

图 4-98 QFP 器件形式

QFP 器件的外形有方形和矩形两种。日本电子工业协会用标准 EIAJ-IC-74-4 对 QFP 器件的外形尺寸进行了规定，使用 5mm 和 7mm 的整倍数，到 40mm 为止。QFP 器件的引脚一般为合金制作，随着引脚数量增多，引脚厚度、宽度减小，所以 QFP 器件采用“翼状”引脚，引脚中心距有 1.0mm、0.8mm、0.65mm、0.5mm、0.3mm 等多种。

② 外形尺寸。QFP 器件的外形很多，表 4-13 介绍了日本式 QFP 器件的外形尺寸，表 4-14 介绍了正方形 QFP 器件规格。

表 4-13 日本式 QFP 器件外形尺寸

<table>
<tr><td colspan="2">外形</td><td colspan="6">正方形</td><td colspan="5">矩形</td></tr>
<tr><td colspan="2">主体尺寸<br>A×B/mm</td><td colspan="3">14×14</td><td>22×22</td><td colspan="2">28×28</td><td colspan="5">14×20</td></tr>
<tr><td colspan="2">引脚中心距/（r/mm）</td><td colspan="2">0.8</td><td>0.65</td><td colspan="2">0.8</td><td>0.65</td><td colspan="3">1</td><td>0.8</td><td>0.65</td></tr>
<tr><td colspan="2">引脚数</td><td>44</td><td>64</td><td>80</td><td>100</td><td>136</td><td>168</td><td>54</td><td>60</td><td>64</td><td>80</td><td>100</td></tr>
<tr><td rowspan="2">单排<br>引脚数</td><td>A</td><td rowspan="2">11</td><td rowspan="2">16</td><td rowspan="2">20</td><td rowspan="2">25</td><td rowspan="2">34</td><td rowspan="2">42</td><td>10+1</td><td>12+1</td><td>13</td><td>16</td><td>20</td></tr>
<tr><td>B</td><td>17</td><td>18</td><td>19</td><td>24</td><td>30</td></tr>
<tr><td colspan="2">引脚宽 W/mm</td><td colspan="4">0.35</td><td colspan="2">0.3</td><td colspan="4">0.35</td><td>0.3</td></tr>
<tr><td colspan="2">引脚长 L/mm</td><td colspan="3">1.2</td><td>1.3</td><td colspan="2">1.2</td><td colspan="5">1.2～1.7</td></tr>
<tr><td rowspan="2">引脚外侧<br>总长/mm</td><td>LA</td><td colspan="3" rowspan="2">18.0</td><td rowspan="2">29.8</td><td colspan="2" rowspan="2">32.1</td><td colspan="5">19.6</td></tr>
<tr><td>LB</td><td colspan="5">25.6</td></tr>
</table>

表 4-14　正方形 QFP 器件规格

| 外形尺寸/mm | 引脚数（引脚间距 0.5mm） | 引脚数（引脚间距 0.4mm） | 引脚数（引脚间距 0.3mm） |
|---|---|---|---|
| 5×5 | 32 | 40 | 56 |
| 6×6 | 40 | 48 | 64 |
| 7×7 | 48 | 64 | 80 |
| 10×10 | 72 | 88 | 120 |
| 12×12 | 88 | 108 | 144 |
| 14×14 | 108 | 128 | 176 |
| 20×20 | 152 | 192 | 256 |
| 24×24 | 184 | 232 | 304 |
| 32×32 | 248 | 312 | 408 |
| 36×36 | 280 | 352 | 464 |
| 40×40 | 312 | 392 | 520 |
| 44×44 | 344 | 432 | 576 |

③ 包装。美国式带角垫的 QFP 器件，可以采用卷带、盘装、管装等包装形式，无论运输还是贴片都比较方便，但不带角垫的 QFP 器件就只能采用华夫盘包装。另外，部分 QFP 器件在到货时引脚未成形，这就需要在生产前对其进行引脚成形，在后续章节中会详细介绍成形方法。

（6）无引脚陶瓷芯片载体（LCCC）。

无引脚陶瓷芯片载体是全密封的，具有良好的环境保护作用，一般用于军品生产中。陶瓷芯片载体还有一种为有引脚的，称为 LDEC，由于生产工艺烦琐，不适用于大批量生产，现已基本退出市场。

① 结构和特点。LCCC 的外壳是采用 90%～96%的氧化铝或氧化铍瓷片经印刷布线后再进行叠片加压，最后在保护气体中高温烧结而成的。LCCC 就是指在外壳上粘贴半导体芯片，完成芯片与外壳端子间的连接，再加上顶盖进行密封的封装，示意图如图 4-99 所示。LCCC 的电极中心距一般有 1.0mm 和 1.27mm 两种。

图 4-99　LCCC 示意图

LCCC 引出端子的特点是陶瓷外壳侧面有类似城堡型的金属化凹槽和外壳地面镀金电极相连，提供较短的信号通路，电感和电容损耗较小，可用于高频工作状态。这种封装常用于微处理器单元、门阵列和存储器。

② 外形尺寸。引脚电极中心距为 1.27mm 的 LCCC 的外形尺寸如表 4-15 所示。

表 4-15 引脚电极中心距为 1.27mm 的 LCCC 的外形尺寸

| 封装引脚数 | | 宽/mm | 长/mm |
|---|---|---|---|
| 矩形 | LCCC18 | 7.62 | 11.176 |
| | LCCC28 | 8.64 | 14.224 |
| | LCCC32 | 11.684 | 14.224 |
| 正方形 | LCCC16 | 7.750 | 7.750 |
| | LCCC20 | 9.144 | 9.144 |
| | LCCC24 | 10.414 | 10.414 |
| | LCCC28 | 11.684 | 11.684 |
| | LCCC44 | 16.764 | 16.764 |
| | LCCC52 | 19.30 | 19.30 |
| | LCCC68 | 24.384 | 24.384 |
| | LCCC84 | 29.464 | 29.464 |
| | LCCC100 | 35.544 | 35.544 |
| | LCCC124 | 42.164 | 42.164 |
| | LCCC156 | 52.324 | 52.324 |

（7）塑料方形扁平无引脚（PQFN）封装。

塑料方形扁平无引脚封装类似于 LCCC，其 I/O 引出端子是在塑封外壳侧面向外壳底部或仅在外壳底部，端子通常为镀金电极。由于电极短小，因此可以提供较短的信号通路，使电感器和电容器损耗较低，可用于高频电路。

PQFN 封装在外壳底部带有散热片，这种封装形式常用于微处理单元、门阵列和存储器。器件安装后覆盖面积仅稍大于器件本体，焊点可使用目视或光学检查，示意图如图 4-100 所示。

图 4-100 PQFN 封装示意图

PQFN 封装的端子电极中心距常有 1.27mm、0.8mm、0.65mm、0.5mm、0.4mm，相关尺寸如表 4-16 所示。

表 4-16 塑料方形扁平无引脚（PQFN）封装的尺寸

| 封装尺寸/mm | | | 焊端尺寸/mm | | | |
|---|---|---|---|---|---|---|
| 外形尺寸 | 端子数 | 引脚间距 | *b*（min） | *b*（max） | *L*（min） | *L*（max） |
| 3×3 | 12 | 0.8 | 0.28 | 0.4 | 0.5 | 0.7 |
| 4×4 | 12 | 0.8 | 0.28 | 0.4 | 0.5 | 0.7 |
| 5×5 | 16 | 0.8 | 0.28 | 0.4 | 0.5 | 0.7 |
| 6×6 | 20 | 0.8 | 0.28 | 0.4 | 0.5 | 0.7 |
| 7×7 | 28 | 0.8 | 0.28 | 0.4 | 0.5 | 0.7 |
| 8×8 | 32 | 0.8 | 0.28 | 0.4 | 0.5 | 0.7 |
| 9×9 | 36 | 0.8 | 0.28 | 0.4 | 0.5 | 0.7 |
| 10×10 | 44 | 0.8 | 0.28 | 0.4 | 0.5 | 0.7 |
| 3×3 | 8（双道） | 0.65 | 0.23 | 0.35 | 0.5 | 0.7 |
| 4×4 | 16 | 0.65 | 0.23 | 0.35 | 0.5 | 0.7 |
| 5×5 | 20 | 0.65 | 0.23 | 0.35 | 0.5 | 0.7 |
| 6×6 | 28 | 0.65 | 0.23 | 0.35 | 0.5 | 0.7 |
| 7×7 | 32 | 0.65 | 0.23 | 0.35 | 0.5 | 0.7 |

续表

| 封装尺寸/mm | | | 焊端尺寸/mm | | | |
|---|---|---|---|---|---|---|
| 外形尺寸 | 端子数 | 引脚间距 | *b*（min） | *b*（max） | *L*（min） | *L*（max） |
| 8×8 | 40 | 0.65 | 0.23 | 0.35 | 0.5 | 0.7 |
| 9×9 | 44 | 0.65 | 0.23 | 0.35 | 0.5 | 0.7 |
| 10×10 | 52 | 0.65 | 0.23 | 0.35 | 0.5 | 0.7 |
| 4×4 | 20 | 0.5 | 0.18 | 0.3 | 0.5 | 0.7 |
| 4×4 | 24 | 0.5 | 0.18 | 0.3 | 0.4 | 0.6 |
| 5×5 | 28 | 0.5 | 0.18 | 0.3 | 0.5 | 0.7 |
| 5×5 | 32 | 0.5 | 0.18 | 0.3 | 0.4 | 0.6 |
| 6×6 | 36 | 0.5 | 0.18 | 0.3 | 0.5 | 0.7 |
| 6×6 | 40 | 0.5 | 0.18 | 0.3 | 0.4 | 0.6 |
| 7×7 | 44 | 0.5 | 0.18 | 0.3 | 0.5 | 0.7 |
| 7×7 | 48 | 0.5 | 0.18 | 0.3 | 0.4 | 0.6 |
| 8×8 | 52 | 0.5 | 0.18 | 0.3 | 0.5 | 0.7 |
| 8×8 | 56 | 0.5 | 0.18 | 0.3 | 0.4 | 0.6 |
| 9×9 | 60 | 0.5 | 0.18 | 0.3 | 0.5 | 0.7 |
| 9×9 | 64 | 0.5 | 0.18 | 0.3 | 0.4 | 0.6 |
| 10×10 | 68 | 0.5 | 0.18 | 0.3 | 0.5 | 0.7 |
| 10×10 | 84 | 0.4 | 0.16 | 0.27 | 0.4 | 0.6 |
| 12×12 | 100 | 0.4 | 0.16 | 0.27 | 0.5 | 0.7 |

（8）球栅阵列（BGA）封装。

20 世纪末，QFP 等周边端子型封装的 IC 得到了很大的发展和非常广泛的应用。但由于组装工艺的限制，QFP 的尺寸（$40mm^2$）、引脚数目（360 根）和引脚间距（0.30mm）已达到了极限。为了适应 I/O 数目的快速增长，由美国摩托罗拉公司和日本西铁城公司共同开发了一种新型的封装形式——球栅阵列（Ball Grid Array，BGA）封装，并于 20 世纪 90 年代初投入实际使用。

BGA 封装的引脚成球形阵列状分布在封装的底面，因此它可以有较多的引脚且脚间距较大。现将具有相同外形尺寸但端子数存在差异的 BGA 封装和 QFP 进行比较，如表 4-17 所示。

表 4-17　BGA 封装和 QFP 的比较

| 封装形式 | 外形尺寸/mm | 引脚间距/mm | I/O 数目 |
|---|---|---|---|
| QFP | 32×32 | 0.635 | 184 |
| BGA | 31×31 | 1.5 | 400 |
| BGA | 31×31 | 1.27 | 576 |
| BGA | 31×31 | 1.0 | 900 |

通常 BGA 封装的安装高度低、引脚间距大、引脚共面性好，有利于组装的工艺性；BGA 封装芯片的引脚非常短，组装密度高，电气性能更优越，非常适合在高频电路中使用。BGA 封装的散热能力良好，这使其工作温度能够处于常温状态。

BGA 封装虽然存在以上优点，但同时存在以下不足：第一，由于 BGA 封装芯片焊点在底部，焊接后的检验工作较为困难，一般只能采取 X 光检验的方法，才能对其焊接质量进行检查，设备投入费用较高；第二，BGA 封装芯片易吸潮，使用前必须进行烘干除湿处理。

BGA 封装通常由芯片、基座、引脚、封壳和引脚等部分组成，根据芯片的位置、引脚的排列、基座的材料和密封方式的不同，BGA 封装的结构也不同。按芯片放置方式分类，分为芯片表面向上和向下两种；按引脚排列分类，分为球栅阵列均匀全分布、球栅阵列交错全分布、球栅阵列周边分布、球栅阵列带中心散热和接地点的周边分布等；按密封方式分类，分为模制密封和浇注密封等；从散热角度分类，分为热增强型、膜腔向下型和金属体 BGA；按基座材质分类，BGA 封装可分为塑料球栅阵列（PBGA）封装、陶瓷球栅阵列（CBGA）封装、陶瓷柱栅阵列（CCGA）封装和载带球栅阵列（TBGA）封装 4 种。

① 塑料球栅阵列（Plastic Ball Grid Array，PBGA）封装。

a. 结构。塑料球栅阵列（PBGA）封装是最普通的 BGA 封装形式，其结构如图 4-101 所示。

PBGA 封装的载体是普通的印制电路板基材，芯片通过金属丝焊接方式连接到封装载体的上表面，通过印制带及过孔与下表面的球栅阵列连接，然后用塑料模压成形。锡球合金早期多以锡铅合金为主，随着无铅化的推进，现多以锡银铜合金无铅焊料取代。焊球阵列在元器件底面上一般为完全分布或部分分布，如图 4-101 所示。

图 4-101 PBGA 封装结构

PBGA 封装的焊球尺寸一般为 0.75~0.89mm，焊球间隙一般为 1.0mm、1.27mm 和 1.5mm 等。随着技术开发，目前 I/O 数一般可达到 600～1000 个。

b. PBGA 封装的优点和缺点。

PBGA 封装的优点：可以利用现有的组装技术和原材料生产 BGA 封装器件，封装费用较低；和 QFP 器件相比，不易受到机械损伤，可减少 PCB 占用面积。

PBGA 封装的缺点：塑料封装易吸潮，且因为是塑料封装，所以焊点所受到的热应力也较大。

c. 外形尺寸。PBGA 封装的外形尺寸如下。

封装尺寸：7~50mm。

焊球中心距：1mm、1.27mm、1.5mm。

焊球直径：0.6～1.0mm。

焊球成分：Pb90Sn10 或 Sn3.5Ag0.5Cu。

焊球共面性：≤0.2mm。

d. 包装。PBGA 封装芯片的包装一般采用 JEDEC 标准托盘或小型芯片专用托盘，使用 JEDEC 托盘的优点是方便元器件筛选，方便与贴片机供料单元适配。托盘有承料凹腔及凸点，可有效保护焊球不受损伤。

② 陶瓷球栅阵列（Ceramic Ball Grid Array，CBGA）封装。

a. 结构。CBGA 封装是 BGA 封装的第二代产品，是为解决 PBGA 封装吸潮性较大而提出的改进产品。

CBGA 封装的芯片连接在多层陶瓷载体的上表面，芯片与多层陶瓷载体的连接可以有两种形式：一种是芯片线路向上，采用金属丝焊接的方法实现连接；另一种是芯片线路向下，采用倒装结构方式实现芯片与载体的连接。芯片连接完成后，对芯片采用环氧树脂等材料进行填充，从而提高芯片的可靠性和必要的机械性能。在陶瓷载体的下表面，焊球阵列的分布可以是完全分布或部分分布。焊球的尺寸一般约为 0.89mm，焊球间距一般为 1.0mm 和 1.27mm 两种。

焊球的成分一般为 Sn90Pb10，熔融温度约为 300℃，在现有表面安装 220℃的温度下再流焊接，焊球不会参与熔融，因此在进行锡膏印刷时要注意厚度，以补偿 CBGA 封装焊球的共面性差异，从而确保焊接质量。

b．CBGA 封装的优点和缺点。

CBGA 封装的优点：具有良好的电气性能、热性能，以及密封性，与 PBGA 封装一样，不易受到机械损伤，适用于 I/O 数大于 250 的电子组装应用。

CBGA 封装的缺点：当封装尺寸大于 32mm×32mm 时，PCB 与 CBGA 封装的多层陶瓷载体之间的热膨胀系数存在差异，导致焊点失效。因此，一般 CBGA 封装的 I/O 封装数限制在 625 以下。

③ 陶瓷柱栅阵列（Ceramic Column Grid Array，CCGA）封装。

a．结构。CCGA 封装是 CBGA 封装在陶瓷尺寸大于 32mm×32mm 时的另一种形式，和 CBGA 封装不同的是，在陶瓷载体的下表面连接的不是焊球，而是 Pb90Sn10 的焊料柱，焊料柱阵列可以是完全分布或部分分布。常见的焊料柱直径约为 0.5mm，高度约为 2.21mm，柱阵列间距典型的为 1.27mm。CCGA 封装有两种形式：一种是焊料柱与陶瓷底部采用共晶焊料连接；另一种则采用浇注式固定结构。

b．CCGA 封装的优点和缺点。

CCGA 封装的优点：CCGA 封装的优缺点与 CBGA 封装相似，它优于 CBGA 封装之处是它的焊料柱可以承受因 PCB 和陶瓷载体的热膨胀系数不同而产生的应力，试验表明尺寸小于 44mm×44mm 的 CCGA 均可满足工业标准的热循环试验规范。

CCGA 封装的缺点：组装过程中焊料柱比焊球易受机械损伤。

④ 载带球栅阵列（Tape Ball Grid Array，TBGA）封装。

a．结构。TBGA 封装是 BGA 封装相对较新的封装类型，它的载体是铜/聚酰亚胺/铜双金属层带，载体的上表面分布有信号传输用的铜导线，而另一面则作为地层使用。芯片与载体之间的连接可以采用倒装片技术来实现，当芯片与载体的连接完成后，对芯片进行包封以防止受到机械损伤。载体上的过孔起到连通两个表面、实现信号传输的作用，焊球通过采用类似金属丝压焊的微焊接工艺连接到过孔焊盘上形成焊球阵列。在载体的顶面用胶连接一个加固层，用于给封装体提供刚性和保证封装体的共面性。

在倒装芯片的背面一般用导热胶连接散热片，封装体提供良好的热特性，TBGA 封装的焊球成分为 Pb90Sn10，焊球直径约为 0.65mm，典型的焊球间距有 1.0mm、1.27mm 和 1.5mm 等。

b．TBGA 封装的优点和缺点。

TBGA 封装的优点：比其他大多数 BGA 封装类型更轻更小（尤其是 I/O 数较高的封装）；具有比 QFP 和 PBGA 封装更优越的电性能；可适用于批量电子组装；TBGA 封装加固层同 PCB 的热膨胀系数基本相互匹配，组装后对焊点可靠影响不大。

TBGA 封装的缺点：易吸潮、封装费用高，目前主要用于高性能、高 I/O 数的产品。

（9）芯片级封装（CSP）。

CSP（Chip Scale Package）是内存芯片封装技术，其技术性能又有了新的提升。CSP可以让芯片面积与封装面积之比超过 1∶1.14，已经相当接近 1∶1 的理想情况，绝对尺寸也仅有 $32mm^2$，约为普通 BGA 封装的 1/3，仅仅相当于 TSOP 内存芯片面积的 1/6。与 BGA 封装相比，同等空间下 CSP 可以将存储容量提高 3 倍。

这种封装形式是由日本三菱公司在 1994 年提出来的。对于 CSP，有多种定义：日本电子工业协会把 CSP 定义为芯片面积与封装体面积之比大于 80%的封装；美国国防部元器件供应中心的 J-STK-012 标准把 CSP 定义为 LSI 封装产品的面积小于或等于 LSI 芯片面积的 120%的封装；松下公司将之定义为 LSI 封装产品的边长与封装芯片的边长的差小于 1mm 的产品等。这些定义虽然有些差别，但都指出了 CSP 产品的主要特点是封装体尺寸小。

CSP 内存不但体积小，而且更薄，其金属基板到散热体的最有效散热路径仅有 0.2mm，大大提高了内存芯片在长时间运行后的可靠性，线路阻抗显著减小，芯片速度也随之得到大幅度提高。

CSP 内存芯片的中心引脚形式有效地缩短了信号的传导距离，其衰减随之减少，芯片的抗干扰、抗噪性能也能得到大幅提升，这也使得 CSP 的存取时间比 BGA 封装的存取时间快 15%～20%。在 CSP 中，内存颗粒是通过一个个锡球焊接在 PCB 上，由于焊点和 PCB 的接触面积较大，因此内存芯片在运行中所产生的热量可以很容易地传导到 PCB 上并散发出去。CSP 可以从背面散热，且热效率良好，CSP 的热阻为 35℃/W，而 TSOP 的热阻为 40℃/W。

CSP 技术是在电子产品的更新换代时提出来的，其主要作用是使在使用大芯片（芯片功能更多，性能更好，芯片更复杂）替代小芯片时，其封装体占用印制电路板的面积保持不变或更小。正是由于 CSP 产品的封装体积小、薄，因此它在手持式移动电子设备中迅速获得了应用。世界上有几十家公司可以提供 CSP 产品，CSP 产品种类已超过一百种。

CSP 器件具有下列优点。

① CSP 器件是一种品质能保证的器件，它在出厂时均经过了性能测试，以确保器件质量的可靠性。

② 封装尺寸比 BGA 小。例如，Xilinx 公司的 XC953b 封装尺寸为 7mm×7mm，有 48 个 I/O，0.8mm 的中心距；美国国家半导体的双运算放大口就是采用 CSP，尺寸为 1.6mm×1.6mm，有 8 个 I/O，0.5mm 的中心距，安装高度低，可达 1mm。CSP 虽然是更小型化的封装，但比 BGA 更平，更易于安装，安装公差<±0.3mm（当球的中心距为 0.8mm 和 1mm 时）。

③ 它能比 QFP 提供更短的互连，因此电性能更好，即抗振、干扰小、噪声低、屏蔽效果好，更适合在高频领域应用。

④ CSP 器件本体薄，故具有更好的导热性，易散热。

CSP 器件的缺点：同 BGA 封装一样，CSP 也存在着焊接后焊点质量测试问题和热膨胀系数匹配问题，由于本体刚性差，易出现焊点开裂缺陷，使用时应在焊接后补加“底部填充胶料”以增强器件的刚性。此外，在制造过程中，基板的超细过孔制造困难，也给大量推广应用带来一定难度。

a. 结构。CSP 产品类型主要有以下 5 种。

柔性基片 CSP：柔性基片 CSP 的 IC 载体基片是用柔性材料制成的，主要是塑料薄膜。在薄膜上制作有多层金属布线。

硬质基片 CSP：硬质基片 CSP 的 IC 载体基片是用多层布线陶瓷或多层布线层压树脂板制成的。

引线框架 CSP：使用类似常规塑封电路的引线框架，只是它的尺寸要小些，厚度也薄，并且它的指状焊盘深入到了芯片内部区域。引线框架 CSP 多采用引线键合（金丝球焊）来实现芯片焊盘与引线框架 CSP 焊盘的连接。它的加工过程与常规塑封电路加工过程完全一样。

圆片级 CSP：先在圆片上进行封装，并以圆片的形式进行测试、筛选，其后再将圆片分割成单一的 CSP 电路。

叠层 CSP：把两个或两个以上芯片重叠黏附在一个基片上，再封装起来而构成的 CSP 称为叠层 CSP。在叠层 CSP 中，如果芯片焊盘和 CSP 焊盘的连接是用键合引线来实现的，下层的芯片就要比上层芯片大一些。在装片时，就可以使下层芯片的焊盘露出来，以便于进行引线键合。在叠层 CSP 中，也可以将引线键合技术和倒装片键合技术组合起来使用。例如，上层采用倒装片芯片，下层采用引线键合芯片。

b. 外形结构与尺寸。

锡球直径：0.2～0.5mm；

锡球中心距：0.4～1.0mm；

锡球成分：Sn37Pb 或 Sn3.5Ag0.5Cu。

依据锡球直径与球中心距的不同，CSP 的封装结构有两种标准：一种是美国标准；另一种是日本标准。美国标准 CSP 尺寸如表 4-18 所示。

表 4-18 美国标准 CSP 尺寸

| 锡球间距/mm | 0.5 | 0.75 | 1.0 |
|---|---|---|---|
| 锡球直径/mm | 0.3 | 0.3 | 0.3 |

美国标准 CSP 尺寸的特点是：锡球间距不一样，但锡球直径一样，这种 CSP 有利于元器件的散热器管理，一块散热器可以管理多个 CSP 元器件散热。

日本标准 CSP 尺寸如表 4-19 所示。

表 4-19 日本标准 CSP 尺寸

| 锡球间距/mm | 0.5 | 0.65 | 0.8 | 1.0 |
|---|---|---|---|---|
| 锡球直径/mm | 0.3 | 0.4 | 0.5 | 0.8 |
| 高度/mm | 1.8 | 1.0 | 2.0 | 2.3 |

日本标准 CSP 尺寸的特点是：锡球间距不一样，锡球直径也不一样，这种 CSP 不利于元器件的散热器管理，但它的焊点强度相对较高。

c. 包装形式。CSP 的包装形式与 BGA 封装的包装形式类似，另外它也可以使用裸芯片的托盘包装形式。其包装尺寸是设定的，托盘设有防震垫以避免 CSP 器件的焊球受损。

考虑到与贴片机的匹配性及便利性，CSP 已有编带盘包装，这能降低包装成本，也能保证器件的防湿性。

（10）裸芯片。

由于大规模集成电路、超大规模集成电路的迅速发展，芯片的工艺特征尺寸达到深亚微米级，芯片尺寸达到20mm×20mm以上，其I/O数已超过1000个。但是，芯片封装却成了一大难题，人们力图将它直接封装在PCB上，通常采用的封装方法有两种：一种是COB封装；另一种是Flip Chip封装。

① COB封装。板上芯片（Chip On Board，COB）工艺过程为：首先是在基底表面用导热环氧树脂（一般用掺银颗粒的环氧树脂）覆盖硅片安放点；然后将硅片直接安放在基底表面，热处理至硅片牢固地固定在基底为止；最后用丝焊的方法在硅片和基底之间直接建立电气连接。COB封装技术是指将半导体芯片交接安装在PCB上，芯片与基板的电气连接用引线键合方法实现，并用树脂覆盖以确保可靠性。焊区与芯片体在同一平面上，焊区周边均匀分布，焊区最小面积为90μm×90μm，最小间距为100μm。由于COB的焊区是周边分布，因此I/O增长数受到一定限制，特别是它在焊接时采用线焊，实现焊区与PCB焊盘相连接，因此，PCB焊盘应有相应的焊盘数，并也是周边排列，才能与之相适应。所以，PCB制造工艺难度也相对增大，此外，COB封装的散热也有一定困难。通常COB封装技术只适用于低功耗（0.5～1W）的IC芯片。

② Flip Chip封装。Flip Chip封装技术起源于20世纪60年代，由IBM率先研发出，具体原理是在I/O pad上沉积锡铅球，然后将芯片翻转加热利用熔融的锡铅球与陶瓷板相结合，此技术已替换常规的引线键合，逐渐成为未来封装潮流。Flip Chip封装技术既是一种芯片互连技术，又是一种理想的芯片粘接技术。Flip Chip封装已成为高端器件及高密度封装领域中经常采用的封装形式。Flip Chip封装技术的应用范围日益广泛，封装形式更趋多样化，对Flip Chip封装技术的要求也随之提高。以往的一级封闭技术都是将芯片的有源区面朝上，背对基板和贴后键合，如引线键合和载带自动键合（TAB）。Flip Chip封装技术则将芯片有源区面对基板，通过芯片上呈阵列排列的焊料凸点实现芯片与衬底的互连。硅片直接以倒扣方式安装到PCB从硅片向四周引出I/O，互连的长度大大缩短，减小了RC延迟，有效地提高了电学性能。显然，这种芯片互连方式能提供更高的I/O密度，倒装占有面积几乎与芯片大小一致。在所有表面安装技术中，倒装芯片可以达到最小、最薄的封装。

Flip Chip封装技术当前主要应用于高时脉的CPU、GPU（Graphic Processor Unit）及Chiplet等产品。与COB封装技术相比，该封装形式的芯片结构和I/O端（锡球）方向朝下，由于I/O引出端分布于整个芯片表面，因此在封装密度和处理速度上Flip Chip封装技术已达到顶峰，特别是它可以采用类似SMT技术的手段来加工，所以是芯片封装技术及高密度安装的最终方向。

Flip Chip封装技术与传统的引线键合工艺相比具有许多明显的优点，包括优越的电学及热学性能、高I/O引脚数、封装尺寸减小等。

Flip Chip封装技术的热学性能明显优越于常规使用的引线键合工艺。如今许多电子器件，如ASIC、微处理器、SOC等封装耗散功率为10～25W，甚至更大。而增强散热型引线键合的BGA封装器件的耗散功率仅5～10W。按照工作条件，散热要求（最大结温）、环境温度及空气流量、封装参数（如使用外装热沉、封装及尺寸、基板层数、球引脚数）

等，相比之下，Flip Chip 封装的器件通常能产生 25W 耗散功率。

Flip Chip 封装技术杰出的热学性能是由低热阻的散热盘及结构决定的。芯片产生的热量通过散热球脚，内部及外部的热沉实现热量耗散。散热盘与芯片面的紧密接触得到低的结温。为减少散热盘与芯片间的热阻，在两者之间使用高导热胶体。使得封装内热量更容易耗散。为更进一步改进散热性能，外部热沉可直接安装在散热盘上，以获得封装低的结温。

Flip Chip 封装技术另一个重要优点是电学性能。引线键合工艺已成为高频及某些应用的瓶颈，使用 Flip Chip 封装技术改进了电学性能。如今许多电子器件工作在高频，因此信号的完整性是一个重要因素。在过去，2～3GHz 是 IC 封装的频率上限，Flip Chip 封装根据使用的基板技术可使 IC 封装的频率上限高达 10～40GHz。

### 3. 塑料封装表面安装元器件的保管

绝大部分电子产品中所用的 IC 器件，其封装均采用模压塑料封装，其原因是能大批量生产及成本低。但由于塑料制品有一定的吸湿性，因此，塑料器件（SOJ、PLCC 和 QFP）属于潮湿敏感器件（Moisture Sensitive Devices）。由于通常的再流焊（红外焊、热风焊或气相焊等）或波峰焊都是对整个 SMD 加热，当焊接过程中的高热施加到已经吸湿的塑料封装 SMD 壳体上时，所产生的热应力会使塑壳与引脚连接处发生裂缝，轻者会引起壳体渗漏使芯片受潮而缓慢失效，重者会使引脚松动造成早期失效。因此，在塑料封装表面安装器件的储存和使用中应注意下列事项。

1）塑料封装表面安装器件的储存

（1）储存场地的环境要求。库房室温低于 30℃，相对湿度小于 60%。

（2）不安装时不开封。在塑料封装 SMD 出厂时，都被封装于带干燥剂的防潮湿包装袋内，并注明其防湿期限，不安装时不开封。不要因为清点数量或其他一些原因将塑料封装 SMD 存放在一般袋子内，以免造成 SMD 塑壳吸湿。

2）塑料封装表面安装器件的开封使用

（1）开封时先认真阅读包装上的说明书。规范的 IC 包装上均印有或贴有“使用说明书”，说明书上最醒目的标志一般是“防静电”及“防湿气”。通常塑料封装器件是湿敏感器件，吸湿率为 0.015%左右。器件在焊接时，受潮器件内部微量的水分会因受热而膨胀，内压升高从而导致内部芯片受损。此外说明书还给使用者提供很多信息，包括 IC 的型号、数量、生产日期及生产中注意事项。例如，IC 在不拆封的情况下可以存放一年，拆封后根据湿敏感度标号，应在规定时限内安装完。例如，若湿敏感度为 4，则应在 72 小时内用完；若湿敏感为 3，则可在 168 小时内用完。根据生产进度控制包装开封的数量，PCB、QFP、BGA 封装尽量控制于 12 小时内用完，SOIC、SOJ、PLCC 控制于 48 小时内完成。湿敏感度数字越大则 IC 可安装日期越短，湿敏感度的依据是 IPC/JEDEC J-STC-020 标准。当 IC 用不完时，应储存在干燥箱内；或者重新装回袋内，放入干燥剂，用抽真空机抽真空后密封口。烘干处理说明书中提供了烘干的温度和时间参数。此外，还规定 IC 器件在焊接时的最高温度（峰值温度）。

（2）观察包装袋内附带的温度指示卡。

在开封取用时，也应先观察包装袋内附带的湿度指示卡，当所有圈都显示蓝色时，则说明所有SMD都是干燥的，可放心使用；当10%和20%的圈变成粉红色时，也是安全的；当30%的圈变成粉红色时，表示干燥剂已变质，SMD已经有吸湿的危险；当所有的圈都变成粉红色时，即表示所有的SMD已严重吸湿，装焊前一定要对该包装袋中所有的SMD进行除湿烘干处理。

（3）温度指示卡的读法。

温度指示卡有许多品种，基本上常见的为六圈式和三圈式。六圈式的可显示相对湿度为10%、20%、30%、40%、50%、60%；三圈式的只有20%、30%、40%。湿度指示卡所指示的某相对湿度是介于粉红色圈与蓝色圈之间的淡紫色圈所对应的百分数。例如，30%的圈变成粉红色，50%的圈仍显示蓝色，则蓝色与粉红色之间显示淡紫红色的圈旁的40%，即为相对湿度值。

3）已吸潮SMD器件的除湿烘干方法

当塑封SMD器件开封时发现湿度指示卡的湿度为30%以上或开封后的SMD未在规定时间内装焊完毕，或者该SMD器件已经超期储存，则在安装前一定要进行除湿烘干。烘干方法一般分为低温烘干法和高温烘干法。

（1）低温烘干法。

烘箱温度：40℃±2℃。

相对湿度：＜5%。

烘干时间：192h。

（2）高温烘干法。

烘箱温度：125℃±5℃。

烘干时间：5～48h。

具体烘干温度与烘干时间因厂商及SMD器件不同而略有差异，详见表4-20。

**表4-20 不同厂商及SMD器件高温烘干工艺参数**

| 厂商名称 | 器件类型 | 烘干时间/h | 温度/℃ |
|---|---|---|---|
| 摩托罗拉（MOTOROLA） | QFP | 24 | 125±5 |
| 德州科技（TEXAS） | PLCC | 24 | |
| aRRUSLOGIC | PLCC | 24 | |
| | QFP | 24 | |
| | VQFP | 24 | |
| 松下（PANASONIC） | QFP | 15～48 | |
| 日电（NEC） | SOJ | 10～72 | |
| | QFP | 16～72 | |
| 三菱（MITSUBISHI） | | 20～24 | |
| 东芝（TOSHIBA） | | 20 | |
| 现代（Hyundai） | | 5 | |
| LG | SOL | 24 | |
| RICHMOND DAYPACK | QFP | 24 | 110 |
| | | 22 | |
| 矽统科技（SIS） | QFP | 22 | |

除湿烘干时的注意事项如下。

① 凡采用塑料管包装的SMD（SOP、SOJ、PLCC和QFP等），其包装管不耐高温，不能直接放进烘干箱烘烤，应另行放在金属管或金属盘内才能烘烤。

② QFP的包装塑料盘有不耐高温和耐高温两种。耐高温的（注意有$T_{Max}$为135℃、150℃或180℃等几种）可直接放入烘干箱中进行烘烤；不耐高温的不可直接放入烘干箱烘烤，以防发生意外，应另放在金属盘内进行烘烤。转放时应防止损伤引脚，以免破坏其共面性。

4）剩余SMD的保存方法

（1）配备专用低温低湿储存箱。将开封后暂时不用的SMD或连同送料器一起存放在箱内。但配备大型专用低温低湿储存箱费用较高。

（2）利用原有完好的包装袋。只要袋子不破损且内装干燥剂良好（湿度指示卡上所有的黑圈都呈蓝色，无粉红色），就仍可将未用完的SMD装回袋内，然后用胶带封口。

（3）使用抽真空封口机。将未使用完的SMD重新装回袋内，放入干燥剂，用抽真空机抽真空后密封口。

### 4．表面安装元器件的发展趋势

表面安装元器件发展至今，已有多种类型封装的SMC、SMD用于电子产品的生产中，如表4-21所示。IC引脚间距由最初的1.27mm发展至0.8mm、0.65mm、0.4mm和0.3mm，SMD由SOP发展到BGA封装、CSP及F·C封装，其指导思想仍是I/O越来越多，可靠性越来越好。

表4-21　表面安装元器件的类型

| 类　型 | 封装形式 | 种　类 |
|---|---|---|
| 无源表面安装器件 | 矩形片式 | 厚膜和薄膜电阻器、MLC、单层陶瓷电容器、热敏电阻器等 |
| | 圆柱形 | 碳膜电阻器、金属膜电阻器、MELF陶瓷电容器、热敏电容器等 |
| | 异形 | 平固定电阻器、电位器、钽电解电容器、线绕电感器等 |
| 有源表面安装器件 | 陶瓷组件（扁平） | 无引脚陶瓷芯片载体LCCC、有引脚陶瓷芯片载体等 |
| | 塑料组件（扁平） | SOD、SOT、SOP、SOJ、PLCC、QFP、QFN、BGA、CSP等 |
| 机电元件 | 异形 | 连接器、变压器、延迟线、振荡器、薄型微电机等 |

新型器件的出现必然带来众多的优越性，如CSP不仅是一种芯片级的封装尺寸，而且是可确认的优质芯片（KGD），具有体积小、质量轻、超薄（仅次于F·C）等优点，但也存在一些问题，特别是能否适应大批量生产。一种新型封装结构的器件，尽管有很多的优越性，但如果不能解决工业化生产的问题，就不能称为好的封装。CSP就是因其制作工艺复杂，即CSP制作中需要用微孔基板，否则难以实现芯片与组件板的互连，从而制约了它的发展。新型IC封装的趋势是尺寸更小、I/O更多、电气性能更高、焊点更可靠、散热能力更强，并能实现大批量生产。因此，下列几种IC封装应符合上述要求。

（1）MCM级的模块化芯片。目前，MCM是以多芯片组件形式出现的，一旦它的功能具有通用性，组件功能就会演化成器件的功能。它不仅具有强大的功能，而且具有互换性，并能实现大批量生产。

（2）芯片电阻网络化。目前已经面世的电阻网络由于标准化和设计限制，尚未能广泛推广，若在芯片上集成无源元器件，再随芯片一起封装，将会使器件的功能更强大。

（3）SIP。SIP（System In a Package，系统级封装或封装内系统）是多芯片封装进一步发展的产物。SIP 中可封装不同类型的芯片，芯片之间可进行信号存取和交流，从而实现一个系统所具备的功能。

（4）SOC。SOC（System On a Chip，芯片上系统）又称为系统单芯片，它的意义就是在单一芯片上具备一个完整的系统运作所需的 IC。这些 IC 主要包括：处理器，输入/输出装置，将各功能组快速连接起来的逻辑线路、模拟线路，以及该系统运作所需要的内存。这种将系统级的功能模块集成在一块芯片上，且器件的端子数为 300～400 个，是典型的硅圆片级封装。

（5）SOI 技术。对硅芯片技术的深入研究，使得 SOI（Silicon-On-Insulator）技术得以崭露头角，与硅集成工艺完全相容，完全继承了硅材料与硅集成电路的成果，并有自己独特的优势。

CMOS 是超大规模集成电路发展的主流，SOI CMOS 是全介质隔离的，无闩锁效应，有源区面积小，寄生电容小，泄漏电流小，在集成电路的各个领域中有着广泛的应用。在抗辐照电路应用中，目前 SIMOX 256KB SRAM 的 SEU 失效率小于 $10^{-10}$/位·天，并且在 $5\times10^{9}$GY（Si）/s 的剂量率下仍能保持电路功能，与体硅电路相比，SOI 电路的抗辐照能力提高了 100 倍以上。在耐高温集成电路中，300℃以上用 SOI 制作的 256KB RAM 和 500℃以上时 SOI CMOS 振荡器电路均已获得满意的功能。另外，在亚微米及深亚微米超大规模集成电路应用中，SOI CMOS 还可以按比例缩小，器件和电路的性能将有较大幅度的提高。不仅如此，SOI 技术的成功为三维集成电路提供了实现的可能性，也为进一步提高集成电路的集成度和速度开辟了一个新的发展方向。因此，SOI 技术的出现必将给现有的 IC 封装形式带来新的挑战。

（6）纳米电子器件。纳米技术的研究为微电子技术开创了新的前途和应用领域。美国 TI 公司是最早开始研究纳米电子器件的公司，包括量子耦合器件、模拟谐振隧道器件、量子点谐振隧道二极管、谐振隧道晶体管、纳米传感器、微型执行器及与这两者有关的 MEMS 系统。

纳米电子器件可采用 GaAs 材料制作，也可用 Si-Ge 器件。由于纳米材料的特殊性能，使得纳米电子器件具有更优良的性能，如量子耦合器件的研究使在一块芯片上用 0.1μm 的工艺技术集成 $1\times10^{6}$ 个器件成为可能。那时，在单片集成电路上就能实现极其复杂的系统。因此，纳米技术的应用将使微电子器件产生突破性的进展。

表面安装元器件的发展随着芯片上集成电路的增多，I/O 端子数也增多，必将带来芯片封装形式的改进，在新材料、新技术不断涌现的情况下，必将会出现性能更优、组装密度更高的新的封装形式。

### 4.6.2 异形元器件安装知识

#### 1. 柱状元器件的安装

在柱状元器件安装时，圆柱体端帽应无偏移地放置在焊盘正中位置上，无末端偏移，侧面偏移（*A*）应小于元器件直径（*W*）或焊盘宽度（*P*）的 25%（取其中较小值），如图 4-102 所示。

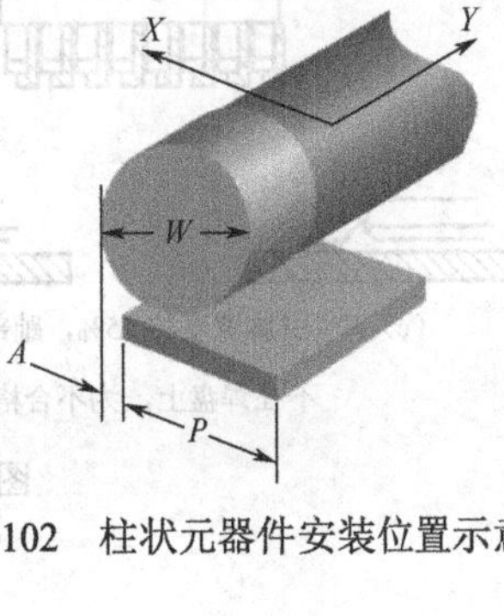

图 4-102 柱状元器件安装位置示意图

## 2. 小外形晶体管（SOT、SOP）的安装

小外形短引脚元器件如 SOT-23、SOT-25、SOT-26 等，对于这种元器件允许在 $X$ 或 $Y$ 方向及旋转方向上有偏移，但元器件的所有引脚应全部处于焊盘上（含趾部和跟部），并且要求这些引脚呈对称居中安装，如图 4-103 所示。

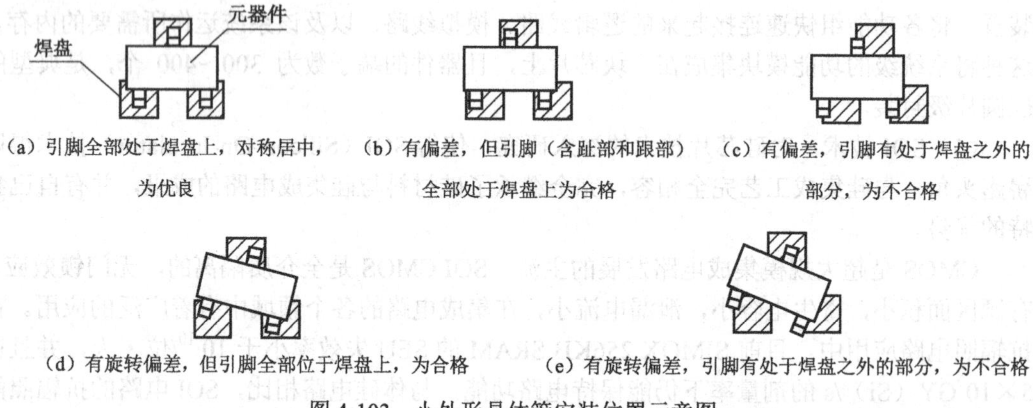


（a）引脚全部处于焊盘上，对称居中，为优良　（b）有偏差，但引脚（含趾部和跟部）全部处于焊盘上为合格　（c）有偏差，引脚有处于焊盘之外的部分，为不合格

（d）有旋转偏差，但引脚全部位于焊盘上，为合格　（e）有旋转偏差，引脚有处于焊盘之外的部分，为不合格

图 4-103　小外形晶体管安装位置示意图

## 3. 小外形集成电路的安装

元器件引脚的趾部和跟部应全部位于焊盘上，并且所有引脚应该是对称居中的，允许有较小的安装偏移，但应保证元器件引脚宽度的 75%位于焊盘上，如图 4-104 所示。

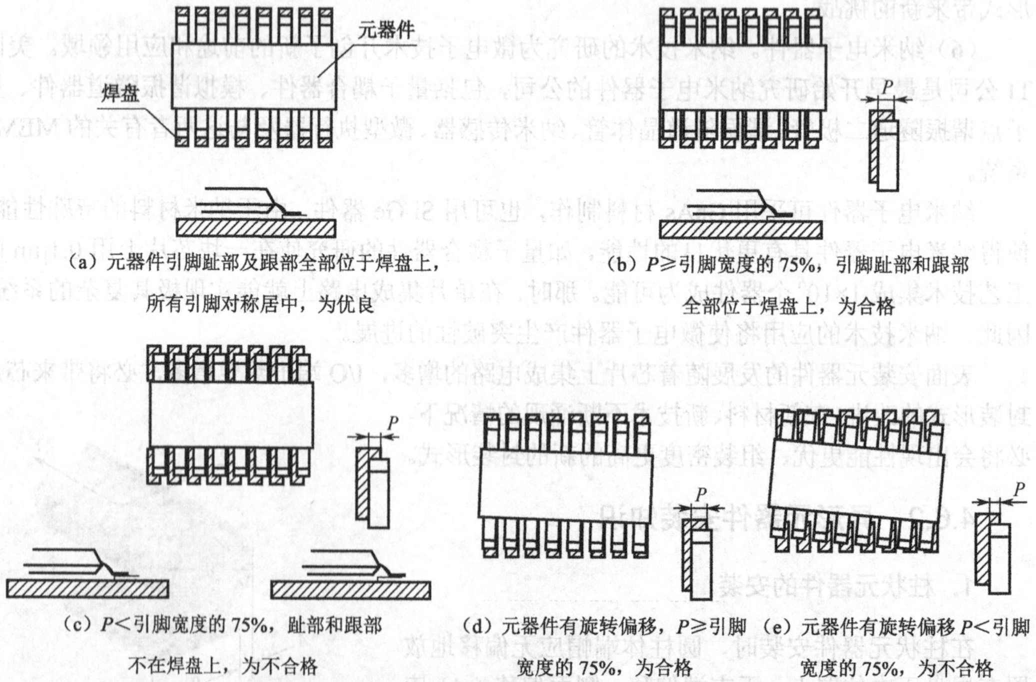


（a）元器件引脚趾部及跟部全部位于焊盘上，所有引脚对称居中，为优良　（b）$P \geq$ 引脚宽度的 75%，引脚趾部和跟部全部位于焊盘上，为合格

（c）$P <$ 引脚宽度的 75%，趾部和跟部不在焊盘上，为不合格　（d）元器件有旋转偏移，$P \geq$ 引脚宽度的 75%，为合格　（e）元器件有旋转偏移 $P <$ 引脚宽度的 75%，为不合格

图 4-104　小外形集成电路安装位置示意图

### 4.6.3　特殊元器件安装知识

#### 1. 四面扁平封装元器件和超小型封装元器件的安装

四面扁平封装元器件和超小型封装元器件（QFP）的安装位置应最少保证引脚宽度的 75%处于焊盘上，这类元器件允许有较小的安装偏移，如图 4-105 所示。

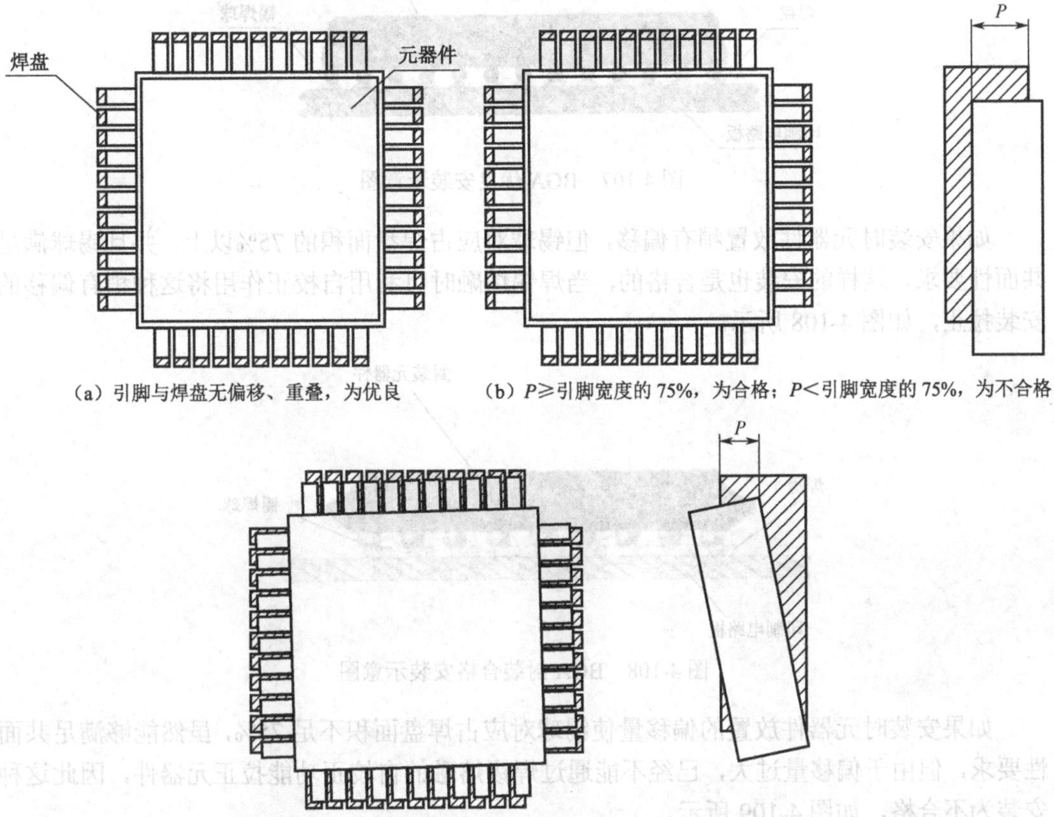


（a）引脚与焊盘无偏移、重叠，为优良　（b）$P \geq$引脚宽度的 75%，为合格；$P <$引脚宽度的 75%，为不合格

（c）有旋转偏差，$P \geq$引脚宽度的 75%，为合格；$P <$引脚宽度的 75%，为不合格

图 4-105　四面扁平封装元器件安装位置示意图

#### 2. PLCC 封装元器件的安装

PLCC 封装元器件的安装位置要求应最少保证引脚宽度的 75%处于焊盘上，这类元器件允许有较小的安装偏移，如图 4-106 所示。

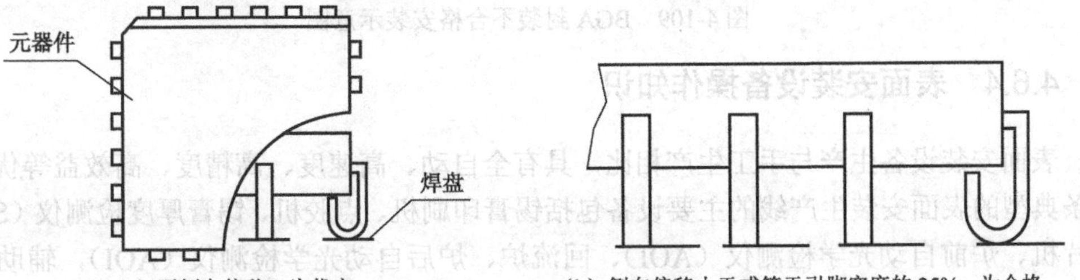


（a）无侧向偏移，为优良　（b）侧向偏移小于或等于引脚宽度的 25%，为合格

图 4-106　PLCC 封装元器件安装位置示意图

3．球栅阵列封装元器件的安装

球栅阵列封装元器件在安装时要求锡球与焊盘完全重叠，而且要求共面，这类元器件允许有较小的安装偏差，如图 4-107 所示。

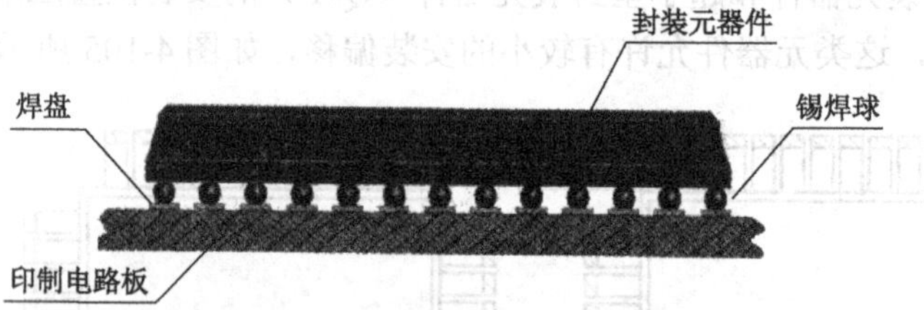


图 4-107　BGA 优良安装示意图

如果安装时元器件放置稍有偏移，但锡球对应占焊盘面积的 75%以上，并且锡球满足共面性要求，这样的安装也是合格的，当焊锡熔融时可利用自校正作用将这种稍有偏移的安装拉正，如图 4-108 所示。

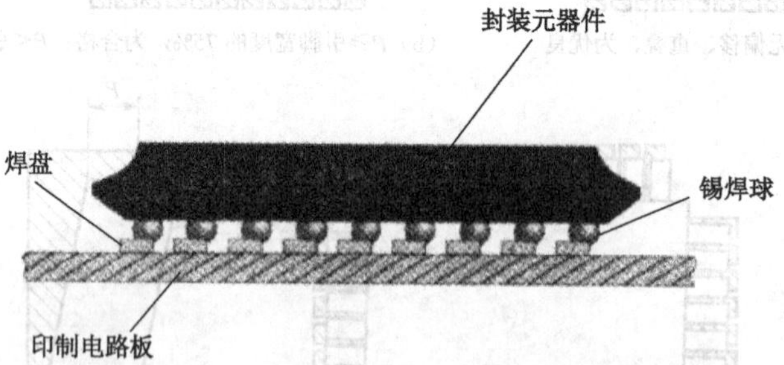


图 4-108　BGA 封装合格安装示意图

如果安装时元器件放置的偏移量使锡球对应占焊盘面积不足 75%，虽然能够满足共面性要求，但由于偏移量过大，已经不能通过焊锡熔融的自校正功能拉正元器件，因此这种安装为不合格，如图 4-109 所示。

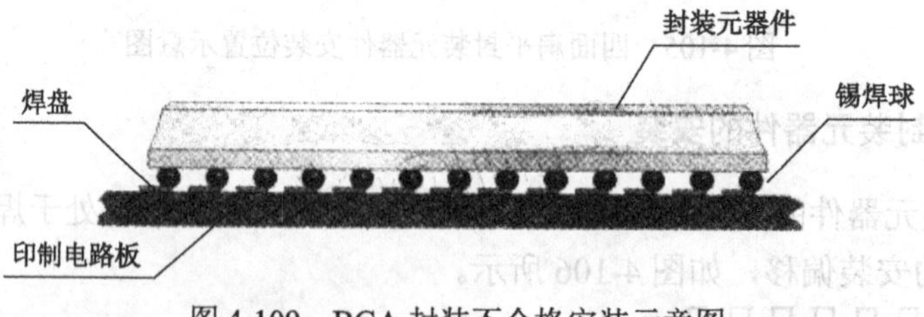


图 4-109　BGA 封装不合格安装示意图

## 4.6.4　表面安装设备操作知识

表面安装设备生产与手工生产相比，具有全自动、高速度、高精度、高效益等优势。一条典型的表面安装生产线的主要设备包括锡膏印刷机、点胶机、锡膏厚度检测仪（SPI）、贴片机、炉前自动光学检测仪（AOI）、回流炉、炉后自动光学检测仪（AOI），辅助设备有自动光学检测设备、X 光检测设备、返修设备、清洗机、烘干箱，以及恒温、恒湿物料塔（库）等。下面对生产线的主要设备的操作知识进行介绍。

1. 锡膏印刷机

锡膏印刷机是将锡膏通过网板漏印到印制电路板指定焊盘位置上的设备，如图 4-110 所示。锡膏印刷机一般由机架、网板固定机构、刮刀系统等部分组成。现阶段常用的锡膏印刷机为半自动锡膏印刷机，由人工将网板安装到固定机构上，并手工装入锡膏，进板、印刷、网板分离、出板、清洗等动作由锡膏印刷机自动完成，适用于多品种，以及中、小批量的生产。

图 4-110 锡膏印刷机

1）锡膏印刷机的主要技术参数

（1）最大印刷面积：指能够印刷的最大印制电路板。

（2）印刷精度：一般要求达到±0.025mm。

（3）重复精度：一般要求达到±0.01mm。

（4）印刷速度：根据网板的尺寸及印制电路板的大小而定。

2）锡膏印刷机的操作知识

下面以国产半自动锡膏印刷机为例，简单讲解一下锡膏印刷机的操作知识，具体的操作方法按每台设备的操作说明书执行。

（1）模板的准备。

① 模板基板厚度及窗口尺寸大小直接关系到锡膏印刷质量，从而影响到产品质量。模板应具有耐磨、孔隙无毛刺无锯齿、孔壁平滑、锡膏渗透性好、网板拉伸小、回弹性好等特点。

② 根据网框尺寸大小移动网框支承板，至标尺指示网板相应刻度位置，再将网板锁紧，如图 4-111 所示。

（2）锡膏准备。

① 在 SMT 中，锡膏的选择是影响产品质量的关键因素之一。不同的锡膏决定了允许印刷的最高速度，锡膏的黏度、润湿性和金属粉粒大小等性能参数都会影响最后的印刷品质。

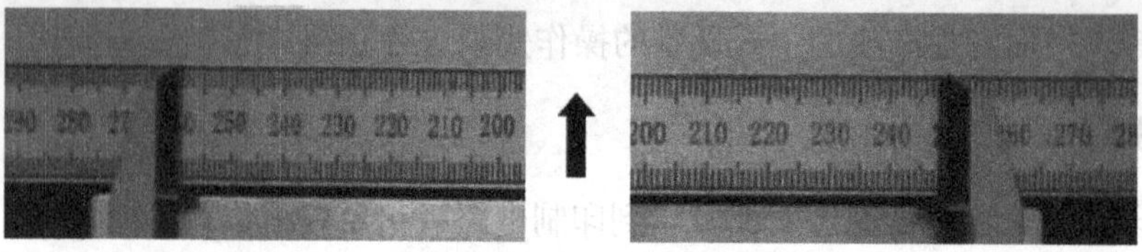


图 4-111　网板固定机构安装示意图

② 对焊膏的选择应根据清洗方式、元器件及电路板的可焊性、焊盘的镀层、元器件引脚间距、用户的需求等综合起来考虑。

③ 锡膏选定后，应根据所选锡膏的使用说明书要求使用。

④ 锡膏从冰柜中取出不能直接使用，必须在室温 25℃左右回温（具体使用根据说明书而定）；锡膏温度应保持与室温相同才可开瓶使用。

⑤ 在使用之前必须搅拌均匀，直至锡膏成浓浓的糊状并用刮刀挑起能够很自然地分段落下即可使用。

⑥ 使用时应将锡膏均匀地刮涂在刮刀前面的模板上，且超出模板开口位置，保证刮刀运动时能将锡膏通过网板开口印到 PCB 的所有焊盘上。

（3）刮刀压力和速度的选择。刮刀压力及刮刀速度是网板印刷中两个重要的工艺参数。

① 刮刀速度。选取的原则是刮刀的速度和锡膏的黏稠度及印制电路板上元器件的最小引脚间距有关，选择锡膏的黏稠度大，则刮刀的速度要低；反之亦然。对刮刀速度的选择，一般先从较小压力开始试印，慢慢加大，直到印出好的锡膏为止。速度范围为 15～50mm/s。在印刷细间距元器件时应适当降低刮刀速度，一般为 15～30mm/s，以增加锡膏在窗口处的停滞时间，从而增加 PCB 焊盘上的锡膏；印刷宽间距元器件时的刮刀速度一般为 30～50mm/s。

② 刮刀压力。压力直接影响印刷效果，压力以保证印出的锡膏边缘清晰，表面平整，厚度适宜为准。压力太小，锡膏量不足，产生虚焊；压力太大，导致锡膏连接，会产生桥接。因此，刮刀压力一般设定为 0.5～10kg。

（4）脱模速度和印制电路板与模板的分离时间。

脱模速度：指印刷后的基板脱离模板的速度，在锡膏与模板完全脱离之前，分离速度要慢，待完全脱离后，基板可以快速下降。慢速分离有利于锡膏形成清晰边缘，对细间距元器件的印刷尤其重要。一般设定为 3mm/s，太快易破坏锡膏形状。

印制电路板与模板的分离时间：印刷后的基板以脱板速度离开模板所需要的时间。时间过长，易在模板底面残留锡膏；时间过短，不利于锡膏的站立。一般控制在 1s 左右。

（5）参数设置。在确定了以上各项工作完成后，进入印刷机软件设置界面，对生产参数进行详细设置，软件界面如图 4-112 所示。

PCB 设置栏：设置产品名称、产品型号及 PCB 的长度、宽度、厚度。

钢网设置栏：根据钢网尺寸设置钢网长度、宽度。

运输设定栏：运输宽度根据“PCB 宽+1”自动生成，用户可以不必更改它，如果需要更改，其输入值必须大于 PCB 的宽度；进板速度、出板速度、到位延时、出板延时以及进出板的方向，可以根据自己的需要设定。

控制方式栏：默认控制方式为自动。

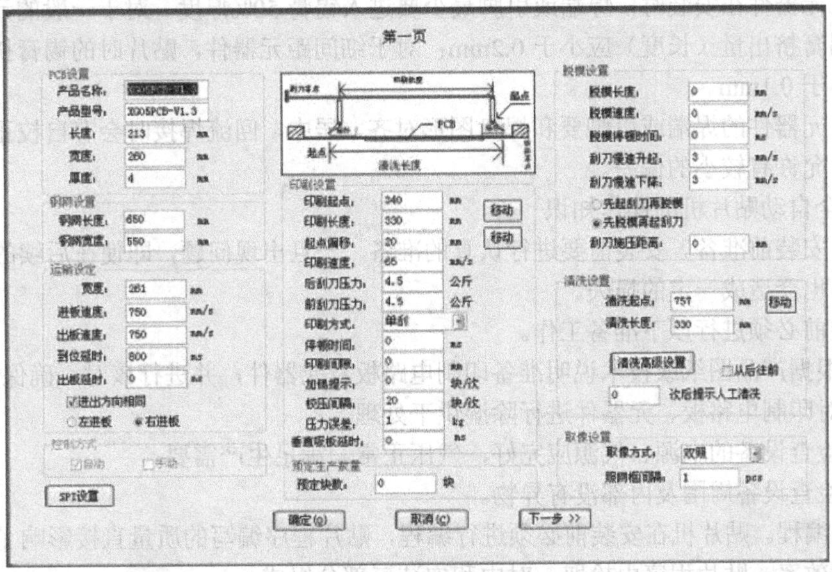


图4-112 软件界面

印刷设置栏：印刷起点、印刷长度数值由软件自动生成，用户也可以根据生产的实际情况进行修改（注意，印刷起点必须大于印刷长度）。单击印刷起点旁的“移动”按钮，印刷轴将会运动到印刷起点位置；单击印刷长度旁的“移动”按钮，印刷轴将会运动到印刷终点位置。当人工设置起点后，印刷起点和印刷长度也会相应发生变化。用户可根据实际情况设置刮刀压力，选择印刷方式（单刮、双刮），设置印刷间隙、加锡提示、校压间隔、压力误差及垂直吸板延时。

预定生产数量栏：可以设定预定生产 PCB 的数量，正常生产时达到预定生产数将停止生产。

脱模设置栏：脱模长度、脱模速度、脱模停顿时间、刮刀慢速升起及刮刀慢速下降，用户可根据需要对其更改，但建议用默认值。脱模方式分为两种，即先起刮刀再脱模和先脱模再起刮刀，选择了先脱模再起刮刀后可以对“刮刀施压距离”进行设置。

取像设置栏：可设置视觉校正的取像方式——双照或单照。照网框间隔：0 代表开始生产时只进行一次双照；1 代表每块板都进行双照；N 代表 N 块板进行一次双照。

### 2．贴片机

安装元器件是保证表面安装印制电路板组装质量和组装效率的关键工序，下面主要介绍贴片机的各项参数的工艺要求。

元器件安装应按照图纸或技术说明的要求进行，需要准确地将元器件逐个拾起、放置在印制电路板的目标位置上。

1）元器件安装的工艺要求

（1）在装配各元器件时，应检查元器件的类型、规格、牌号、标称值和极性是否符合图纸或技术说明的要求。

（2）元器件在安装过程中不应受到损伤。

（3）元器件在安装时，焊端或引脚最少要进入锡膏50%厚度。对于一般的元器件，贴片时的锡膏挤出量（长度）应小于0.2mm；对于细间距元器件，贴片时的锡膏挤出量（长度）应小于0.1mm。

（4）元器件的焊端或引脚要和焊盘图形对齐、居中，回流焊接时会有自校正效应，因此元器件允许有较小的偏差。

2）全自动贴片机的操作知识

（1）安装前准备。安装前要进行认真的准备，一旦出现问题，即使在后续的工序中能够检出，也会造成一定的损失。

安装前必须进行以下准备工作。

① 根据产品图纸或技术说明准备印制电路板及元器件，并进行核对，确保无差错。

② 对印制电路板、元器件进行除湿烘干处理。

③ 检查设备的电源、气源应完好，气压正常，满足生产需要。

④ 检查设备周围及内部没有异物。

（2）编程。贴片机在安装前必须进行编程，贴片程序编写的质量直接影响了安装的质量和工作效率，贴片程序由拾取、对中和安装三部分组成。

① 拾取程序。

a．通过$X$移动（在设备的$X$坐标上）安装吸嘴移动到料仓拾取位置。安装吸嘴位于一个工作台上，工作台在设备的纵向$X$方向上移动。这意味着拾取位置（从料仓拾取元器件的位置）必须位于这条线上。

b．安装吸嘴通过$Z$移动（$Z$移动是吸嘴的垂直移动）、朝元器件方向下降。当吸嘴头到达元器件处时，吸嘴头中的空气被排出（通过一个真空泵排出），从而吸附元器件。

c．安装吸嘴通过$Z$移动而升起，如图4-113所示。

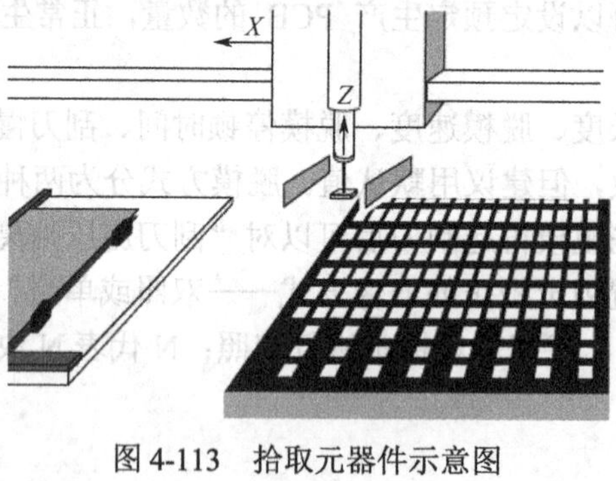


图4-113　拾取元器件示意图

② 对中元器件。

a．元器件沿$X$移动，到达与印制电路板上元器件位置对应的一个位置。

b．光学对中，影像系统将使用一个镜头来搜寻安装吸嘴上的元器件。

c．若在上一步骤的确认中元器件没有被拒绝，则安装工艺继续进行。被拒绝的元器件被手动移除并放回，或者被放入元器件抛料盒中。

③ 安装元器件。

a．通过偏转角移动，元器件旋转到将安放的角度，如图4-114所示。

b．安装台进行 $Y$ 移动（沿设备的 $Y$ 坐标），到达与印制电路板上元器件位置对应的一个位置。

c．带有元器件的安装吸嘴通过 $Z$ 移动下降，元器件以一个设定的力量抵在基板上。安装吸嘴头中的气压增大，以快速松开元器件，然后吸嘴上升。

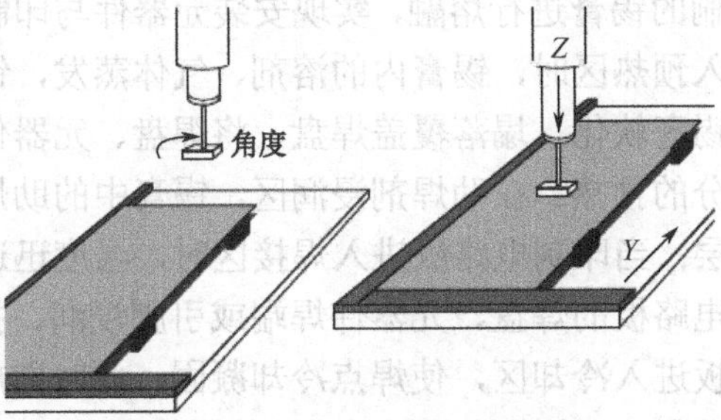


图 4-114　安装元器件示意图

（3）安装供料器。安装供料器是将装好元器件的供料器安装在贴片机的料站上。这一步很重要，如果装错了位置，设备会将错误的元器件安装在错误的位置上，造成贴片错误。安装供料器的要求如下。

① 按照编好的程序表将元器件放置在正确的料站位置上。

② 供料器必须安装到位。

③ 供料器安装好后，必须进行检查，检查合格后才能进行后续的操作。供料器安装示意图如图 4-115 所示。

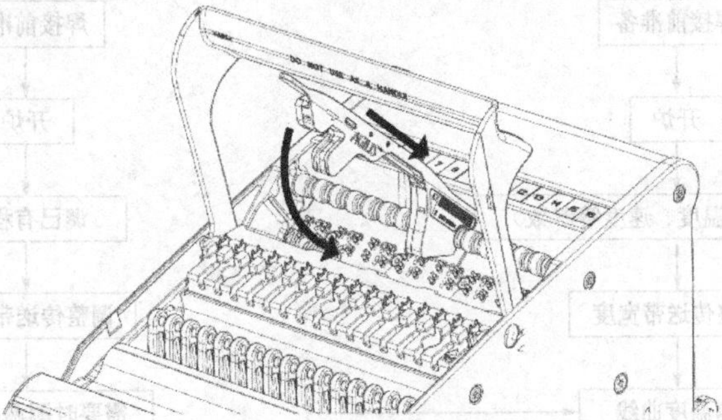

图 4-115　供料器安装示意图

（4）做基准标识和元器件的视觉图像。当自动安装元器件时，元器件的安装是以印制电路板的某个顶角为基准原点计算的，因为每块印制电路板在生产过程中都或多或少地存在一定的公差现象，这就需要对印制电路板进行基准校验。

基准标识是一个特定的标记，属于印制电路板的一部分，用来识别和修正印制电路板图形偏移量，以保证精确的安装。现阶段，较为先进的贴片机可经由印制电路板上两个或多个焊盘定位校准印制电路板及焊盘的偏移量。

（5）安装。在做好准备工作后，就可以进行安装工作了。在批量生产前，要进行首件试装，试装后要进行首件检验，应检验安装元器件的位置、规格、牌号、极性是否符合图纸或技术说明书的要求，安装的元器件应无损伤，引脚应无变形。

3）回流焊机的操作知识

回流焊（Reflow Soldering）又称为再流焊。回流焊在印制电路板的焊盘上印刷锡膏、安装元器件，再使用回流焊机对印制板组装件进行预热、焊接、冷却凝固。回流焊机分为热板、热风、红外、气相等类型。下面简要介绍热风回流焊的操作知识。

回流焊是通过将印刷的锡膏进行熔融，实现安装元器件与印制电路板一次焊接到位的技术，当印制电路板进入预热区时，锡膏内的溶剂、气体蒸发，锡膏中的助焊剂浸润焊盘及元器件端头或引脚，锡膏软化、塌落覆盖焊盘，将焊盘、元器件引脚与氧气隔离，印制电路板和元器件得到充分的预热；在助焊剂浸润区，锡膏中的助焊剂浸润焊盘、元器件焊端或引脚，并清洗氧化层；当印制电路板进入焊接区时，温度迅速上升，使锡膏达到熔融状态，液态锡膏对印制电路板的焊盘、元器件焊端或引脚浸润、扩散、漫流或回流混合，形成焊接点；印制电路板进入冷却区，使焊点冷却凝固，此时完成焊接。

（1）回流焊的工艺要求。回流焊是印制板组装件焊接的关键工序，具体工艺要求如下。

① 根据所选用锡膏的温度曲线和印制电路板的具体情况，结合典型曲线理论，设置适合印制电路板生产的温度曲线，并定期使用“炉温测试仪”对设备的温度进行检查和校验，确保焊接质量。

② 在焊接过程中，要确保设备工作稳定，传送带不出现振动、抖动的现象。

③ 在焊接后进行收板时，要注意不要出现摔板、掉板的问题。

④ 要进行首件检验。

（2）回流焊工艺流程。典型的回流焊工艺流程如图 4-116 所示。

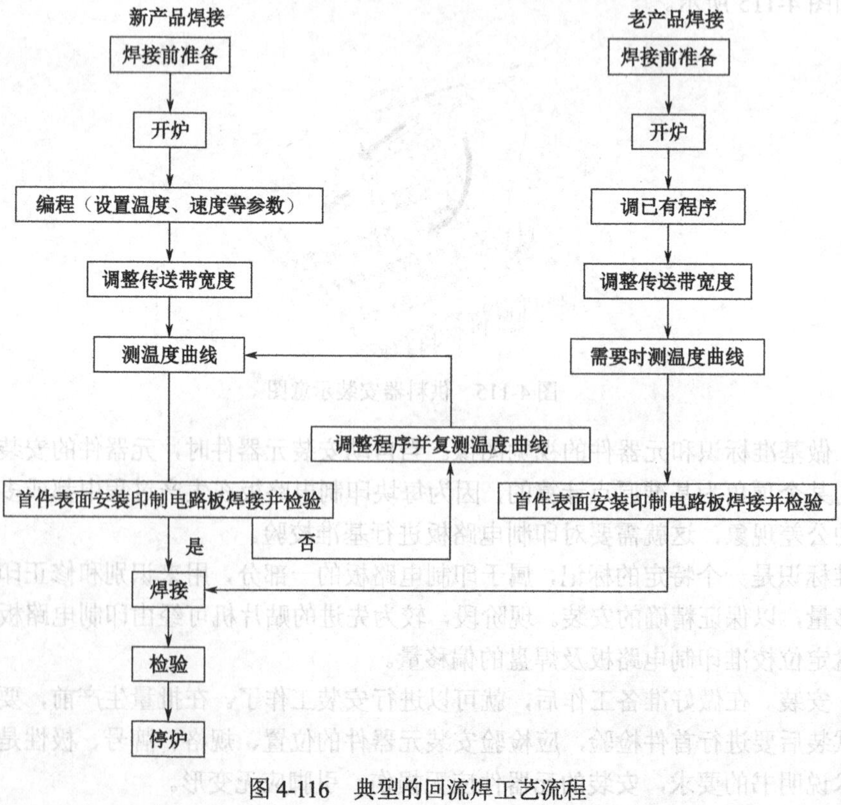


图 4-116　典型的回流焊工艺流程

① 打开设备：检查设备的电源、净化器完好，打开设备电源，对设备进行预热。

② 编程：根据印制板组装件的实际情况，设置温度曲线、链速等参数，使炉内各温区的实际温度与理想的焊接温度曲线尽量一致。

③ 测试实时温度曲线：使用“炉温测试仪”对炉内的实际温度曲线进行测试，对照设计的“理想温度曲线”调整程序中的温度、链速等参数，确保焊接参数与“理想的温度曲线”一致。

④ 焊接：要进行首件焊接，焊接后要进行首件检验，检查锡膏应完全熔融，不应出现熔融不充分；元器件焊点应光洁、饱满、润湿良好；元器件无立碑、偏移、虚焊、移位、桥接等缺陷；首件检验合格后方可进行后续生产。

⑤ 停炉：停炉前应检查炉内无印制电路板，关机前要执行冷却程序，待炉温降低至说明书规定的冷却温度后，方可进行关机。

# 4.7 检验

印制板组装件生产后需进行检验工作，检验是质量控制中不可或缺的重要环节，对产品进行正确、快速的检验，不仅可以确保产品质量的可靠性、一致性，防止不良品进入下一道工序或进入市场，而且可以提高生产效率、降低生产成本。

## 4.7.1 检验设备介绍

目前，印制板组装件的检验方法主要有目视检验、锡膏厚度检验、自动光学检验、自动 X 光检验等。下面简单介绍以下几种检验设备的功能。

### 1. 体视显微镜

体视显微镜是一种专门用于印制板组装件生产后检测的设备，在用于各种电子器件，包括密间距安装、表面安装、TAB 和 BGA 封装技术时最为理想。Lynx VS8 无目镜体视显微镜如图 4-117 所示。

体视显微镜可提供出色的图像分辨率和对比度，并可提供三维视觉，从而改善故障检测性能。它可在垂直或倾斜、旋转观察之间切换，允许对焊缝、孔、柱和螺纹形状等进行仔细的检测。测量台可锁定，以便完成精密检测任务（$X$ 坐标、$Y$ 坐标或双坐标）。

### 2. 锡膏厚度检测仪（SPI）

1）简介

锡膏厚度检测仪（Solder Paste Inspection，SPI）是利用光学的原理，通过三角测量的方法把印刷在 PCB 上的锡膏厚度计算出来的一种 SMT 检测设备。SPI 能检测和分析锡膏印刷的质量，及早发现锡膏印刷的工艺缺陷或印刷缺陷。如图 4-118 所示为锡膏厚度检测仪。

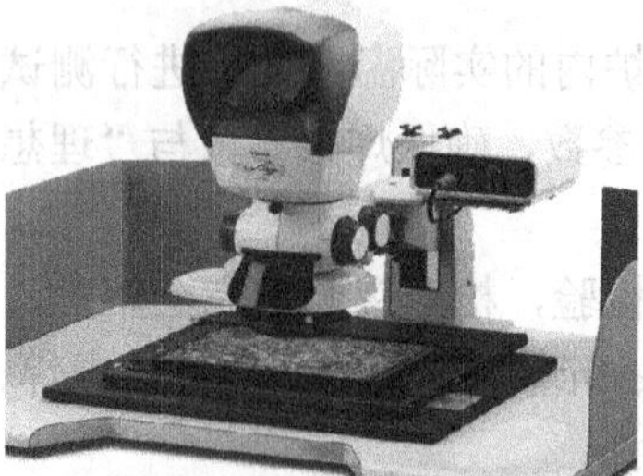

图 4-117　Lynx VS8 无目镜体视显微镜

图 4-118　锡膏厚度检测仪

2）原理

SPI 利用了三角测量的方法，对锡膏印刷的位置、厚度进行光学检验，其原理为根据照射在物体上的成像点 $A$ 和基准点 $O$，求取物体上的各点到该基准点的 2D 图像距离 $L$，根据三角法原理，利用 2D 图像距离 $L$ 换算出物体的高度 $H$：$H=L\times\tan\theta$。SPI 原理示意图如图 4-119 所示。

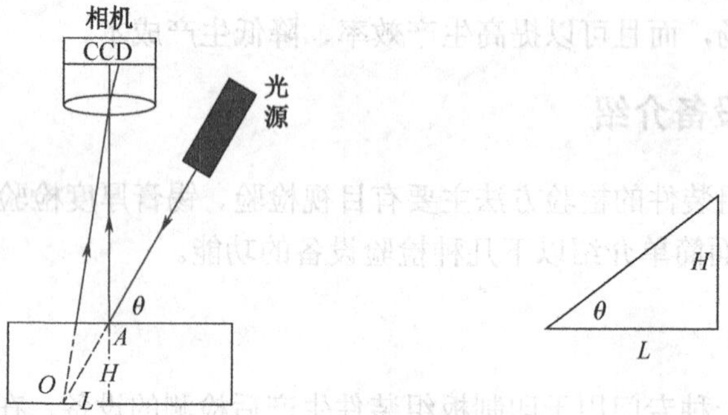


图 4-119　SPI 原理示意图

应用相位测量轮廓术（Phase Measurement Profilometry，PMP）可以高精度地测出物体轮廓。

相位测量轮廓术是根据观察物体上结构光的灰度被调制变化情况来测量物体的三维形貌的。它通过投影多幅相位不同的正弦光栅得到相位，最后根据相位与高度的对应关系计算得到物体的三维高度，进而复原物体的本来形态面貌。光栅移动 4 次用相机直接拍摄到的 4 幅图，通过四步相移公式计算得到相位，再对相位进行处理，算出高度，就可以得到清晰的锡膏三维图，如图 4-120 所示。

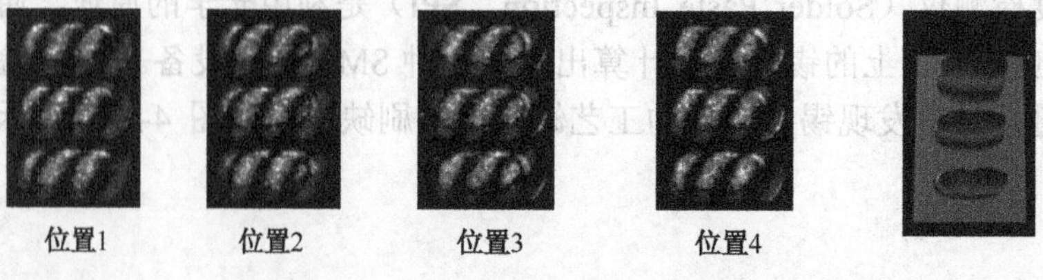


图 4-120　3D-SPI 成像原理示意图

### 3. 自动光学检测仪

1）简介

自动光学检测仪（Automatic Optical Inspection，AOI）是基于模拟人眼，运用机器视觉技术，在焊接工艺生产中代替人来检测印制板组装件中常见缺陷的一种高效的智能设备，如图 4-121 所示为自动光学检测仪。

图 4-121 自动光学检测仪

随着 PCB 越来越复杂，元器件越来越小型化，传统的在线测试（ICT）与功能测试（F/T）正变得越来越费力和耗时。对高密度负责的表面安装印制板组装件，人工目检既不可靠也不经济，而面对微小的元器件，人工目检实际上已失去了意义。为了克服以上这些障碍，AOI 应运而生，是对 ICT 和 F/T 的一种有力补充。它可以帮助印制板组装件生产企业提高测试的通过率、降低目检的人工成本和 ICT 治具的制作成本，避免 ICT 成为产能瓶颈，缩短新产品产能提升周期，以及通过统计有效地控制产品质量，提升产品的品质。

2）原理

AOI 的主要原理有光学原理和图像处理技术（检测原理）。光学原理包括光学的反射原理和光学成像原理，光学原理是 AOI 检测的基本原理。图像处理技术是分析检测的关键技术。检测算法则直接影响缺陷的检测能力。光学原理主要为光线的反射原理（图 4-122），光从左边入射，通过水平镜面后，进行等角度的反射，从右边反射。当光反射到镜头中时，则在相机内成像，否则不成像。

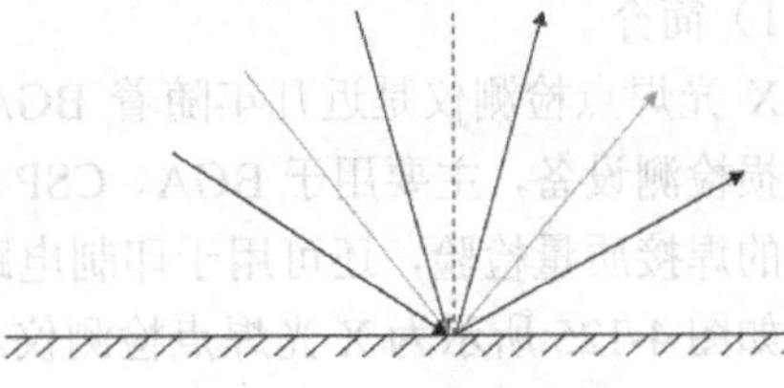

图 4-122 光的反射原理

现在较为先进的 AOI 的光源结构为 RGB（红、绿、蓝）的塔状环光学，光学的 LED 分布自上而下分别为红色 LED、绿色 LED、蓝色 LED 等。其拍摄示意图如图 4-123 所示，拍摄效果如图 4-124 所示。元器件的焊点自焊盘远处到焊端或引脚，其颜色分别为红色、绿色、蓝色等（表 4-22）。根据以上原理，坡度自水平到垂直所拍摄的图像效果分别为红色、黄色（红色+绿色）、绿色、青色（绿色+蓝色）、蓝色，亮度变化则自亮到暗。

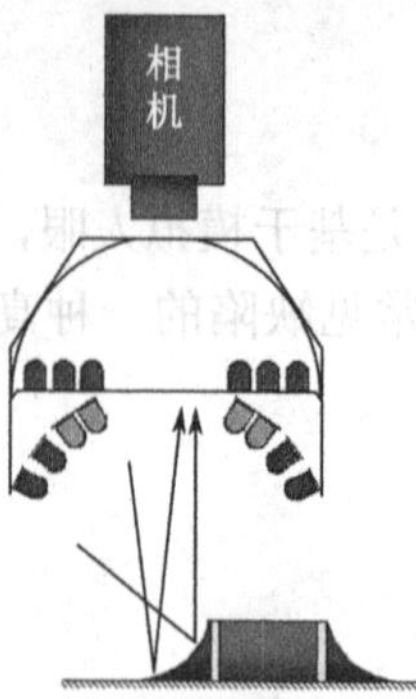


图 4-123　光源示意图

图 4-124　拍摄效果

**表 4-22　AOI 三色拍摄原理表**

| 光源颜色 | 拍摄效果 |
|---|---|
| 红色 LED | 红色 LED，分布在光源的最上方，其作用区域为水平区域和坡度平缓区域。在水平区域和坡度平缓区域时，能反射更多的红光进入相机，所以该区域成像偏重于红色 |
| 绿色 LED | 绿色 LED，分布在光源的中间一层，其作用区域为坡度适度的区域。在坡度适度的区域，此区域能反射更多的绿光进入相机，所以此区域成像偏重于绿色 |
| 蓝色 LED | 蓝色 LED，分布在光源的最下方，其作用区域是坡度陡的区域。在坡度陡的区域，能反射更多的蓝光进入相机，所以此区域成像偏重于蓝色 |

检测原理，就是指图像的检测处理算法。检测算法包括图像统计原理、灰阶处理算法和图像色彩分析技术。图像统计原理是一种有效的检测算法，几乎所有的检测都可用到该算法，该算法就是利用 OK 样本的累计学习和色彩比对来进行检测和判断。灰阶处理算法是指亮度分析和统计算法。该算法包括最大值算法、最小值算法、亮度跨度算法、均值算法和亮度抽取算法。图像色彩分析技术就是指分析和处理图像的颜色，主要通过图像的色彩分布和色彩特征来进行检测和判断，主要包括色彩抽取算法、波峰焊插件算法、红胶分析算法、孔洞分析算法等。

### 4．X 光焊点检测仪

1）简介

X 光焊点检测仪是近几年随着 BGA、CSP 等封装形式的大面积应用而逐渐普及的一种无损检测设备，主要用于 BGA、CSP、Flip Chip、QFN 等焊点在元器件底部的封装形式芯片的焊接质量检验，还可用于印制电路板、元器件封装、连接器、焊点等的内部损伤检测。如图 4-125 所示为 X 光焊点检测仪。

2）原理

X 光焊点检测仪利用 X 光的透射能力，在 CCD 或 CMOS 上成像，通过检验焊接后锡球与焊盘、焊锡与焊盘之间的相对位置及焊锡中的空洞比例，来判断焊接质量是否符合要求。

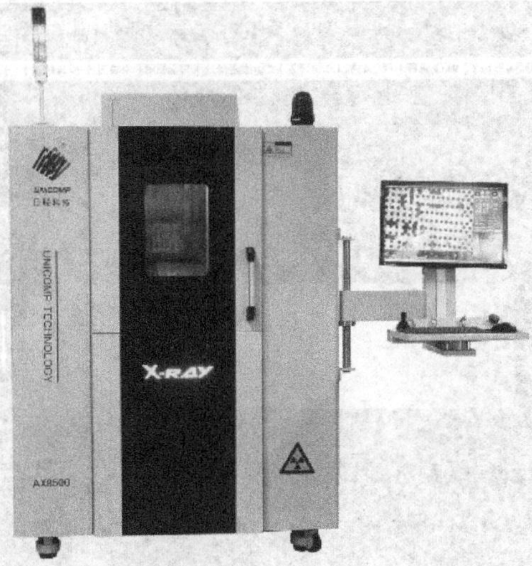


图 4-125 X 光焊点检测仪

BGA 封装的主要焊接缺陷有空洞、脱焊、桥接、锡球内部裂纹、焊接界面的裂纹、焊点扰动，以及由于焊接温度较低造成的冷焊、锡球熔融不完全、锡球与印制电路板焊盘不对准等。通过 X 光焊点检测仪，均可以检出。

## 4.7.2 锡膏厚度检测仪的使用

锡膏厚度检测仪（SPI）主要用于检测锡膏印刷位置、印刷质量。下面就以一种国产的 3D-SPI 为例，简述 SPI 的使用方法。SPI 的使用流程如图 4-126 所示。

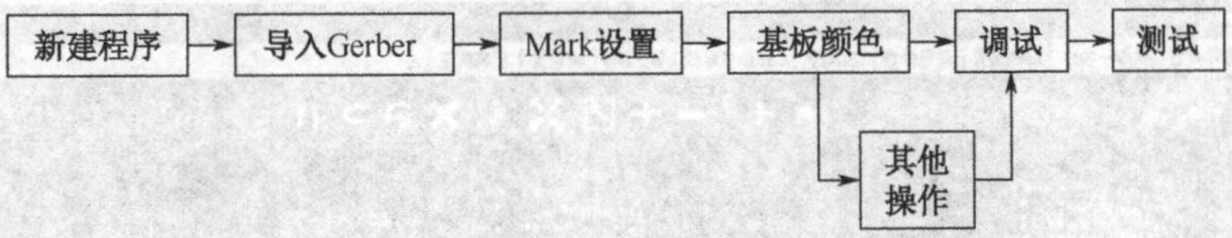


图 4-126 SPI 使用流程

一般情况下，制作程序到了“基板颜色”这一步，就可以进入程序调试了，“其他操作”步骤可跳过。

### 1. 编程

程序设置界面如图 4-127 所示。在这个界面中可进行以下设置。

（1）PCB 颜色：根据 PCB 的颜色选择对应的颜色。

（2）检测类型：选择“锡膏板”或“红胶板”。

（3）条码：“自动识别”或“手动识别”。

（4）钢网厚度：根据印刷机的钢网厚度设置相应的参数。

（5）基板平面高度：一般为 PCB 的厚度，如果有治具，那么是 PCB 表面距离导轨表面的高度。

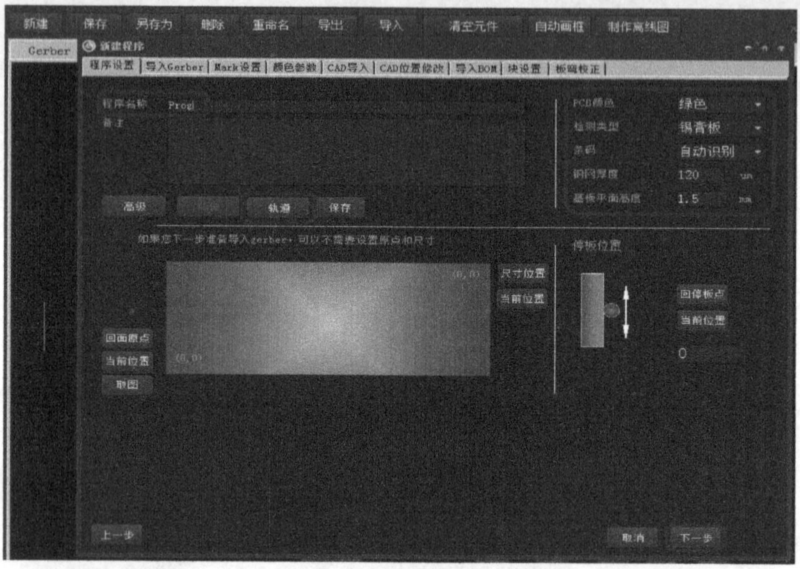


图 4-127　程序设置界面

## 2．导入 Gerber 文件

导入 Gerber 文件界面如图 4-128 所示，在这个界面中可进行以下设置。

（1）单击“打开 Gerber”按钮，打开相应的 Gerber 文件。

（2）设置一对 Mark 点（定位点），一般设置对角为 Mark。

（3）单击“导入”按钮，把 Gerber 文件导入到程序中。

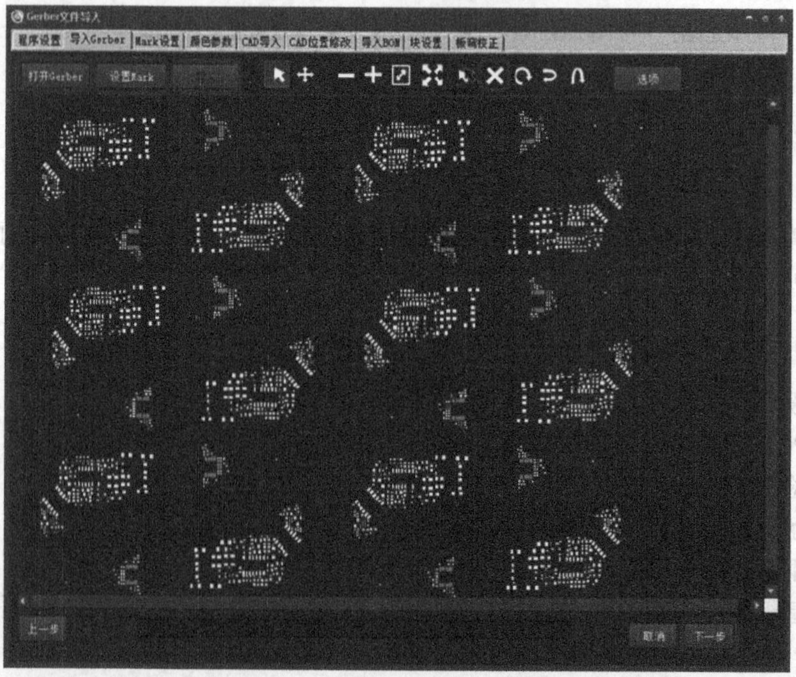


图 4-128　导入 Gerber 文件界面

### 3. Mark 设置

Mark 设置界面如图 4-129 所示。在这个界面中可进行以下设置。

（1）在 PCB 上找到第一个 Mark 点，设置好相关参数后，单击“获取 mark 图片”按钮。

（2）第一个 Mark 点获取出来后，单击“设置偏移”按钮。

（3）移动到第二个 Mark 点，设置好相关参数后，单击“获取 mark 图片”按钮，（第二个 Mark 点不需要设置偏移）。

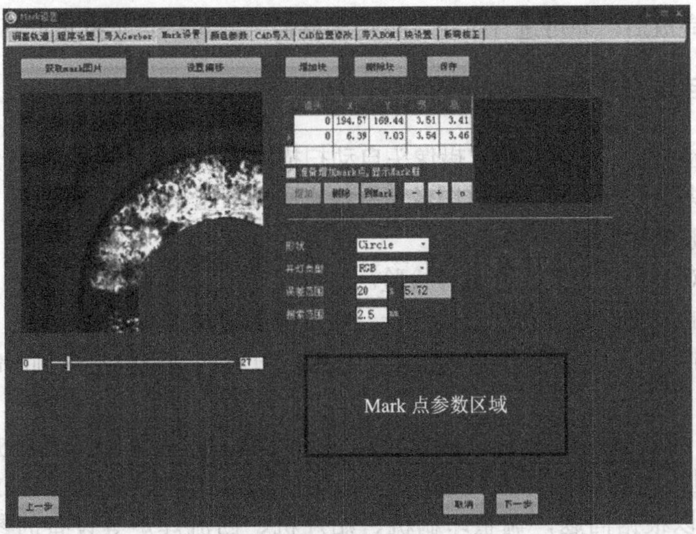


图 4-129　Mark 设置界面

### 4. 颜色参数

颜色参数设置界面如图 4-130 所示。在这个界面中可进行以下设置。

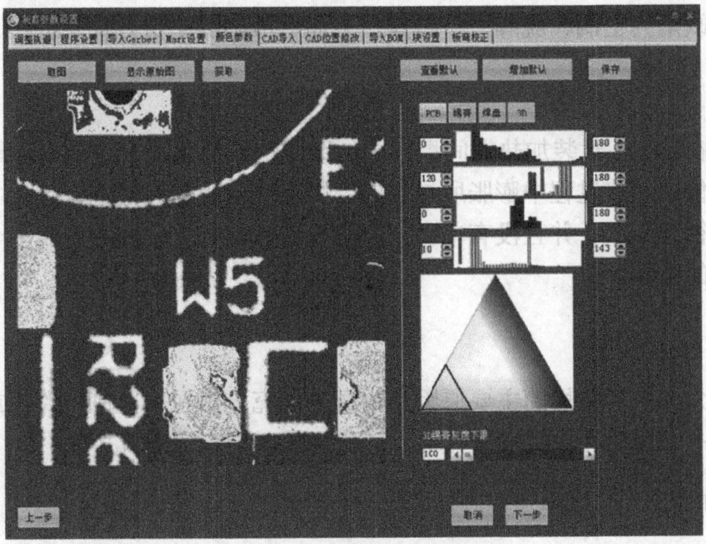

图 4-130　颜色参数设置界面

（1）锡膏灰度范围：通过调整锡膏的“灰度上限”与“灰度下限”把锡膏提取出来，可通过“显示锡膏效果图”观察参数设置的效果。

（2）PCB 灰度范围：通过调整 PCB 的“灰度下限”把基板提取出来。通过显示“显示 PCB 效果图”观察参数设置的效果。

（3）焊盘灰度范围：通过调整焊盘的“灰度下限”把焊盘提取出来。通过显示“显示焊盘效果图”观察参数设置的效果。

（4）3D 锡膏灰度范围：通过调整 3D 锡膏的“灰度下限”把 3D 锡膏提取出来。通过显示“3D 光源锡膏亮度”观察参数设置的效果。

程序设置完成后，即可进行试用，试用合格后，就可以用于批量产品的检验工作。

### 4.7.3 自动光学检测仪的使用

自动光学检测仪（AOI）通过摄像头自动扫描印制板组装件，将检测焊点的参数与数据库中的合格焊点进行比较，通过图像识别检查印制板组装件的各种缺陷，并报告给操作人员，以便能够进行返修。

AOI 可以对两种类型的故障进行检验。

（1）定量的检验：如元器件的偏移量、立碑等的检测。

（2）定性的检验：可以通过直接报告全部装配过程的缺陷信息来判断制造过程中出现的系统缺陷。

现阶段的 AOI 设备具有强大的统计功能，可以实时计算印制电路板生产过程中的 PPM 值，通过这个值，操作人员和管理人员能够知道印制电路板生产过程中存在的问题，这样就可以根据问题，调整印刷机、贴片机、回流焊炉等设备的参数，避免出现质量问题。

### 4.7.4 X 光焊点检测仪的使用

X 光焊点检测仪主要对 BGA 封装、CSP 等焊点在底部的芯片进行焊接后的检验工作，主要可检验的缺陷为空洞、脱焊、桥接等。下面对故障类型进行简单介绍。

#### 1．空洞

空洞是由在 BGA 封装加热期间焊料中的助焊剂、活化剂与金属表面氧化物反应时产生的气体和气体在加热过程中膨胀所导致的。焊点中一般都有气泡，焊点中的空洞不应该超过焊料球直径的 25%，并且没有单个空洞出现在焊点外表；如果出现多个空洞，总和不得超过焊料球的 25%。

#### 2．脱焊

脱焊是不允许的，脱焊的主要原因是锡膏未能充分熔融；印制电路板或 BGA 封装的塑料基板变形；金属化孔设置在焊盘上，回流焊接时焊料流入孔中。

#### 3．桥接和短路

桥接和短路是不可接受的，产生的原因主要是锡膏过多或印刷焊锡膏粘连；焊接温度过高，锡球过度塌陷，使相邻焊盘的焊料连在一起；焊盘间距设计过短；印制电路板除湿不够，在焊接时水蒸气膨胀引起焊盘起翘，使相邻焊点桥接。

#### 4. 冷焊

冷焊是不可接受的，产生的原因是回流焊接时的温度过低。

#### 5. 焊球与焊盘不对准

一种可能是由于贴片时偏移量过大；另一种原因是焊接温度过低，焊接过程中没有达到使锡球完成二次下沉的温度，没有完成自校正效应就结束了焊接。在这种情况下，贴片造成的偏移量不能够被校正，造成锡球与焊盘不对准。

### 4.7.5　其他检验设备的使用

除了以上介绍的几种检测设备，印制板组装件还可通过飞针测试、加电测试等方法进行测试，这就需要使用飞针测试仪及加电测试的设备进行操作。

#### 1. 飞针测试仪

飞针测试仪是对传统针床在线测试仪的一种改进，它可以用探针来代替针床，在 X-Y 机构上装有可分别高速移动的 4 个头共 8 根测试探针，最小测试间隙为 0.2mm。测试探针通过多路传输（Multiplexing）系统连接到驱动器（信号发生器、电源供应等）和传感器（数字式万用表、频率计数器等）来测试在测单元（UUT）上的元器件。

飞针测试仪可检查短路、开路和元器件。在飞针测试仪上使用了一个相机来帮助检查元器件。随着探针定位精度和可重复性达到 5～15μm 的范围，飞针测试仪可精密地探测 UUT。

#### 2. 专用测试设备

专用测试设备一般要根据功能进行定制开发，优点是可以针对某种印制板组装件进行专业的测试；缺点是开发周期和开发费用较高。

## 4.8　返修

贴片元器件已经广泛应用于各类电子设备的印制板组装件生产中，如果元器件未能有效焊接到位，就需要对其进行返修，通常会进行拆焊、重焊或更换元器件。贴片元器件通常尺寸较小，拆焊这类元器件与一般元器件的操作有所不同。

### 4.8.1　返修设备介绍

返修时常用的设备有电烙铁、预热台及返修工作站。下面对预热台及返修工作站进行介绍。

### 1. 预热台

预热台又称为恒温平台，是在印制电路板返修过程中，对印制电路板及元器件进行预先加热的平台，其主要作用是缩短返修时的操作时间，如图 4-131 所示为预热台。预热台有平板式、红外式等。

### 2. 返修工作站

返修工作站用于对 QFP、BGA 封装、CSP 等形式的元器件进行返修、返工的设备。返修工作对返修工作站设备的基本要求如下。

（1）元器件对中与贴片：应采用光学对中系统，精度至少应达到 0.001 英寸（0.025mm）。

（2）风嘴结构：应能够保证加热温度均匀，对角线温差小。

（3）底部加热：应能保证电路板表面加热区对角线温差小，而且具有低密度、低热惰性等性能。

（4）降温控制：必须能够控制降温速率，这是取得良好焊接效果的必要条件。

（5）操作软件：应能实现动态温度调整。

（6）风速调节：对于热风焊接而言，风速是相当关键的参数，因此要求风速能够灵活调节。

如图 4-132 所示为返修工作站。

图 4-131　预热台

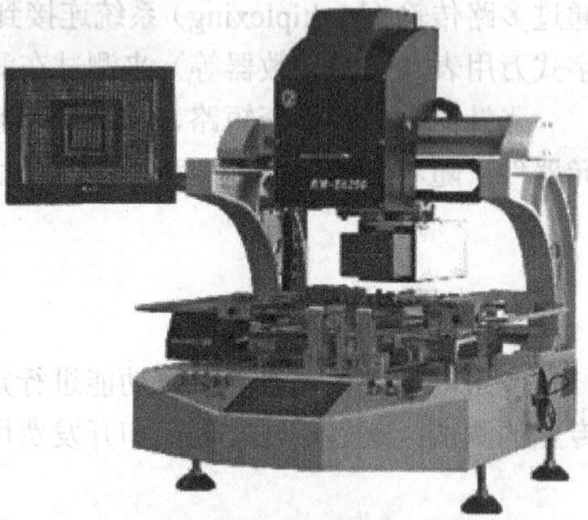

图 4-132　返修工作站

## 4.8.2 返修方案的编制

印制板组装件返修应根据印制电路板及元器件的不同，需设计不同的返修方案，要考虑印制电路板的层数、厚度，以及拆下的元器件的封装形式、尺寸大小等因素，综合设计返修方案。

返修方案中需明确所选用的返修设备有哪些；返修中所用设备的各项参数，如对预热台的温度、加热时间；电烙铁的温度、烙铁头的选择；返修工作站的温度曲线等内容。

### 4.8.3 返修设备的使用

#### 1. 热风工作台的使用

用热风工作台拆焊元器件，热风工作台的热风筒上可以装配各种尺寸的吹风嘴，用于拆除不同尺寸、不同封装形式的元器件。

热风工作台拆焊的工艺流程为：选择合适尺寸的吹风嘴；打开工作台的电源开关；调整热风的温度和风量，这时就可以用热风将需拆下的元器件的焊锡吹化，再用镊子或芯片起拔器夹住，取下元器件。

一般来说，在热风工作台拆除元器件时，要配合预热台使用，预热台的温度应根据印制电路板和元器件的情况进行设置。

#### 2. 返修工作站的使用

返修的核心问题是如何实现最佳回流焊曲线。一旦印制电路板结构和板上元器件分布确定，这个印制电路板就只有一条最佳的回流焊接曲线来实现最佳的焊接。目前世界上的单芯片返修（无过程控制系统）和单芯片返工系统（全过程控制）均采用开放式加热系统。因此，无论是红外、热板、红外+热板还是热风加热系统都面临着同样的技术要求，即如何控制回流焊接曲线接近或重现批量生产过程中 SMT 焊炉的焊接曲线。

返修工作站采用全热风强制对流加热，分别从顶部用风嘴把热气体导向芯片，从底部均匀加热该芯片安装的 PCB 区域，从而主要利用芯片和板子本身的热传导使焊球阵列获得热能，焊球逐渐升温到熔点以上，而后冷却，形成焊点。

返修工作站采用光学对位机构将芯片下面的焊球和对应的 PCB 上的焊盘精密对位，因此返修工作站只能将芯片固定在适当的位置，用同一加热器通过在不同的时间间隔设置不同的温控参数来获得各个温区，这一过程不同于回流炉。回流炉是通过空间间隔配备多个温区，每个温区都有独立的加热器，匀速输送带将板卡送至不同温区加热，实现回流，而返修站的各温区长度可随意设定。

为了获得各焊点的加热曲线，采用机器提供的 5 点实时温度测量曲线来计算各焊点的加热因子。事先可在被测试点布置微型热电偶，必须注意的是，测温热电偶应该尽量细小，以减少热电偶对系统温度分布的影响。布点的原则是在 BGA 器件的四边、四角和中心等。一般地，BGA 封装器件的中心部位的加热因子最小，而边角的加热因子最大。因此，只要通过调整 BGA 封装器件中心部位的回流曲线的加热因子，并使其稍大于最优加热因子的下线值就可以获得优化的回流曲线整定。

加热因子没有对回流焊曲线形状做出要求，因此实际的加热曲线不必匹配特定形状的目标曲线，而是将注意力集中在调节加热因子值的大小上。加热因子控制不是芯片上某个单点的控制，而是要求整个焊点阵列上所有焊点都在加热因子最优范围内。这就要最小化所有焊点的加热因子之差，从而要求最大化保温区的长度。因此适当抬高预热区的设定温度，让芯片温度在预热区上升较快一些，以使保温区较长一些。但预热区温度不能上升太快，太大的热冲击会损伤芯片。

# 练　习　题

## 一、填空题

1．搪锡部位的表面应__________、光滑，锡层厚薄均匀，不得有__________现象，无焊料残渣和焊剂黏附等多余物。

2．元器件引线成形一般用专用工具、设备完成，成形部位无棱角。在成形时，弯曲部位应保证一定的__________，以消除__________。

3．接触静电放电敏感器件的操作均应戴__________，并经__________测试合格，在接地工作台上操作，__________接地端通过接地工作台接地点接地。

4. 电子装接生产现场的环境要求：温度保持在__________，相对湿度为__________。

## 二、判断题

1．色环电阻是470Ω，第1道应是黄，第2道是蓝。（　　）

2．焊接对温度较敏感的元器件时，应选用短的烙铁头。（　　）

## 三、单选题

1．色标电阻法中，4道色环中的第一道色环不可能是（　　）色。

A．白　　B．红

C．黑　　D．棕

2．无线电装配中的手工焊接，焊接时间一般以（　　）为宜。

A．3min左右　　B．3s左右

C．越快越好　　D．不定时

3．屏蔽的主要作用是（　　）。

A．防止电磁干扰　　B．恒温

C．保护器件　　D．电气隔离

4．色标法标志电阻有4道色环和5道色环两种，其中（　　）道色环标志的电阻常为精密电阻。

A．4　　B．5

C．4和5　　D．都不是

5．在文字符号标志的电阻法中，6K3的阻值为（　　）。

A．630kΩ

B．63kΩ

C．6.3kΩ

D．$3\times10^{6}$kΩ

四、简答题

1．什么是表面安装技术？

2．表面安装技术主要设备有哪些？试述工艺流程步骤。

3．表面安装技术有哪些优越性？

4．什么是波峰焊？它的特点是什么？

# 第 5 章　整机装配技术

## 5.1　现场生产文件准备

生产作业安排与生产指令方式密切相关。在牵引式生产指令方式下，是以“看板”作为信息载体向生产作业、搬运作业、检验作业和仓库作业等下达具体作业指令的。在推进式生产指令方式下，通常以传票作为信息载体向生产作业、搬运作业、检验作业和仓库作业等下达具体作业指令。传票的类型包括指令生产作业的工票，材料、半成品和工具出库单，为检验在制品或成品并记录其结果的检验单，以及用于传送和交接加工制品的调拨单等。这些传票具有指令每个作业人员和工序进行具体作业的职能，因而可以说是生产作业安排的最终步骤。但是，在实际生产中，这些传票又具有生产控制功能。

### 5.1.1　现场管理文件

#### 1．工票

工票是按不同生产作业，向作业人员指令作业内容和作业条件的传票，它的形式有以零件为对象设置的加工路线单（长票）、以工艺阶段为对象设置的工艺卡、以工序为对象设置的单工序工票（短票），以及工序协作票单和工作任务报告等。工票上的内容必须包括加工编号、作业名称、数量、交货期或完成日期、标准时间等。作业结束后，需要将作业者姓名、实际作业时间、任务完成情况等记录在工票上，以用作进度管理、富余能力管理、成本管理和质量管理的情报。

#### 2．出库单

出库单是指令材料、半成品、工装及检验或计量用具出库的凭证。出库单上记载着产品名称（或物品名称）、加工编号、出库单位、出库数量等内容。作业人员要向仓库管理员出示出库单，按所需数量领取规定的物品。如果因出现废品或发生事故而使现有出库量不够时，应补开追加出库单，若有过剩，则需将过剩出库物品随同退库传票一起送回仓库（即退库）。退库时，需在退库传票上填明指令数量和实际使用数量，作为实物管理和成本管理的情报。

#### 3．调拨单

调拨单是指令工件在工序间移动顺序、地点、时间和数量的传票，也是用来核实工序间交接时间和交接数量的传票。调拨单可作为进度管理、实物管理、富余能力管理的情报。

### 4．检验单

检验单一般用来核实和记录生产数量与合格品数量，在最终工序或指定的中间检验工序也可以记录废次品的原因、件数、处理方法和措施等。如果有规定的重要检验工序，往往要附加填写不合格品报告单。检验单除可用作区分调拨单交接数量中的合格件与不合格件的情报外，还可作为实物管理、成本管理和质量管理的情报。

在生产过程管理中有一些表格，主要用来控制现场的基本环境，保证生产的过程能够有条不紊地执行，防止一些生产之外的因素干扰生产过程。例如，现场控制过程记录表如表5-1所示。

**表5-1　现场控制过程记录表**

| 项目 | 序号 | 检查内容 | 检查结果 | 存在的问题和隐患 | 整改结果 |
|---|---|---|---|---|---|
| 制度规程执行 | 1 | 安全教育制度 | | | |
| | 2 | 交接班制度 | | | |
| | 3 | 操作记录、班组安全活动记录、班组安全检查记录等 | | | |
| | 4 | 各种操作规程执行情况 | | | |
| 地面、通道、墙壁 | 1 | 通道顺畅无物品，不阻塞消防通道 | | | |
| | 2 | 地面无纸屑、产品、油污、积尘 | | | |
| | 3 | 物品摆放不超出定位线 | | | |
| | 4 | 墙壁无手、脚印，无乱涂、乱划及蜘蛛网 | | | |
| 作业现场 | 1 | 现场标识规范，区域划分清楚 | | | |
| | 2 | 机器清扫干净，配备工具摆放整齐 | | | |
| | 3 | 物料置放于指定标识区域 | | | |
| | 4 | 及时收集整理现场剩余物料并放于指定位置 | | | |
| | 5 | 生产过程中物品有明确状态标识 | | | |
| 料区 | 1 | 各料区有标识牌 | | | |
| | 2 | 摆放的物料与标识牌一致 | | | |
| | 3 | 物料摆放整齐 | | | |
| | 4 | 明确区分合格品与不合格品，且有明确标识 | | | |

## 5.1.2　工序控制的工艺要求

工序控制是生产质量的基本职能，其主要内容包括按工艺流程要求安排好工序检验，通过各种方法判定工序质量是否符合规定标准、质量数据波动是否合理、工序是否处于稳定状态。

工序控制允许工艺参数在持续监控下偏离其目标值，只要这些参数的偏离保持在预定的控制限值内，就认为工序处于受控状态。如果参数偏离超过控制限值，那么工序处于失控状态；如果允许这种状态持续下去，此工序就可能生产出一定比例的不合格品。因此，若发现处于失控状态的工序则应立即将其停止。

停止工序是很严重的事情，将导致停工损失。因此，应发布明确的作业指导书，规定何时需要及授权谁来采取停止措施。

如果发现工序处于失控状态，生产部门需分析工序偏差数据，查明超差的原因并提供所需的纠正措施。一旦明确了原因，选择并采取了适当的纠正措施后，应重新检查工序结果。如果偏差仍超出可接受的范围，那么应重复“分析—纠正”的步骤，直至工序恢复至受控状态。

有一点需要明确，处于失控状态的工序并不一定百分之百地生产出不合格产品，失控状态仅指：如果不及早采取适当的纠正措施，就可能生产出一些不合格的产品。因此，这是一个早期报警系统，目的是在工序开始产生有缺陷的产品之前，尽早给操作人员提供必要的时间采取纠正措施。

（1）各工序操作人员、技术管理人员需进行岗位培训和质量意识培训，培训内容参见《员工培训程序》。

（2）产品检验人员及关键工序操作人员必须经过培训并考核合格后持有质量保证部或工程部批准的上岗证方可独立操作。

（3）下一道工序对上一道工序同一工件的检验。各工序操作人员必须熟悉上一道工序“操作指示”所注明的操作位置、工序要求及注意事项。对于不能用仪器检验发现的潜在性的基板外观焊接质量、插件质量、导线的规整、壳料外观等问题，需要进行目检控制。各工序操作人员取到上一道工序流入本工位的工件后，应首先按照“操作指示”对上一道工序的工件品质进行目测检验，若发现不合格工件则应直接退回上一道工序返工处理。因作业性质决定本工序无法对上一道工序生产的工件品质实施目检的工序，则可根据本工位“操作指示”的要求用其他方式进行检测。

（4）自检：工序操作人员必须领会并理解本工序的操作内容，并严格按照其要求操作。操作完毕必须仔细检查工件品质是否与“操作指示”要求相符。

（5）各工序操作人员及产品检验人员工作前需对所用设备及工具进行检查，若发现问题则应及时修复或更换。

（6）工程部设备技术人员需对各种设备或复杂工装夹具进行定期保养。关键设备应有保养、维修记录。各工序使用的计量器具必须经计量部门审核和工程部设备技术人员鉴定合格。

（7）对生产使用的原料和辅助性物料需严格按《分供方控制及物料认可程序》的要求进行验证。对质量影响重大的辅助性物料需工程部试验认定后再确定采购方案。

（8）工程部需制订操作指示、工具表、辅料表、流程图、排位图标准时间以确定作业标准。必要时用图片或代表性样品加以规定检验工序。需有质量控制日报表、基板目检日报表。

（9）工序质量标准如果需调整或变更，则工程部应及时对工艺文件进行更改。质量保证部对产品检验标准做相应的调整或更改，按“文件和资料控制程序”进行。

（10）对于由于物料、临时设计更改等引起的工序变更，则由 PE 工程师、IE 工程师对关键工序，对产品质量特性影响较大的工序，工艺上有特殊要求对下个环节有较大影响的工序，工艺复杂程度高、标准要求较高的工序进行随线指导。

### 5.1.3 绘制线束接线图

线扎图是按线束比例绘制的，包括线束视图和导线数据表及附加的文字说明等。在实际制作时，要按已绘制的放样图制作模具，如图 5-1 所示。

线扎主要分为软线扎和硬线扎两种，由产品的结构和性能决定。

1）软线扎

软线扎一般用于产品中各功能部件之间的连接，由多股导线、屏蔽线、套管及接线连接器等组成，一般无须捆扎，只要按导线功能进行分组，将功能相同的线用套管套在一起即可。如图5-2所示为软线扎示意图，如图5-3和表5-2所示分别为软线扎的接线图和接线表，它们确切地表述出线束的所有参数。

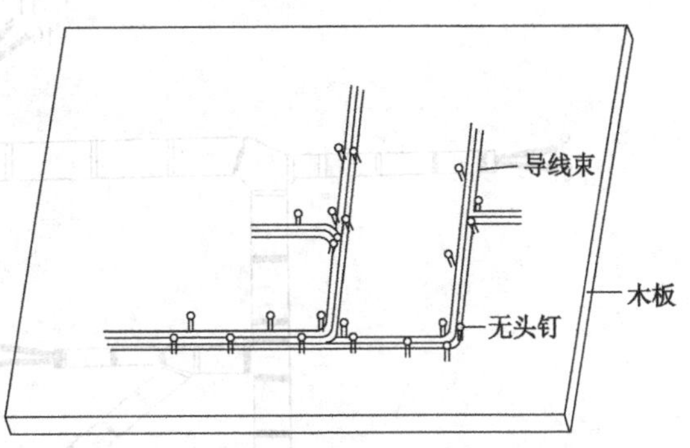


图5-1 放样图

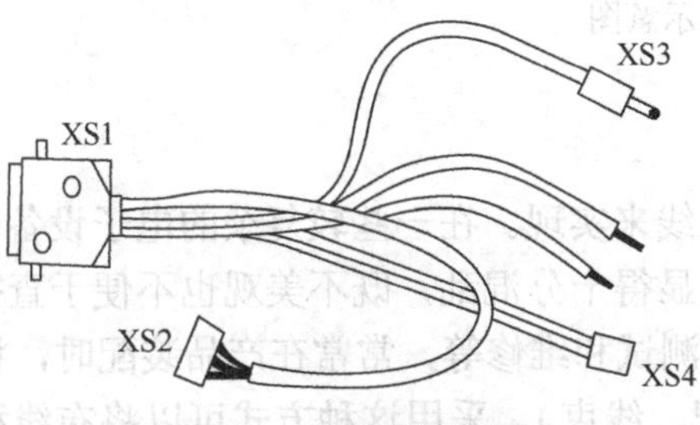


图5-2 软线扎示意图

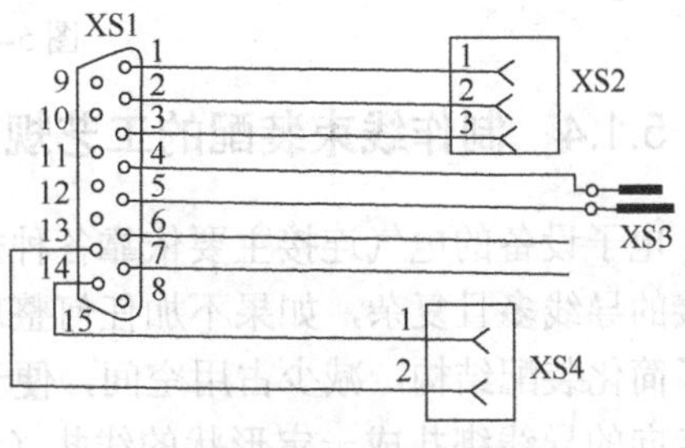


图5-3 软线扎的接线图

**表5-2 软线扎的接线表**

| 编号 | 线材 | 长度/mm | 颜色 | 起 | 止 | 备注 |
|---|---|---|---|---|---|---|
| 1 | RVVP2×7/0.12 | 80 | 黑 | XS1－1,2,3 | XS2－1,2,3 | 二芯屏蔽线 |
| 2 | RVVP1×7/0.12 | 85 | 黑 | XS1－4,5 | XS3 | 单芯屏蔽线 |
| 3 | AVR1×12/0.18 | 70 | 红 | XS1－6,7 | | 塑胶线 |
| 4 | AVR1×12/0.18 | 70 | 黄 | XS1－6,7 | | 塑胶线 |
| 5 | AVDR2×7/0.12 | 70 | 灰 | XS1－14,15 | XS4－1,2 | 扁平线 |

2）硬线扎

硬线扎多用于固定产品零部件之间的连接，特别是在机柜式设备中使用较多。硬线扎的扎线方式是按产品需要将多根导线捆扎成固定形状的线束，如图5-4所示为硬线扎示意图，对应的接线表如表5-3所示。

**表5-3 硬线扎的接线表**

| 编号 | 型号规格 | 颜色 | 长度/mm | 备注 | 编号 | 型号规格 | 颜色 | 长度/mm | 备注 |
|---|---|---|---|---|---|---|---|---|---|
| 1 | AVR1×12/0.18 | 红 | 720 | | 7 | AVR1×7/0.21 | 黑 | 560 | |
| 2 | AVR1×12/0.18 | 黑 | 720 | | 8 | AVR1×7/0.21 | 紫 | 750 | |
| 3 | AVR1×12/0.18 | 绿 | 720 | | 9 | AVR1×7/0.21 | 紫 | 760 | |
| 4 | AVR1×26/0.21 | 灰 | 550 | | 10 | AVR1×26/0.21 | 红 | 300 | |
| 5 | AVR1×26/0.21 | 蓝 | 550 | | 11 | AVR1×12/0.18 | 蓝 | 300 | |
| 6 | AVR1×12/0.18 | 白 | 560 | | 12 | AVR1×26/0.21 | 白 | 300 | |

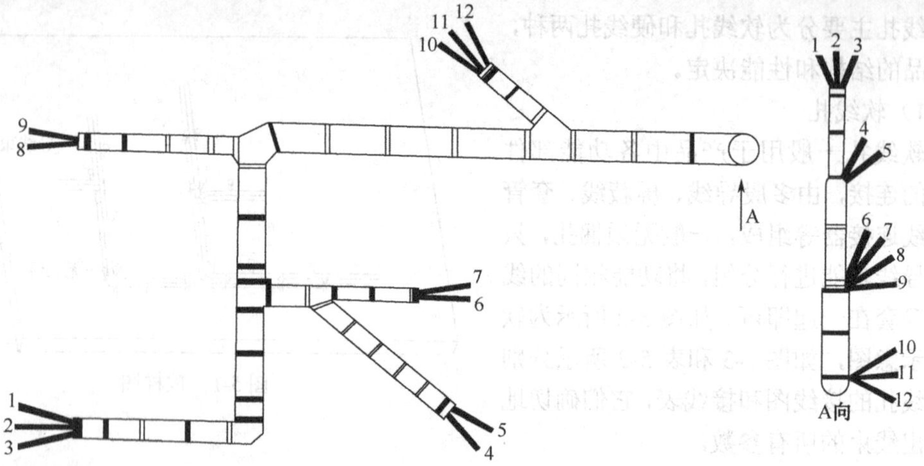


图 5-4　硬线扎示意图

## 5.1.4　制作线束装配的工艺规范

电子设备的电气连接主要依靠各种规格的导线来实现。在一些较复杂的电子设备中，连接的导线多且复杂，如果不加任何整理，就会显得十分混乱，既不美观也不便于查找。为了简化装配结构，减少占用空间，便于检查、测试和维修等，常常在产品装配时，将相同走向的导线绑扎成一定形状的线扎（又称线把、线束）。采用这种方式可以将布线和产品装配分开，便于专业生产，减少错误，从而提高整机装配的安装质量。

### 1．线扎的走线要求

（1）不要将信号线和电源线捆绑在一起，以防止信号相互干扰。

（2）输入、输出的导线不要排在一个线束内，以防止信号回授。若必须排在一个线束内时，则应使用屏蔽导线。射频电缆不排在线束内，应单独走线。

（3）导线束不要形成回路，以防止磁力线通过环形线而产生磁、电干扰。

（4）接地点应尽量集中在一起，以保证它们是可靠的同位地。

（5）导线束应远离发热体并且不要在元器件上方走线，以免发热元器件破坏导线绝缘层及增加更换元器件的难度。

（6）尽量走最短距离的路线，转弯处取直角及尽量在同一平面内走线。

### 2．扎制线扎的要领

（1）扎线前，应先确认导线的根数和颜色，以防止扎制时遗漏导线，同时便于检查线扎的错误。

（2）线扎拐弯处的半径应比线束直径大两倍以上。

（3）导线长短要合适，排列要整齐。从线扎分支处到焊点间应有 10～30mm 的余量，扎制导线时不要拉得过紧，以免因振动将导线或焊盘拉断。

（4）不能使受力集中在一根导线上。在扎制多根导线时，如果只用力拉其中的一根线，力量就会集中在导线的细弱处，导线就可能会被拉断。另外，当力量集中在导线的连接点时，可能会造成焊点脱裂或拉坏与之相连的元器件。

（5）扎线时松紧要适当。太紧可能损伤导线，同时造成线束僵硬，使导线容易断裂；太松会失去扎线的效果，造成线束松散或不挺直。

（6）线扎的绑线节或扎线搭扣应排列均匀整齐。两个线节或扎线扣之间的距离 $L$ 应根据整个线扎的外径 $D$ 来确定，如表 5-4 所示。绑线节或扎线扣头应放在线扎下面不容易看见的背面。

**表 5-4 线扎绑扎间距**

| 线扎外径 $D$/mm | 绑扎间距 $L$/mm | 线束外径 $D$/mm | 绑扎间距 $L$/mm |
|---|---|---|---|
| <8 | 10～15 | 15～30 | 25～40 |
| 8～15 | 15～25 | >30 | 40～60 |

## 5.2 整机安装

电子产品总装是指在各部件、组件安装和检验合格的基础上进行整体联装，简称总装。总装是对各部件、组件进行整合，其操作一般包含电气连接和机械连接。具体地讲，就是将构成整机的各零部件、插装件及单元功能整体（各机电元器件、印制电路板、底座及面板等），按照设计要求进行装配、连接，组成一个具有一定功能的、完整的整机产品的过程，以便进行整机调整和测试。

总装的连接方式可分为两类：一类是可拆卸连接，即拆散时不会损伤任何零件，它包括螺钉连接、柱销连接、夹紧连接等；另一类是不可拆卸连接，即拆散时会损坏零件或材料，它包括铆钉连接、锡焊、粘胶连接等。总装的装配方式也分为两类：整机装配和组合件装配。

总装的原则是：先轻后重、先大后小、先铆后装、先装后焊、先里后外、先低后高、易碎后装，上一道工序不得影响下一道工序。在装配过程中，应严格执行自检、互检与专职检验的“三检”原则。

### 5.2.1 整机组装全过程的工艺方法及要求

（1）总装前，组成整机的有关零部件或组件必须经过调试、检验，不合格的零部件或组件不允许投入总装，检验合格的装配件必须保持清洁。

（2）在总装过程中，不能损伤元器件和零部件，安装静电敏感器件时，应注意防静电。避免碰伤组件、元器件和零部件的表面涂覆层，不允许破坏整机的绝缘性。

（3）保证安装件的方向、位置、极性的正确，保证产品的电性能稳定，并保证其有足够的机械强度和稳定度。

（4）在安装时，勿将异物掉入机内，应随时注意检查是否有掉入螺钉、螺帽、垫圈、焊锡渣、导线头及工具等异物，并及时清理。

（5）在拿取大元件或组件时，应拿住能支撑整个元件重量的外壳，而不能抓住引线之类的脆弱部位来提起整个元件。

（6）印制板组装件应严格避免沾上汗渍或有腐蚀性的液体，以免影响印制板组装件的技术性能和可靠性。拿取印制板组装件时，应以印制电路板上有螺钉紧固的金属件如散热片等作为受力部位。在通常情况下，印制电路板上的元件或导线不能作为抓拿部位。

（7）外观装潢部件和易碎部件，应妥善摆放，避免磕碰，安装时应小心谨慎。

（8）带有保护纸或薄膜的部件，要尽量保持保护材料不致过早剥落，在完成必要的操作之后才能将保护材料剥下。

（9）装配面板、机壳时，一般应先里后外、先小后大。在搬运面板、机壳时，要轻拿轻放，不能碰压。

（10）使用风动旋具紧固面板、机壳上的自攻螺钉时，风动旋具与工件应互相垂直，不能发生偏斜。扭力矩大小要适合，力度太大时，容易产生滑牙甚至出现穿透现象，将损坏面板。

（11）在面板、门或箱体上贴铭牌、装饰、控制指示片等，应按要求贴在指定位置，并要端正牢固。

（12）在将面板与外壳合拢装配时，用螺钉或自攻螺钉紧固应无偏斜、松动，并应保证装配到位。

（13）机箱门与机箱的配合应平整、合缝，机箱门应开启自如，开启角度不小于 90°。

### 5.2.2　电子产品环境适应性知识

电子产品的功能和使用寿命会受到其应用环境的影响，为了改善电子产品的性能及提高使用寿命，提高其环境适应性是关键。应不断地深入研究和改善电子产品的环境适应性，使其在人们的生活和工作中发挥更加重要的作用。

人们对电子产品的广泛应用和关注是因为其拥有强大的性能，并且电子产品的各种功能可以为人们在生活和工作中提供更多的便利。但是，环境会对电子产品的功能造成一定的影响，在很多时候电子产品的性能会因受到环境的影响而减弱，这就会对其使用效果造成影响。在潮湿的环境中，电子产品可能没有办法使用。在某些受磁场影响的环境中，很多电子产品的功能会受到限制。所以，提高电子产品的环境适应性对于提升其性能有很大意义。

每种电子产品都有其预期的使用寿命，但是其预期的使用寿命是在其所能适应的环境范围内的一个估计值，一旦电子产品处于非适应的环境中运作，就会对其使用寿命造成一定的影响。环境对电子产品的使用寿命有很大的影响，有些电子产品在低温或高温的环境下运作其使用寿命就会缩短，这就在无形中降低了电子产品的使用价值。如果电子产品长期在非适应的环境中运作就会增加其使用成本。此外，电子产品在非适应的环境中运作也很有可能出现故障，造成损失。

电子产品的故障期有以下几个阶段。

（1）早期故障期。在产品投入使用的初期，产品的故障率较高，且具有迅速下降的特征。此阶段故障主要是设计与制作中的缺陷，如设计不当、材料缺陷、加工缺陷、安装调整不当等，产品投入使用后其缺陷很容易暴露出来。

（2）偶然故障期。在产品投入使用一段时间后，产品的故障率可降到一个较低的水平，且基本处于平稳状态，可以近似地认为其故障率为常数，这一阶段就是偶然故障期。

（3）耗损故障期。此种故障期的特点是产品的故障率迅速上升，很快出现产品故障大量增加直至最后报废。

### 5.2.3　整机组装实例

本节以 DZX17Y-001 型功放机为例介绍整机的安装工艺。功放机电路板的电源和功放机原理图如图 5-5 所示。

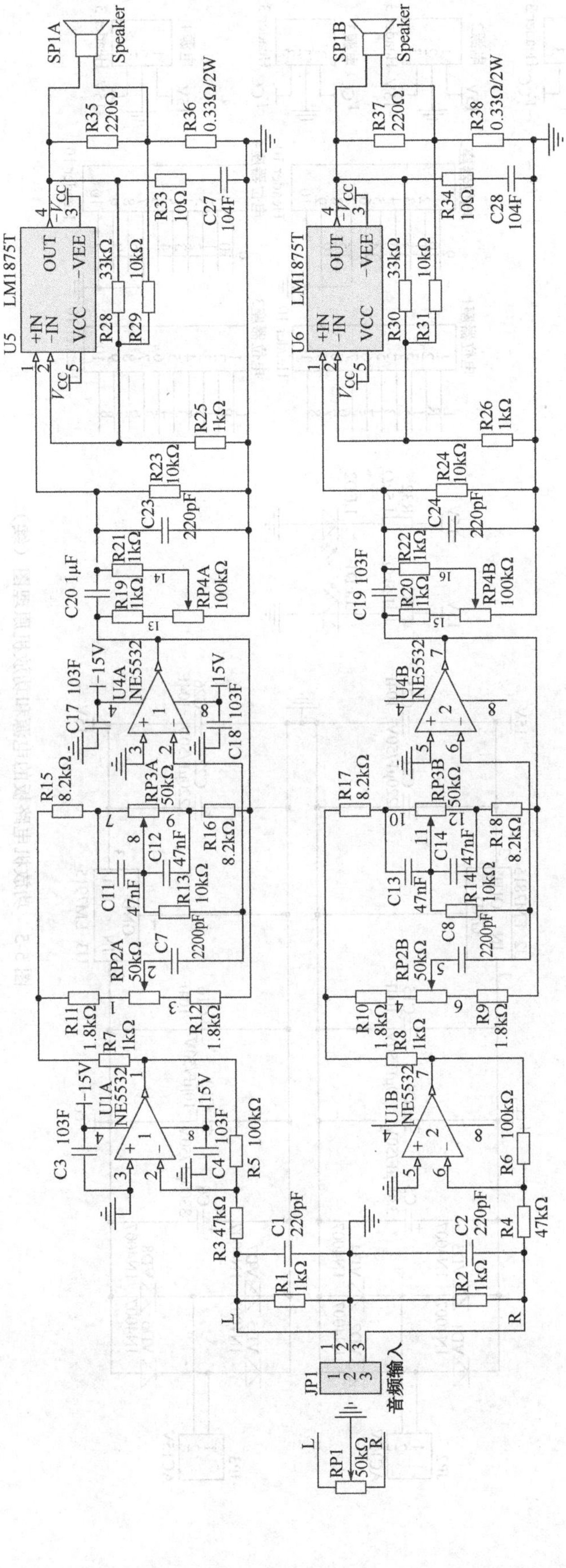


图5-5 功放机电路板的电源和功放机原理图

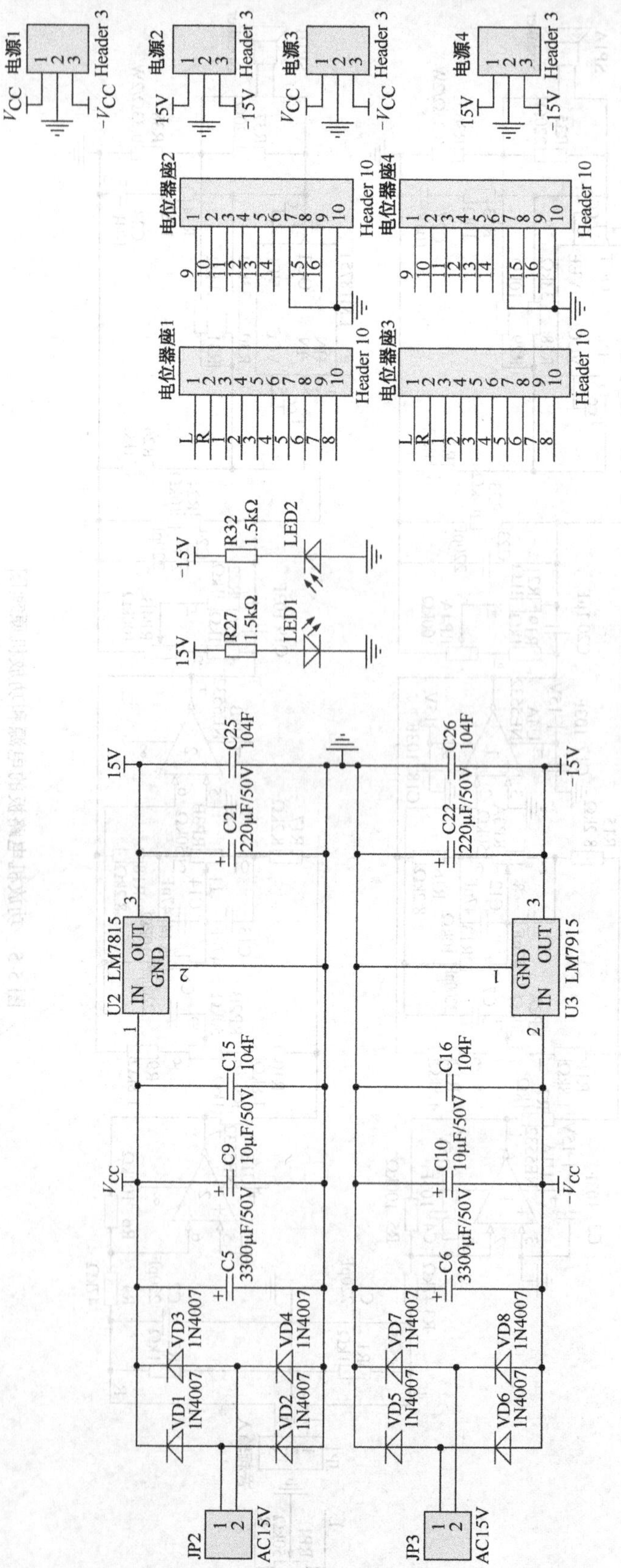


图 5-5　功放机电路板的电源和功放机原理图（续）

## 1. 工作原理

1）电源电路

电源分为正、负两组，由 VD1～VD4 组成的整流桥将输入的交流电压变成脉动直流电压后，再经 C5 和 C9 滤波后给 LM7815 提供输入电压，此电压经 LM7815 稳压后输出+15V 给集成运放 NE5532 的 8 脚供电。同理，由 LM7915 输出的-15V 给 NE5532 的 4 脚供电。LED1 和 LED2 为电源指示灯。

2）功放电路

左右声道信号通过 JP1 进入电路进行放大。以左声道为例，信号经过 U1A 反相放大后，送到音调控制电路，再经过 U4A 进行第 2 次反相放大后，经过音量电位器 RP4A 送到功放电路 LM1875 进行功率放大，推动扬声器发出声音。右声道同理。

## 2. 电路的 PCB 图

图 5-6 所示为 DZX17Y-001 型功放机的 PCB 安装示意图。

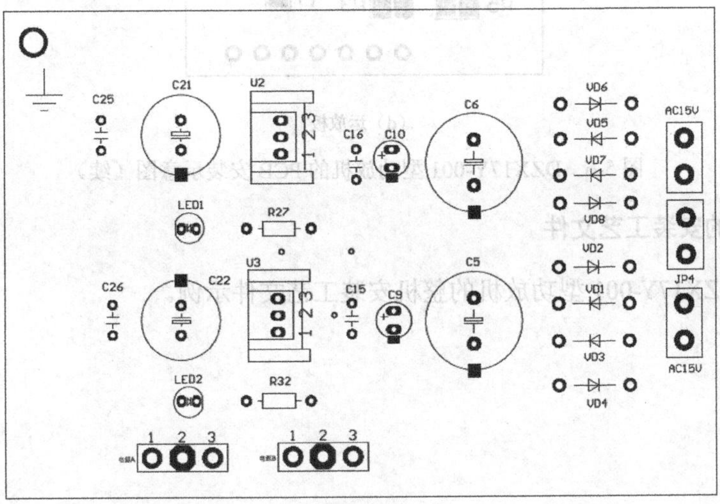


（a）电源板

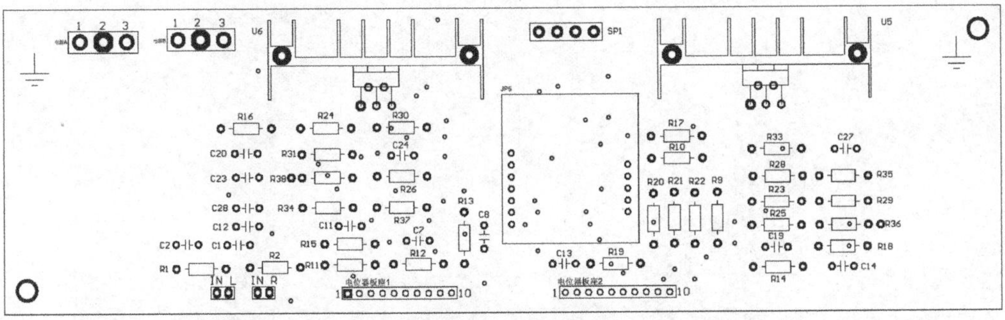


（b）功放机电路板

图 5-6 DZX17Y-001 型功放机的 PCB 安装示意图

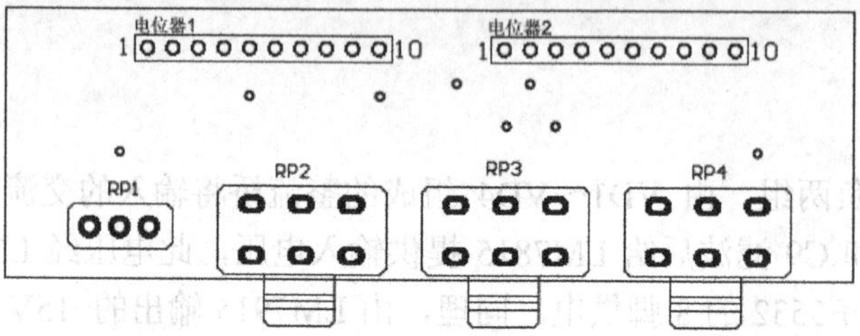


（c）电位器板

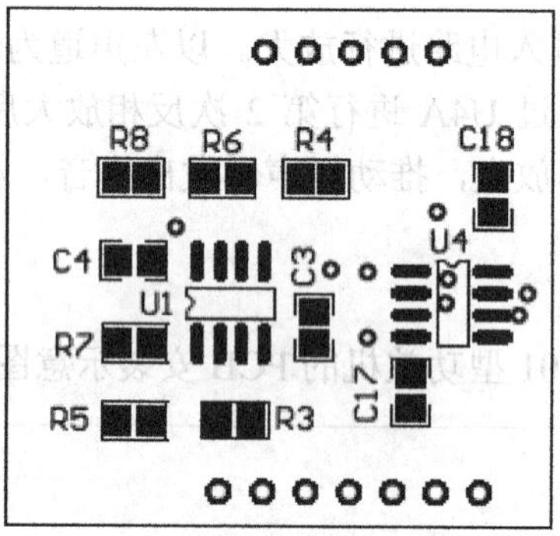


（d）运放板

图 5-6　DZX17Y-001 型功放机的 PCB 安装示意图（续）

## 3．整机的安装工艺文件

以下是 DZX17Y-001 型功放机的整机安装工艺文件示例。

# 工 艺 文 件

共 3 册

第 3 册

共 16 页

产品型号： DZX17Y-001

产品名称： 功放机

产品图号： 05G301—003

本册内容： 整机装配

编 制：
标 准：
审 核：
批 准：

年 月 日

| | 工艺文件目录 | | | 产品名称或型号 | | 产品图号 |
|---|---|---|---|---|---|---|
| | 序号 | 文件代号 | 文件图号 | 文件名称 | 页数 | 备注 |
| | 1 | GS01 | | 封面 | 1 | |
| | 2 | GS02 | | 目录 | 1 | |
| | 3 | GS03 | | 配套明细表 | 2 | |
| | 4 | GS04 | | 工艺说明及简图 | 1 | |
| | 5 | GS05 | | 装配工艺过程卡 | 9 | |
| | 6 | GS06 | | 附件 1 | 2 | |
| | | | | | | |
| | | | | | | |
| | | | | | | |
| | | | | | | |
| | | | | | | |
| | | | | | | |
| | | | | | | |
| | | | | | | |
| | | | | | | |
| | | | | | | |
| | | | | | | |
| 使用性 | | | | | | |
| | | | | | | |
| | | | | | | |
| 旧图号 | | | | | | |
| | | | | | | |
| | | | | | | |
| | | | | | | |

| 底图号 | | 更改标记 | 数量 | 文件号 | 日期 | 签名 | | 日期 | 第 2 页 |
|---|---|---|---|---|---|---|---|---|---|
| | | | | | | 编制 | | | |
| | | | | | | 标准 | | | |
| | | | | | | 审核 | | | |
| | | | | | | 批准 | | | 共 16 页 |
| 日期 | 签名 | | | | | | | | |
| | | | | | | | | | |

| 配套明细表 | | | 装配件及名称 | | 装配件图号 |
|---|---|---|---|---|---|
| 序号 | 名 称 | 参数 | 数量 | 备注 | 来自何处 |
| 1 | 排线 | 5.08/P3 | 2 条 | 电源 A、电源 B | 齐套件 |
| 2 | 排线 | 2.54/P10 | 1 条 | 电位器座 1 | 齐套件 |
| 3 | 排线 | 2.54/P10 | 1 条 | 电位器 2 | 齐套件 |
| 4 | 排线座 | 2.54/P10 | 1 个 | 电位器座 1 | 齐套件 |
| 5 | 排线座 | 2.54/P10 | 1 个 | 电位器 2 | 齐套件 |
| 6 | 音频输入座 | 2.54/P2 | 1 个 | 主电路板 IN1 | 齐套件 |
| 7 | 音频输入座 | 2.54/P2 | 1 个 | 主电路板 IN2 | 齐套件 |
| 8 | 音频屏蔽线 | 2.54/P2-300mm | 2 条 | 外壳-主电路板 | 齐套件 |
| 9 | 音频输入端子 | 莲花座 | 2 个 | 外壳 | 齐套件 |
| 10 | 电源插座 | XL13-3 | 1 个 | 外壳 | 齐套件 |
| 11 | 电源线 | 0.5-蓝色、黄色、黄绿 | 5 条 | 外壳 | 齐套件 |
| 12 | 音频输出端子 | 8mm-红色、黑色 | 4 个 | 外壳 | 齐套件 |
| 13 | 音频输出线 | 红色、黑色 300mm | 4 条 | 外壳-主电路板 | 齐套件 |
| 14 | 外壳 | 250×250mm | 1 个 | 亚克力 | 齐套件 |
| 15 | 电路板 | 80×20 | 1 块 | 电位器板 | 齐套件 |
| 16 | 电路板 | 210×75 | 1 块 | 主电路板 | 齐套件 |
| 17 | 电路板 | 110×80 | 1 块 | 电源板 | 齐套件 |
| 18 | 变压器 | 220V 变 15V 双、7.5V | 1 个 | 外壳 | 齐套件 |

| 底图号 | 更改标记 | 数量 | 文件号 | 签名 | 日期 | 签名 | | 日期 | |
|---|---|---|---|---|---|---|---|---|---|
| | | | | | | 编制 | | | 第 3 页 |
| | | | | | | 标准 | | | |
| | | | | | | 审核 | | | |
| | | | | | | 批准 | | | 共 16 页 |
| 日期 | 签名 | | | | | | | | |

| 配套明细表 | | | 装配件及名称 | | 装配件图号 |
|---|---|---|---|---|---|
| 序号 | 名称 | 参数 | 数量 | 备注 | 来自何处 |
| 19 | 螺钉、螺母 | M3×12 | 10 套 | 固定电路板 | 齐套件 |
| 20 | 螺钉、螺母 | M4×10 | 4 套 | 固定变压器-有平垫 | 齐套件 |
| 21 | 绝缘子 | M3×5 | 10 个 | 隔离外壳 | 齐套件 |
| 22 | 电源开关 | | 1 个 | 外壳 | 齐套件 |
| 23 | 排线座 | 2.54×2 | 2 套 | 音频输入 | 齐套件 |
| 24 | 单芯屏蔽导线 | | 1 条 | 音频输入 | 齐套件 |
| 25 | 排线座 | 3.96×3 | 3 套 | 变压器输入 | 齐套件 |
| 26 | 导线 | 0.5-棕、黑、橙 | 15 条 | | 齐套件 |
| 27 | 电位器 | 50kΩ | 1 个 | RP1 单联 | 齐套件 |
| 28 | 电位器 | 100kΩ | 1 个 | RP2 | 齐套件 |
| 29 | 电位器 | 100kΩ | 2 个 | RP3、RP4 | 齐套件 |
| 30 | 套管 | 热缩管 | 2 米 | | 齐套件 |
| 31 | 接地焊片 | | 2 个 | 电源板、主电路板 | 齐套件 |
| 32 | 绑扎线 | | 2 米 | | 齐套件 |
| 33 | 电源线 | | 1 根 | 电源插座 | 齐套件 |
| | | | | | |
| | | | | | |
| | | | | | |

| 底图号 | | 更改标记 | 数量 | 文件号 | 签名 | 日期 | 签名 | | 日期 | |
|---|---|---|---|---|---|---|---|---|---|---|
| | | | | | | | 编制 | | | 第 4 页 |
| | | | | | | | 标准 | | | |
| | | | | | | | 审核 | | | |
| | | | | | | | 批准 | | | 共 16 页 |
| 日期 | 签名 | | | | | | | | | |
| | | | | | | | | | | |

| | | | |
|---|---|---|---|
| | 工艺说明及简图 | 名称 | 编号 |
| | | | |
| | | 工序名称 | 工序编号 |
| | | 整机装配 | |

| | |
|---|---|
| 工序 1：焊接电位器板 | 工序 2：安装电位器板（前面板） |
| 工序 3：安装电源开关、电源插座（后面板）、音频输入端子、音频输出端子 | 工序 4：安装电源板、主电路板 |
| 工序 5：安装变压器 | 工序 6：制作线扎 |
| 工序 7：安装整机接线 | 工序 8：制作电源线 |
| 工序 9：检验 | |

| 使用性 |
|---|
| |
| 旧图号 |

| 底图号 | 更改标记 | 数量 | 文件号 | 签名 | 日期 | | 签名 | 日期 | 第 5 页 |
|---|---|---|---|---|---|---|---|---|---|
| | | | | | | 编制 | | | |
| | | | | | | 标准 | | | |
| | | | | | | 审核 | | | |
| | | | | | | 批准 | | | 共 16 页 |
| 日期 | 签名 | | | | | | | | |
| | | | | | | | | | |

<table>
<tr><td rowspan="3"></td><td colspan="4" rowspan="2">装配工艺过程卡</td><td colspan="2">装配名称</td><td colspan="2">装配件图号</td></tr>
<tr><td colspan="2">电位器板</td><td colspan="2"></td></tr>
<tr><td rowspan="2">序号</td><td colspan="2">装入件及辅助材料</td><td rowspan="2">车间</td><td rowspan="2">序号</td><td rowspan="2">工种</td><td rowspan="2">工序内容及要求</td><td rowspan="2">设备及工装</td><td rowspan="2">工时</td></tr>
<tr><td></td><td>图号、名称</td><td>数量</td></tr>
<tr><td></td><td>1</td><td>焊接<br>电位器板</td><td>1块</td><td>车间</td><td>1</td><td>电子装配</td><td>在电位器板上首先焊接排针座，然后焊接电位器</td><td>电烙铁、<br>无齿平头钳</td><td></td></tr>
<tr><td>使用性<br><br>旧图号</td><td colspan="9"><br></td></tr>
</table>

<table>
<tr><td>底图号</td><td>更改标记</td><td>数量</td><td>文件号</td><td>签名</td><td>日期</td><td colspan="2">签名</td><td>日期</td><td rowspan="3">第 6 页</td></tr>
<tr><td></td><td></td><td></td><td></td><td></td><td></td><td>编制</td><td></td><td></td></tr>
<tr><td></td><td></td><td></td><td></td><td></td><td></td><td>标准</td><td></td><td></td></tr>
<tr><td></td><td></td><td></td><td></td><td></td><td></td><td>审核</td><td></td><td></td><td rowspan="3">共 16 页</td></tr>
<tr><td></td><td></td><td></td><td></td><td></td><td></td><td>批准</td><td></td><td></td></tr>
<tr><td>日期 | 签名</td><td></td><td></td><td></td><td></td><td></td><td></td><td></td><td></td></tr>
</table>

| 装配工艺过程卡 | 装配名称 | 装配件图号 |
|---|---|---|
| | 电位器板 | |

| 序号 | 装入件及辅助材料 | | 车间 | 序号 | 工种 | 工序内容及要求 | 设备及工装 | 工时 |
|---|---|---|---|---|---|---|---|---|
| | 图号、名称 | 数量 | | | | | | |
| 2 | 电位器板 | 1块 | 车间 | 2 | 电子装配 | 将电位器板固定在整机前面板上；安装要牢固、无松动 | 电烙铁、无齿平头钳 | |

| | |
|---|---|
| 使用性 | |
| 旧图号 | |

| 底图号 | 更改标记 | 数量 | 文件号 | 签名 | 日期 | 签名 | | 日期 | |
|---|---|---|---|---|---|---|---|---|---|
| | | | | | | 编制 | | | 第 7 页 |
| | | | | | | 标准 | | | |
| | | | | | | 审核 | | | |
| | | | | | | 批准 | | | 共16页 |
| 日期 签名 | | | | | | | | | |

<table>
<tr><td rowspan="3"></td><td colspan="5">装配工艺过程卡</td><td colspan="3">装配名称</td><td colspan="2">装配件图号</td></tr>
<tr><td rowspan="2">序号</td><td colspan="2">装入件及辅助材料</td><td rowspan="2">车间</td><td rowspan="2">序号</td><td rowspan="2">工种</td><td rowspan="2">工序内容及要求</td><td rowspan="2">设备及工装</td><td rowspan="2">工时</td></tr>
<tr><td>图号、名称</td><td>数量</td></tr>
<tr><td></td><td>3</td><td>电源开关、电源插座、音频输入端子、音频输出端子</td><td>8</td><td>车间</td><td>3</td><td>电子装配</td><td>1. 各元件安装位置要正确<br>2. 电源插座为航空插座</td><td>电烙铁、无齿平头钳</td><td></td></tr>
<tr><td>使用性</td><td colspan="9"></td></tr>
<tr><td>旧图号</td><td colspan="9"></td></tr>
</table>

| 底图号 | 更改标记 | 数量 | 文件号 | 签名 | 日期 | 签名 | | 日期 | |
|---|---|---|---|---|---|---|---|---|---|
| | | | | | | 编制 | | | 第 8 页 |
| | | | | | | 标准 | | | |
| | | | | | | 审核 | | | |
| | | | | | | 批准 | | | 共 16 页 |
| 日期 签名 | | | | | | | | | |

| 装配工艺过程卡 | | | 装配名称 | | | 装配件图号 | | |
|---|---|---|---|---|---|---|---|---|
| | | | 电源板、主电路板 | | | | | |
| 序号 | 装入件及辅助材料<br>图号、名称 | 数量 | 车间 | 序号 | 工种 | 工序内容及要求 | 设备及工装 | 工时 |
| 4 | 电源板、<br>主电路板 | 2 块 | 车间 | 4 | 电子装配 | 1. 电源板、主电路板要正向安装<br>2. 主电路板上的接地焊片安装在 U5 右侧 | 电烙铁、<br>无齿平头钳 | |

| 使用性 |
|---|
| |
| 旧图号 |

| 底图号 | 更改标记 | 数量 | 文件号 | 签名 | 日期 | | 签名 | 日期 | |
|---|---|---|---|---|---|---|---|---|---|
| | | | | | | 编制 | | | 第 9 页 |
| | | | | | | 标准 | | | |
| | | | | | | 审核 | | | |
| | | | | | | 批准 | | | 共 16 页 |
| 日期 签名 | | | | | | | | | |

| 装配工艺过程卡 | 装配名称 | 装配件图号 |
|---|---|---|
| | 变压器 | |

| 序号 | 装入件及辅助材料 | | 车间 | 序号 | 工种 | 工序内容及要求 | 设备及工装 | 工时 |
|---|---|---|---|---|---|---|---|---|
| | 图号、名称 | 数量 | | | | | | |
| 5 | 变压器 | 1个 | 车间 | 5 | 电子装配 | 变压器副边绕组应在电源板侧 | 电烙铁、无齿平头钳 | |

| 使用性 | | | | | | | | |
|---|---|---|---|---|---|---|---|---|
| 旧图号 | | | | | | | | |
| 底图号 | 更改标记 | 数量 | 文件号 | 签名 | 日期 | 签名 | 日期 | |
| | | | | | | 编制 | | 第10页 |
| | | | | | | 标准 | | |
| | | | | | | 审核 | | |
| | | | | | | 批准 | | 共16页 |
| 日期 签名 | | | | | | | | |

| 装配工艺过程卡 | | | | 装配名称 | | | 装配件图号 | |
|---|---|---|---|---|---|---|---|---|
| | | | | 制作线扎 | | | | |
| 序号 | 装入件及辅助材料 | | 车间 | 序号 | 工种 | 工序内容及要求 | 设备及工装 | 工时 |
| | 图号、名称 | 数量 | | | | | | |
| 6 | 制作线扎 | 1个 | 车间 | 6 | 电子装配 | 线扎尺寸 | 电烙铁、无齿平头钳 | |

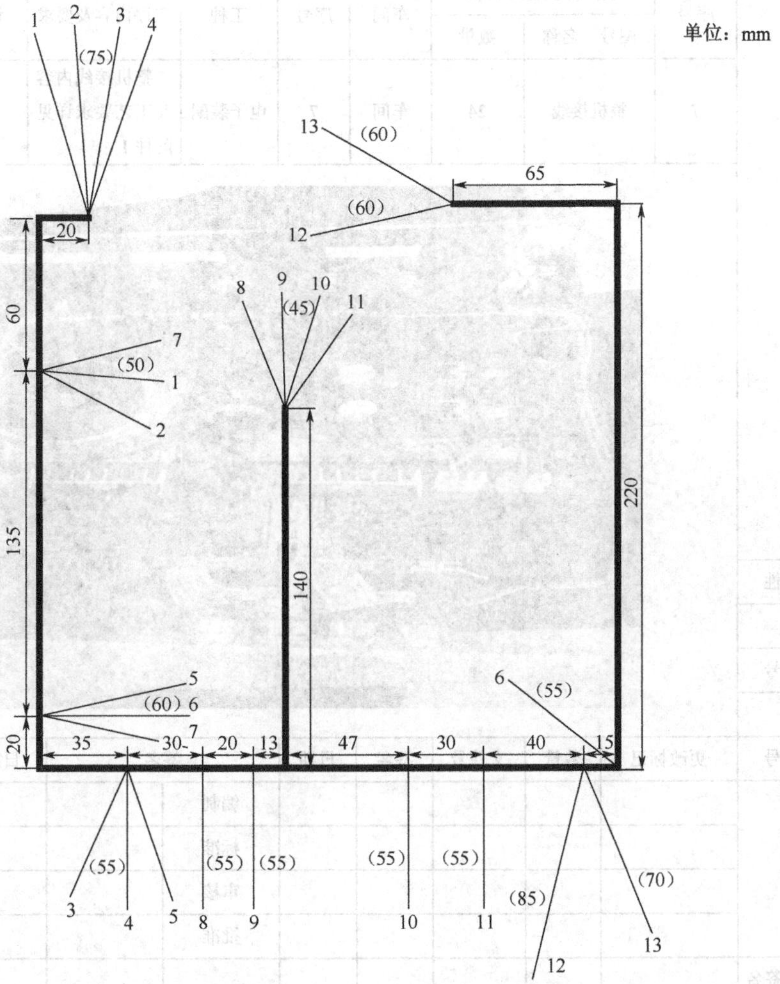


| 使用性 |
|---|
| |
| 旧图号 |
| |

| 底图号 | 更改标记 | 数量 | 文件号 | 签名 | 日期 | 签名 | | 日期 | |
|---|---|---|---|---|---|---|---|---|---|
| | | | | | | 编制 | | | 第11页 |
| | | | | | | 标准 | | | |
| | | | | | | 审核 | | | |
| | | | | | | 批准 | | | 共16页 |
| 日期 签名 | | | | | | | | | |
| | | | | | | | | | |

| 装配工艺过程卡 | | | | 装配名称 | | 装配件图号 | |
|---|---|---|---|---|---|---|---|
| | | | | 整机接线 | | | |
| 序号 | 装入件及辅助材料 | | 车间 | 序号 | 工种 | 工序内容及要求 | 设备及工装 | 工时 |
| | 图号、名称 | 数量 | | | | | | |
| 7 | 整机接线 | 24 | 车间 | 7 | 电子装配 | 整机接线内容及工艺要求详见附件 1 | 电烙铁、无齿平头钳 | |

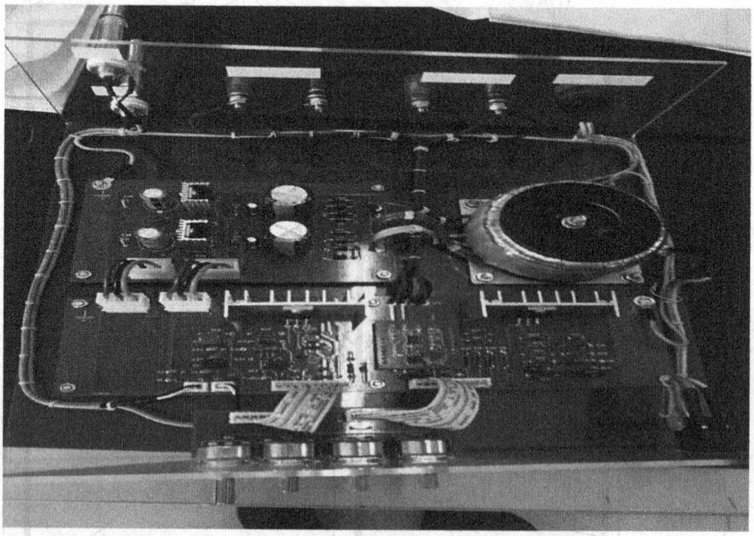

| 使用性 |
|---|
| |
| 旧图号 |
| |

| 底图号 | 更改标记 | 数量 | 文件号 | 签名 | 日期 | 签名 | | 日期 | |
|---|---|---|---|---|---|---|---|---|---|
| | | | | | | 编制 | | | 第 12 页 |
| | | | | | | 标准 | | | |
| | | | | | | 审核 | | | |
| | | | | | | 批准 | | | 共 16 页 |
| 日期 | 签名 | | | | | | | | |

| | 装配工艺过程卡 | | | | 装配名称 | | | 装配件图号 | |
|---|---|---|---|---|---|---|---|---|---|
| | | | | | 电源线 | | | | |
| | 序号 | 装入件及辅助材料 | | 车间 | 序号 | 工种 | 工序内容及要求 | 设备及工装 | 工时 |
| | | 图号、名称 | 数量 | | | | | | |
| | 8 | 电源线 | 1根 | 车间 | 8 | 电子装配 | 1. 电源线连接功放机端为航空插头<br>2. 航空插头端电源线焊接后要加装套管 | 电烙铁、剥线钳 | |
| 使用性 | | | | | | | | | |
| 旧图号 | | | | | | | | | |
| 底图号 | 更改标记 | 数量 | 文件号 | 签名 | 日期 | 签名 | | 日期 | |
| | | | | | | 编制 | | | 第13页 |
| | | | | | | 标准 | | | |
| | | | | | | 审核 | | | |
| | | | | | | 批准 | | | 共16页 |
| 日期 | 签名 | | | | | | | | |

<table>
<tr><td rowspan="3"></td><td colspan="4" rowspan="2">装配工艺过程卡</td><td colspan="3">装配名称</td><td colspan="2">装配件图号</td></tr>
<tr><td colspan="3">自检</td><td colspan="2"></td></tr>
<tr><td rowspan="2">序号</td><td colspan="2">装入件及辅助材料</td><td rowspan="2">车间</td><td rowspan="2">序号</td><td rowspan="2">工种</td><td rowspan="2">工序内容及要求</td><td rowspan="2">设备及工装</td><td rowspan="2">工时</td></tr>
<tr><td></td><td>图号、名称</td><td>数量</td></tr>
<tr><td></td><td>9</td><td>自检</td><td>1</td><td>车间</td><td>9</td><td>电子装配</td><td>1．检查电源板<br>2．检查主电路板<br>3．检查整机</td><td>电烙铁、<br>无齿平头钳</td><td></td></tr>
<tr><td>使用性</td><td colspan="9" rowspan="4">自检内容及要求：<br>1．电源板、主电路板<br>（1）所有元器件焊接完成后目视检查；<br>（2）元器件：型号、规格、数量、安装位置及方向是否与图纸符合；<br>（3）焊接检查，有无虚焊、漏焊、桥接、飞溅等缺陷<br>2．整机<br>（1）各装配件是否安装正确；<br>（2）是否符合电原理图和接线图的要求</td></tr>
<tr><td></td></tr>
<tr><td>旧图号</td></tr>
<tr><td></td></tr>
</table>

<table>
<tr><td colspan="2">底图号</td><td>更改标记</td><td>数量</td><td>文件号</td><td>签名</td><td>日期</td><td colspan="2">签名</td><td>日期</td><td></td></tr>
<tr><td colspan="2" rowspan="4"></td><td></td><td></td><td></td><td></td><td></td><td>编制</td><td></td><td></td><td rowspan="3">第 14 页</td></tr>
<tr><td></td><td></td><td></td><td></td><td></td><td>标准</td><td></td><td></td></tr>
<tr><td></td><td></td><td></td><td></td><td></td><td>审核</td><td></td><td></td></tr>
<tr><td></td><td></td><td></td><td></td><td></td><td>批准</td><td></td><td></td><td rowspan="3">共 16 页</td></tr>
<tr><td>日期</td><td>签名</td><td></td><td></td><td></td><td></td><td></td><td></td><td></td><td></td></tr>
<tr><td></td><td></td><td></td><td></td><td></td><td></td><td></td><td></td><td></td><td></td></tr>
</table>

## 附件 1

| 下线表、接线表 | | | | | | |
|---|---|---|---|---|---|---|
| 线号 | 导线型号及规格 | 颜色 | 连接点 A | 连接点 B | 长度/mm | 备注 |
| 1 | AVR-0.35$mm^2$ | 蓝色 | K1-左上 | B1-1 | 240 | |
| 2 | AVR-0.35$mm^2$ | 黄色 | K1-右上 | B1-2 | 240 | |
| 3 | AVR-0.35$mm^2$ | 黄色 | K1-右下 | X1-1 | 390 | |
| 4 | AVR-0.35$mm^2$ | 蓝色 | K1-左下 | X1-2 | 390 | |
| 5 | AVR-0.35$mm^2$ | 黄绿色 | B1-D3 | X1-3 | 150 | |
| 6 | AVR-0.35$mm^2$ | 黄绿色 | B1-D3 | Z1-D4 | 240 | |
| 7 | AVR-0.35$mm^2$ | 黄绿色 | B1-D3 | Z2-D4 | 350 | |
| 8 | AVR-0.35$mm^2$ | 黑色 | 输出 JX1-负 | SP1-1 右 | 250 | |
| 9 | AVR-0.35$mm^2$ | 红色 | 输出 JX1-正 | SP1-2 | 250 | |
| 10 | AVR-0.35$mm^2$ | 黑色 | 输出 JX2-负 | SP1-3 | 260 | |
| 11 | AVR-0.35$mm^2$ | 红色 | 输出 JX2-正 | SP1-4 | 290 | |
| 12 | AVR-0.35$mm^2$ | 灰色/黑 | 输入 2-皮 | Z1-2P 插座 2 右 | 390/50 | |
| | AVR-0.35$mm^2$ | 灰色 | 输入 2-芯 | Z1-2P 插座 2 | 390 | |
| 13 | AVR-0.35$mm^2$ | 灰色/黑 | 输入 1-皮 | Z1-2P 插座 1 右 | 390/50 | |
| | AVR-0.35$mm^2$ | 灰色 | 输入 1-芯 | Z1-2P 插座 1 | 390 | |
| 14 | AVR-0.35$mm^2$ | 绿色 | B1-自带 | Z2-JP4-1/2 | 80 | |
| 15 | AVR-0.35$mm^2$ | 黄色 | B1-自带 | Z2-AC15V-1/2 | 80 | |
| 16 | AVR-0.35$mm^2$ | 蓝色 | B1-自带 | Z2-AC15V-1/2 | 80 | |
| 17 | AVR-0.35$mm^2$ | 棕色 | 3P 插座 Z1-1 | 3P 插座 Z2-3 左 | 90 | |
| 18 | AVR-0.35$mm^2$ | 黑色 | 3P 插座 Z1-2 | 3P 插座 Z2-2 | 90 | |
| 19 | AVR-0.35$mm^2$ | 橙色 | 3P 插座 Z1-3 | 3P 插座 Z2-1 | 90 | |
| 20 | AVR-0.35$mm^2$ | 棕色 | 3P 插座 Z3-1 | 3P 插座 Z4-3 左 | 90 | |
| 21 | AVR-0.35$mm^2$ | 黑色 | 3P 插座 Z3-2 | 3P 插座 Z4-2 | 90 | |
| 22 | AVR-0.35$mm^2$ | 橙色 | 3P 插座 Z3-3 | 3P 插座 Z4-1 | 90 | |
| 23 | AVR-0.2$mm^2$ | 排线 10P | Z1-1 | Z2-1 | 140 | |
| 24 | AVR-0.2$mm^2$ | 排线 10P | Z1-2 | Z2-2 | 140 | |

工艺要求：

1．剥头：导线剥头长度为 8～15mm。

2．搪锡：导线根部不搪锡距离为 0.5～1mm。

3．焊接：导线焊接时，助焊剂应涂在导线端头上。

**DL明细表**

| 序号 | 颜色 | 名称 | 项目代号 |
|---|---|---|---|
| 1 | | 电源电路 | |
| 2 | | 放大电路 | |
| 3 | | 变压器 | |
| 4 | | 开关 | K1 |
| 5 | 红 | 音频端子 | |
| 6 | 黑 | 音频端子 | |
| 7 | 黑 | 接线端子 | JX1 |
| 8 | 红 | 接线端子 | JX2 |
| 9 | 黑 | 接线端子 | JX3 |
| 10 | 红 | 接线端子 | JX4 |
| 11 | | 航空插座 | |

**装配明细表**

| 序号 | 数量 | 名称 | 规格/型号 |
|---|---|---|---|
| 1 | 1 | 变压器 | |
| 2 | 1 | 电源电路 | |
| 3 | 1 | 功放电路 | |
| 4 | 1 | 调音电路 | |
| 5 | 1 | 航空插座 | 三芯 |
| 6 | 2 | 接线端子 | 红 |
| 7 | 2 | 接线端子 | 黑 |
| 8 | 1 | 音频端子 | 红 |
| 9 | 1 | 音频端子 | 黑 |
| 10 | 1 | 开关 | |
| 11 | | 平垫 | $\phi3$/mm |
| 12 | | 平垫 | $\phi4$/mm |
| 13 | | 弹簧垫片 | $\phi3$/mm |
| 14 | | 弹簧垫片 | $\phi4$/mm |
| 15 | | 螺钉 | |
| 16 | | 螺钉 | |
| 17 | | 螺钉 | |
| 18 | | 螺母 | |
| 19 | | 螺母 | |
| 20 | | 绝缘端子 | |
| 21 | | 连接线 | |

# 5.3 产品质量控制

电子产品生产过程中的工序及工艺质量控制直接关系着电子产品最终的质量情况。电子产品的生产过程是电子产品质量形成中最为重要的一个环节，指的是以图纸及工艺相关文件为依据，进行满足相关质量要求的电子产品的制造过程。电子产品的质量控制及其管理的目的就是确保在必要的材料、技术及其管理要求的约束下进行产品的生产，使其能够发挥出应有的作用。

## 5.3.1 整机电气组装的问题分析与解决方法

### 1．整机装配的顺序和基本要求

整机装配顺序与原则按组装级别划分，整机装配按元件级，插件级，插箱板级和箱、柜级顺序进行。

（1）元件级：最低的组装级别，其特点是结构不可分割。

（2）插件级：用于组装和互连电子元器件。

（3）插箱板级：用于安装和互连插件或印制电路板部件。

（4）箱、柜级：主要通过电缆及连接器互连插件和插箱，并通过电源电缆送电构成独立的有一定功能的电子仪器、设备和系统。

### 2．整机装配的基本要求

（1）未经检验合格的装配件（零、部、整件）不得安装，已检验合格的装配件必须保持清洁。

（2）认真阅读工艺文件和设计文件，严格遵守工艺规程。装配完成后的整机应符合图纸和工艺文件的要求。

（3）严格遵守装配的一般顺序，防止前后顺序颠倒，注意前后工序的衔接。

（4）装配过程不要损伤元器件，避免碰坏机箱和元器件上的涂覆层，以免损害绝缘性能。

（5）熟练掌握操作技能，保证质量，严格执行三检（自检、互检和专职检验）制度。

### 3．整机装配的特点及方法

1）组装特点

电子设备的组装在电气上是以印制电路板为支撑主体的电子元器件的电路连接，在结构上是以组成产品的钣金硬件和模型壳体，通过紧固件由内到外按一定顺序的安装。电子产品属于技术密集型产品，组装电子产品的主要特点是组装工作是由多种基本技术构成的。在多种情况下，装配操作质量都难以进行分析，如焊接质量的好坏通常以目测判断，刻度盘、旋钮等的装配操作质量多以手感鉴定等。进行装配工作的人员必须进行训练和挑选，不可随便上岗。

2）组装方法

组装在生产过程中要占用大量时间，因为对于给定的应用和生产条件，必须研究几种可能的方案，并在其中选取最佳方案。目前，电子设备的组装方法从组装原理上可以分为功能法、组件法和功能组件法。

（1）功能法。这种方法是将电子设备的一部分放在一个完整的结构部件内，该部件能完成变换或形成信号的局部任务（某种功能）。

（2）组件法。这种方法是制造出一些外形尺寸和安装尺寸都统一的部件，这种部件的功能完整退居次要地位。

（3）功能组件法。这种方法兼顾功能法和组件法的特点，制造出既有功能完整性又有规范化的结构尺寸和组件。

### 5.3.2 电气组装质量分析报告编制的相关知识

电子产品生产过程中的质量影响因素分析，通常而言，影响电子产品生产质量的因素主要包括如下 5 个方面。

#### 1. 操作人员

对于操作人员而言，为了确保电子产品的生产质量，要求其必须具有强烈的责任感和质量意识，还需要不断完善自身的技术能力，提高对生产操作的熟练程度。同时还要求操作人员在电子产品的生产过程中，必须严格遵循相应的操作规定和规范来进行。

#### 2. 机械设备

为了确保生产过程的顺利进行，机械设备是整个过程中必不可少的条件，特别是对于那些现代化程度相对较高，或者是有定位装置的先进设备而言，其对电子产品的生产质量具有决定性的作用。因此，必须确保这些设备仪器的精密度和可靠程度。此外，为确保生产质量，应定期对设备的性能进行检查。

#### 3. 生产材料

原材料中同电子产品生产质量直接相关的因素主要包括生产材料的型号、规格、物化成分及性能等。为了有效控制生产材料的质量，必须在购买过程中对其质量进行严格的检查，合理进行原料供应商及其原材料的选择。

#### 4. 生产工艺及其方法

生产工艺及其方法因素相当关键，其对于电子产品生产质量的影响主要表现在如下两方面：电子产品加工方法的科学制定与生产工艺参数及其装备的合理选择、执行方法的有效实施。两者对电子产品的生产质量起着决定性的作用。

#### 5. 环境因素

通常而言，产品生产工序不同，其所需环境也不尽相同。环境是指生产过程中现场的温湿度、照明、噪声、振动及现场污染情况等方面。不同的工序所需环境也应进行相应的调整，避免对生产质量造成影响。

# 练 习 题

## 一、单选题

1．原理图明细表中不包含（　　）。

A．元器件名称　　B．元器件型号

C．元器件价格　　D．元器件规格

2．元器件明细表是生产线上（　　）的依据。

A．组织生产　　B．技术指导

C．调试、检修　　D．领料、备料、插装

3．通过元器件明细表直接可以确定电阻的（　　）。

A．型号与规格　　B．允许的工作电流

C．尺寸　　D．图形符号

4．在简化接线图中，零部件的表示方法是（　　）。

A．只画出轮廓，不必画出实物　　B．只画出实物

C．不画轮廓，只标符号　　D．只注明名称

## 二、判断题

1．元器件明细表中不包含元器件的数量。（　　）

2．在简化接线图中，与接线无关的零部件也要画出。（　　）

# 第6章　培训与指导

根据国家职业技能标准，作为一名技师或高级技师，不仅应能够指导现场操作，还应具备编写讲义，以及进行技术理论培训的能力。本章通过介绍理论培训的方法，使技师或高级技师正确掌握培训初、中、高级广电和通信设备电子装接工的培训方法，使培训对象成为既有技术又能进行理论、技能培训的技术人才。

## 6.1　培训

培训的定义：培养和训练（技术工人、专业人才等）。

### 6.1.1　现场示范教学知识

生产制造行业经常提到一个词就是“现场管理”，日本的制造型企业用“现场力”来形容。那么，什么是现场呢？对于制造型企业来说，现场就是生产车间；对于学校来说，现场既是实训教室，也是实习车间、实训基地。

#### 1．编制生产现场容易出现的操作问题培训方案

生产现场管理包含6个因素，即人、机、料、法、环、测。

1）操作人员因素（人）主要控制措施

（1）生产人员符合岗位技能要求，经过相关培训考核。

（2）对特殊工序应明确规定特殊工序操作人员、检验人员应具备的专业知识和操作技能，考核合格者持证上岗。

（3）操作人员能严格遵守公司制度和严格按工艺文件操作，杜绝口头指挥，对工作和质量应秉承认真负责的态度。

（4）检验人员能严格按照图纸和工艺文件要求进行检验，做好检验原始记录，并按规定将出现的问题梳理后报送相关部门。

2）机器设备因素（机）主要控制措施

（1）有完整的设备管理办法，对设备的购置、流转、维护、保养、检定等均有明确规定。

（2）设备管理办法各项规定均可有效实施，要求有完整的设备台账、设备技能档案，对于维修检定周期等相关记录，并要求记录内容完整、准确。

（3）生产设备、检验设备、工装工具、计量器具等均符合工艺规程要求，能满足工序能力要求，加工条件若随时间变化则应能及时采取调整和补偿，保证质量要求。

（4）生产设备、检验设备、工装工具、计量器具等处于完好状态和受控状态。

3）材料因素（料）主要控制措施

（1）建立进料检验、入库、存储、保管、标识、发放制度，并认真执行，严格控制质量。

（2）转入本工序的原料或半成品，必须符合技术文件的规定。

（3）所加工出的半成品、成品符合质量要求，有批次或序列号标识。

（4）对不合格品有控制办法，职责分明，能对不合格品有效隔离、标识、记录和处理。

（5）生产物料信息管理有效，质量问题可追溯。

4）工艺方法的因素（法）主要控制措施

（1）工序流程布局科学合理，能够保证产品质量满足要求。

（2）通用工艺规程是指导技能人员操作的法，是操作人员需要掌握的应知应会的理论知识之一，需要及时更新并培训到位。

（3）在制品工艺文件能区分一般工序、关键工序和特殊工序，有效确立工序质量控制点，对关键工序和特殊工序的控制点编制合理，无产生歧义的内容出现在工艺文件中。

（4）有正规有效的生产管理办法、质量控制办法和工艺操作文件。

（5）主要工序都有操作规程或作业指导书，操作文件对人员、工装、设备、操作方法、生产环境、过程参数等提出具体的技术要求。特殊工序的工艺规程除明确工艺参数外，还应对工艺参数的控制方法、试样的制取、工作介质、设备和环境条件等做出具体的规定。

（6）工艺文件中重要的过程参数和特性值经过工艺评定或工艺验证；特殊工序中主要工艺参数的变更，必须经过充分试验验证或专家论证合格后，方可在工艺文件中进行更改。

（7）生产过程中要有随检环节，产品完成后要做到自检、互检和专检，对每个质量控制点要规定检查要点和检查方法；生产全过程质量可控。

（8）工艺文件的编制要有评定和审批程序，以保证生产现场所使用文件的正确、完整，统一性工艺文件处于受控状态，生产现场工艺文件现行有效、标志清晰。

（9）文件资料管理记录清晰，实行谁领用谁负责的原则，可根据情况规定使用周期。

5）环境的因素（环）主要控制措施

（1）有生产现场环境卫生方面的管理制度。

（2）环境因素如温度、湿度、光线等符合生产技术文件要求，当环境要求不满足生产要求时，及时开启相关设备，以保证空间环境满足生产环境要求，环境监测有相关记录备查。

（3）生产环境中有相关安全环保设备和措施，职工健康安全符合法律法规要求。

（4）生产环境保持清洁、整齐、有序，生产现场不能出现与生产无关的杂物。可借鉴6S相关要求。

（5）材料、用具、半成品、待验产品、返修产品、周转产品等均应定置分区、整齐存放。

6）测量的因素（测）主要控制措施

（1）确定测量任务及所要求的精度。

（2）选择使用的测试设备的精度要高于测量精度。

（3）定期对所有测量和试验设备进行确认、校准和检定。

### 2. 编写电子产品装接工艺技术培训计划

1）领会职业标准和培训大纲要求

阅读国家职业技能标准操作培训大纲，了解本专业操作技能的培训体系和内容。弄清培训大纲中每个课题的教学目的，明确每个课题在技能培养、能力培养和专业素养教育上的基本要求，讨论大纲和计划内容、电子产品结构的设计等，以期更适应技能的培养。

2）编写培训计划提纲

（1）确定培训目的和培训要求。培训目的和培训要求在整个教学过程中起着主导和决定作用，是培训过程的依据。培训计划、培训目的和要求等，应按照国家职业技能标准的要求确定。

（2）确定培训重点和培训难点。培训计划系统性强、涉及生产实际，学员需要掌握的技能存在一定的难度。要求在培训提纲设计中应遵循“分清主次、突出重点、突破难点、兼顾一般”的原则，结合培训对象的具体情况来确定。

（3）确定培训内容和培训时间的安排。培训重点和难点一经确定，辅以解决重点和难点的相关知识，按照认知规律进行合理的内容安排，培训计划安排根据培训对象的具体情况合理、紧凑地确定时间。这里需要特别提出的是巡回指导的时间也就是学员操作练习的时间，应充分保证。在培训计划提纲编写练习中，也可以根据实际情况自定内容和时间。

（4）确定培训方法。合理的培训方法是保证培训效果的重要环节。培训方法有很多种，选择合适的培训方法必须从具体产品特点及学员的实际情况出发，保证培训效果。可以运用讲解法、示范操作法、指导操作训练法及多媒体教学法，提高培训效率，取得良好的培训效果。

3）编写培训计划

（1）理解实例。理解项目中讲义部分编写方法。操作指导教案应准确把握该项目在整个教学体系中的地位和教学要求。

（2）编写计划。在初、中、高级操作指导科目中选择相关课题，进行教学计划编写练习。注意，在一般情况下大纲所规定的课题内容、顺序不得随意改变，可适当结合本行业的生产实际和学校现有设备，也可有一定的灵活性。

### 3. 职业技术指导方法

（1）现场讲授：组织教学、落实培训人数、安全文明生产检查。可以采用复习、提问、讲授等方法。

编写内容包括：教学内容、教学方法、多媒体演示内容、教学中的重点和难点，以及如何运用专业技术理论知识指导操作等。

（2）现场示范：示范讲解，确定选用哪种方式进行示范讲解。

编写内容包括：如果采用边讲解、边示范的方法，那么要写明讲解什么内容、示范哪些操作动作，提醒学员注意哪些操作动作，何时要进行重点示范，何时进行正常的示范操作等。

（3）工作分配：分配学员在操作练习时的工作位置、使用实习设备、发放练习的图样资料、公布评分标准等。

（4）巡回指导：巡回指导时的重点指导内容。

编写内容包括：对动手能力差的学员采取的重点指导措施，对训练课题的重点、难点如何加强指导，使学员尽快地掌握操作技能，如何培养学员养成良好的安全生产和文明生产习惯等。

（5）结束点评：课后总结要写清重点讲些什么。

编写内容包括：总结点评当天操作指导教学情况及学员的操作情况，肯定成绩，指出不足。对出现的问题要分析原因，指出解决办法。对学员的表现和安全检查、文明生产情况、操作态度和劳动态度也要进行总结点评。布置作业要有针对性地对所训练课题的疑难问题进行思考，对所学知识进行巩固等。

### 4. 工艺操作要求

在整个电子产品生产过程中指导初、中、高级人员的工艺操作要求如表6-1～表6-3所示。

在一般情况下，大纲所规定的课题内容、顺序不得随意改变，可适当结合本行业的生产实际和现有设备，适应本企业实际生产的需求，具有一定的灵活性。

表6-1 初级操作指导中的工艺操作要求

| 等级 | 职业技能 | 工艺操作要求 |
|---|---|---|
| 初级 | 1．印制电路板组装 | 1.1 成形 |
| | | 1.2 搪锡 |
| | | 1.3 安装 |
| | | 1.4 手工焊接 |
| | 2．导线加工 | 2.1 导线下线 |
| | | 2.2 端头处理 |
| | | 2.3 焊接 |
| | 3．螺接 | 3.1 准备 |
| | | 3.2 操作 |
| | | 3.3 检查 |

表6-2 中级操作指导中工艺操作要求

| 等级 | 职业技能 | 工艺操作要求 |
|---|---|---|
| 中级 | 1．印制电路板组装 | 1.1 成形 |
| | | 1.2 搪锡 |
| | | 1.3 安装 |
| | | 1.4 手工焊接 |
| | | 1.5 浸焊 |
| | | 1.6 波峰焊 |
| | | 1.7 检查 |
| | | 1.8 返修 |
| | 2．线缆加工 | 2.1 线缆下线 |
| | | 2.2 屏蔽层处理 |
| | | 2.3 焊接 |
| | | 2.4 压接 |
| | 3．布线 | 3.1 准备 |
| | | 3.2 线扎制作 |
| | | 3.3 检查 |

**表 6-3　高级操作指导中工艺操作要求**

| 等级 | 职业技能 | 工艺操作要求 |
|---|---|---|
| 高级 | 1．印制电路板组装 | 1.1 成形 |
| | | 1.2 搪锡 |
| | | 1.3 安装 |
| | | 1.4 手工焊接 |
| | | 1.5 波峰焊 |
| | | 1.6 表面贴装 |
| | | 1.7 检查 |
| | | 1.8 返修 |
| | 2．线缆加工 | 2.1 半刚性电缆加工 |
| | | 2.2 光纤电缆加工 |
| | | 2.3 焊接 |
| | | 2.4 压接 |
| | | 2.5 绕接 |
| | | 2.6 检查 |
| | 3．布线 | 3.1 准备 |
| | | 3.2 线扎制作 |
| | | 3.3 检查 |

## 6.1.2　培训需求编写方法

（1）分级编制印制电路板组装专项内容技能要求及相关知识要求，如表 6-4～表 6-6 所示。

**表 6-4　编制初级印制电路板组装专项内容技能要求及相关知识要求**

| 专项名称 | 等级 | 工作内容 | 技能要求 | 相关知识要求 |
|---|---|---|---|---|
| 印制电路板组装 | 初级 | 1．成形 | 1.1 能识读轴向、径向电阻、电容、电感、二极管等两个引线的元器件型号、规格<br>1.2 能按照技术文件要求使用平口钳、手动成形工具（或工装）进行轴向、径向电阻、电容、电感、二极管等两个引线元器件、短接线成形<br>1.3 能使用留屑钳等剪切工具剪切元器件引线 | 1.1 插装元器件知识<br>1.2 印制电路板基础知识<br>1.3 成形工具、剪切工具使用方法 |
| | | 2．搪锡 | 2.1 能使用绘图橡皮、细砂纸等工具进行电阻、电容、电感二极管等元器件引线表面轻微氧化层去除、污染物的清洁处理<br>2.2 能根据技术文件要求设置电烙铁搪锡温度<br>2.3 能根据技术文件要求设置锡锅搪锡温度<br>2.4 能使用电烙铁或锡锅进行双引线插装元器件引线搪锡 | 2.1 电烙铁使用方法<br>2.2 锡锅搪锡操作工艺要求<br>2.3 元器件表面清洁方法<br>2.4 插装元器件搪锡工艺要求 |
| | | 3．安装 | 3.1 能进行轴向、径向电阻、电容、电感、二极管等两个引线元器件的安装<br>3.2 能按技术文件要求进行印制电路板上短接线的安装 | 3.1 插装元器件安装工艺要求<br>3.2 短接线安装工艺要求 |
| | | 4．手工焊接 | 4.1 能使用电烙铁进行轴向、径向电阻、电容、电感、二极管等两个引线元器件的焊接<br>4.2 能使用温控电烙铁进行手工焊接<br>4.3 能根据技术文件要求设置电烙铁焊接温度<br>4.4 能识别和使用不同形状的烙铁头<br>4.5 能使用清洗溶剂手工清洁焊点 | 4.1 温控电烙铁焊接工艺方法<br>4.2 电烙铁、烙铁头知识<br>4.3 焊点质量判断知识<br>4.4 焊点清洁方法 |

**表6-5 编制中级印制电路板组装专项内容技能要求及相关知识要求**

| 专项名称 | 等级 | 工作内容 | 技能要求 | 相关知识要求 |
|---|---|---|---|---|
| 印制电路板组装 | 中级 | 1. 成形 | 1.1 能识读多引线插装元器件与4个以下（含4个）多引线的表面贴装元器件<br>1.2 能使用工具、工装或设备进行插装元器件引线校直处理<br>1.3 能使用专用成形工装或设备对采用侧装、倒装、反装安装方式的元器件引线进行成形<br>1.4 能使用专用成形工装或设备进行连接器引线插针成形<br>1.5 能使用工具进行印制电路板焊接用导线成形<br>1.6 能检查元器件成形质量 | 1.1 4个以下（含4个）多引线表面贴装元器件成形工艺要求<br>1.2 多引线插装元器件成形工艺要求<br>1.3 成形质量工艺控制要求 |
| | | 2. 搪锡 | 2.1 能使用电烙铁或锡锅进行单列、双列及多引线插装元器件引线搪锡<br>2.2 能使用电烙铁或锡锅进行印制电路板插装连接器插针搪锡<br>2.3 能检查元器件、连接器搪锡质量 | 2.1 连接器搪锡工艺要求<br>2.2 多引线插装元器件搪锡工艺要求<br>2.3 搪锡质量工艺控制要求 |
| | | 3. 安装 | 3.1 能进行4个以下（含4个）多引线表面贴装元器件的安装<br>3.2 能进行多引线插装元器件的安装<br>3.3 能进行印制电路板插装连接器的安装<br>3.4 能使用胶粘、绑扎、紧固辅助措施固定元器件<br>3.5 能检查元器件安装质量 | 3.1 元器件辅助加固工艺方法<br>3.2 元器件安装质量控制工艺要求<br>3.3 胶粘工艺知识 |
| | | 4. 手工焊接 | 4.1 能使用电烙铁进行4个以下（含4个）多引线的表面贴装元器件的焊接<br>4.2 能使用电烙铁进行多引线插装元器件的焊接<br>4.3 能根据不同的焊接对象设置电烙铁焊接温度<br>4.4 能根据不同的焊接对象选择焊锡丝规格 | 4.1 助焊剂知识<br>4.2 焊料知识 |
| | | 5. 浸焊 | 5.1 能进行浸焊设备工艺参数设置<br>5.2 能操作浸焊设备进行单面插装印制电路板元器件的焊接 | 5.1 浸焊设备工艺参数控制要求<br>5.2 浸焊设备操作要求 |
| | | 6. 波峰焊 | 6.1 能进行波峰焊设备工艺参数设置<br>6.2 能操作波峰焊设备进行单面插装印制电路板元器件的焊接 | 6.1 波峰焊设备工艺参数控制要求<br>6.2 波峰焊设备操作要求 |
| | | 7. 检查 | 7.1 能使用万用表测量电阻、电感、电容参数<br>7.2 能目检手工焊接、浸焊、波峰焊接焊点外观质量 | 7.1 万用表使用方法<br>7.2 阻容元件测量知识 |
| | | 8. 返修 | 8.1 能使用工具拆除及更换4个以下（含4个）多引线表面贴装元器件<br>8.2 能使用工具拆除及更换插装元器件 | 8.1 拆焊工具使用方法<br>8.2 表面贴装元器件返修工艺要求<br>8.3 插装元器件返修工艺要求 |

表 6-6　编制高级印制电路板组装专项内容技能要求及相关知识要求

| 专项名称 | 等级 | 工作内容 | 技能要求 | 相关知识要求 |
|---|---|---|---|---|
| 印制电路板组装 | 高级 | 1. 成形 | 1.1 能识读 4 个以上多引线的表面贴装元器件<br>1.2 能使用工装或设备进行 4 个以上多引线表面贴装元器件引线校正处理<br>1.3 能使用工装或设备进行 4 个以上多引线表面贴装元器件引线成形<br>1.4 能根据元器件安装空间确定成形形状<br>1.5 能根据元器件散热要求、安全间距要求、抗振要求等确定成形形状<br>1.6 能进行与接线柱连接的有引线元器件成形<br>1.7 能根据元器件类别选择不同的成形工装或设备 | 1.1 4 个以上多引线表面贴装元器件成形工艺要求<br>1.2 对于有散热要求、安全间距要求及抗振要求的元器件成形工艺要求<br>1.3 与接线柱连接的元器件成形工艺要求 |
| | | 2. 搪锡 | 2.1 能使用电烙铁或锡锅进行 4 个以上多引线的表面贴装元器件搪锡<br>2.2 能进行热敏元器件搪锡 | 2.1 4 个以上多引线表面贴装元器件搪锡工艺要求<br>2.2 热敏元器件搪锡工艺要求 |
| | | 3. 安装 | 3.1 能根据元器件种类、封装尺寸、静电敏感等级等确定元器件安装顺序<br>3.2 能根据元器件安装要求提出工装要求<br>3.3 能进行印制电路板压接连接器的安装 | 3.1 辅助工装使用方法<br>3.2 印制电路板组装工艺知识<br>3.3 印制电路板压接件压接工艺要求 |
| | | 4. 手工焊接 | 4.1 能根据焊料成分设置焊接温度<br>4.2 能根据被焊物选择烙铁头形状<br>4.3 能使用电烙铁进行 4 个以上多引线表面贴装元器件焊接 | 4.1 焊料与助焊剂匹配工艺知识<br>4.2 4 个以上多引线表面贴装元器件焊接工艺要求 |
| | | 5. 波峰焊接 | 5.1 能进行波峰焊设备焊接前状态检查<br>5.2 能使用温度曲线测试仪测试印制电路板波峰焊焊接温度曲线<br>5.3 能进行波峰焊辅助工装设计 | 5.1 温度曲线测试仪使用方法<br>5.2 波峰焊工装设计知识<br>5.3 波峰焊焊接工艺知识 |
| | | 6. 表面贴装 | 6.1 能操作手动点胶机点涂焊膏<br>6.2 能使用印刷网板在印制电路板上手工印刷焊膏<br>6.3 能进行表面贴装生产线组装前状态检查<br>6.4 能操作印刷机或喷印设备涂覆焊膏<br>6.5 能操作贴片机贴装元器件<br>6.6 能操作再流焊机进行印制电路板焊接 | 6.1 焊膏涂覆工艺要求<br>6.2 手动点胶机操作工艺要求<br>6.3 印刷设备操作工艺要求<br>6.4 喷印设备操作工艺要求<br>6.5 贴片机操作工艺要求<br>6.6 再流焊机操作工艺要求 |
| | | 7. 检查 | 7.1 能使用万用表判断二极管极性<br>7.2 能使用万用表检查三极管引脚极性<br>7.3 能操作自动光学检测仪等设备检查印制电路板组装质量 | 7.1 自动光学检测仪操作工艺要求<br>7.2 半导体器件基本知识 |
| | | 8. 返修 | 8.1 能使用专用设备进行多引线插装元器件拆除及更换<br>8.2 能检查印制电路板组件返修质量 | 8.1 多引线插装元器件拆焊工艺要求<br>8.2 印制电路板组件返修质量控制工艺要求 |

（2）分级编制线缆加工专项内容技能要求及相关知识要求，如表6-7～表6-9所示。

**表6-7 编制初级线缆加工专项内容技能要求及相关知识要求**

| 专项名称 | 等级 | 工作内容 | 技能要求 | 相关知识要求 |
|---|---|---|---|---|
| 线缆加工 | 初级 | 1. 导线下线 | 1.1 能使用卷尺、不锈钢直尺等工具量取导线<br>1.2 能使用剪刀、剪线钳等工具进行导线下线<br>1.3 能按照技术文件要求套入标识套管 | 1.1 导线下线工具使用方法<br>1.2 标识套管方向标识工艺要求 |
| | | 2. 端头处理 | 2.1 能使用剥线工具剥除导线外绝缘层<br>2.2 能处理含有纤维包绕层的导线<br>2.3 能进行导线芯线绞合<br>2.4 能使用电烙铁或锡锅进行导线芯线搪锡 | 2.1 导线剥线工具使用方法<br>2.2 导线绝缘层处理工艺要求<br>2.3 导线芯线绞合工艺要求 |
| | | 3. 焊接 | 3.1 能使用电烙铁手工焊接导线<br>3.2 能进行导线与O形、U形焊接端子的焊接<br>3.3 能使用清洗溶剂手工清洁导线焊接处<br>3.4 能使用热风枪进行导线热收缩套管的收缩 | 3.1 导线焊接工艺知识<br>3.2 导线端头清洁工艺知识<br>3.3 热风枪使用方法 |

**表6-8 编制中级线缆加工专项内容技能要求及相关知识要求**

| 专项名称 | 等级 | 工作内容 | 技能要求 | 相关知识要求 |
|---|---|---|---|---|
| 线缆加工 | 中级 | 1. 线缆下线 | 1.1 能使用工具或设备进行双绞线下线<br>1.2 能使用工具或设备进行高频电缆下线<br>1.3 能根据线缆使用长度确定下线偏差<br>1.4 能检查线缆下线质量 | 1.1 线缆下线长度偏差工艺要求<br>1.2 线缆来料检查工艺要求<br>1.3 线缆下线机操作工艺要求 |
| | | 2. 屏蔽层处理 | 2.1 能进行双绞线屏蔽层处理<br>2.2 能进行高频电缆屏蔽层处理 | 2.1 导线工作电压与屏蔽层剥除长度工艺要求<br>2.2 屏蔽层处理工艺要求 |
| | | 3. 焊接 | 3.1 能进行双绞线焊接<br>3.2 能进行高频电缆焊接 | 3.1 双绞线加工工艺要求<br>3.2 高频电缆加工工艺要求 |
| | | 4. 压接 | 4.1 能使用手动压接钳进行多芯导线坑压式压接<br>4.2 能使用手动压接钳进行多芯导线模压式压接 | 4.1 模压式压接工艺要求<br>4.2 坑压式压接工艺要求 |

**表6-9 编制高级线缆加工专项内容技能要求及相关知识要求**

| 专项名称 | 等级 | 工作内容 | 技能要求 | 相关知识要求 |
|---|---|---|---|---|
| 线缆加工 | 高级 | 1. 半刚性电缆加工 | 1.1 能使用设备或工装进行半刚性电缆校直<br>1.2 能使用设备进行半刚性电缆成形<br>1.3 能使用设备或工具进行半刚性电缆端头处理 | 1.1 半刚性电缆校直工艺要求<br>1.2 半刚性电缆成形工艺要求<br>1.3 半刚性电缆端头处理工艺要求 |
| | | 2. 光纤电缆加工 | 2.1 能进行光纤电缆下线<br>2.2 能进行光纤电缆剥头处理<br>2.3 能进行光纤电缆连接 | 2.1 光纤电缆代号、结构知识<br>2.2 光纤电缆端别及纤序知识<br>2.3 光纤电缆连接工艺要求 |
| | | 3. 焊接 | 3.1 能进行柔性及半柔性高频电缆焊接<br>3.2 能进行半刚性电缆焊接 | 3.1 柔性及半柔性焊接工艺要求<br>3.2 半刚性电缆焊接工艺要求 |
| | | 4. 压接 | 4.1 能使用压接工装或设备进行连接器与导线的压接<br>4.2 能使用压接工具进行多根独立导线压接<br>4.3 能使用压接工具进行排线压接 | 4.1 多根独立导线压接工艺知识<br>4.2 排线压接工艺知识 |

续表

| 专项名称 | 等级 | 工作内容 | 技能要求 | 相关知识要求 |
|---|---|---|---|---|
| 线缆加工 | 高级 | 5. 绕接 | 5.1 能使用绕接工具进行导线与接线柱绕接<br>5.2 能使用绕接工具进行抗振型绕接<br>5.3 能使用退绕器拆除绕接导线 | 5.1 绕接工艺要求<br>5.2 退绕工艺要求 |
| | | 6. 检查 | 6.1 能使用万用表检测压接及绕接接触电阻<br>6.2 能使用拉力检测仪检测压接及绕接点的拉脱力<br>6.3 能操作剖面测试仪判断压接质量<br>6.4 能检查柔性、半柔及半刚性电缆加工质量 | 6.1 压接质量控制工艺要求<br>6.2 拉力检测仪操作工艺要求<br>6.3 拉脱力检测要求<br>6.4 剖面测试仪操作工艺要求 |

（3）分级编制布线等专项内容技能要求及相关知识要求，如表 6-10 和表 6-11 所示。

**表 6-10　编制中级布线等专项内容技能要求及相关知识要求**

| 专项名称 | 等级 | 工作内容 | 技能要求 | 相关知识要求 |
|---|---|---|---|---|
| 布线 | 中级 | 1. 准备 | 1.1 能根据接线图、接线表准备导线及其他辅助材料<br>1.2 能根据导线颜色识别电源线、控制线、信号线 | 1.1 接线图、接线表识读知识<br>1.2 导线颜色与用途基本知识 |
| | | 2. 线束制作 | 2.1 能根据布线工艺要求进行顺序布线<br>2.2 能将电源线、信号线、控制线等分别布线<br>2.3 能进行线束整理<br>2.4 能使用扎线带、绑扎绳进行线束绑扎<br>2.5 能使用隔离、加护套等方式进行线束保护 | 2.1 线束布线工艺要求<br>2.2 线束整理工艺要求<br>2.3 线束绑扎工艺要求 |
| | | 3. 检查 | 3.1 能使用万用表或通断测试仪进行通断检查<br>3.2 能检查线束绑扎间距、折弯半径、松紧等外观质量<br>3.3 能使用放大镜等工具进行产品多余物目视检查 | 3.1 线束通断测量知识<br>3.2 线束外观质量控制工艺要求 |

**表 6-11　编制高级布线等专项内容技能要求及相关知识要求**

| 专项名称 | 等级 | 工作内容 | 技能要求 | 相关知识要求 |
|---|---|---|---|---|
| 布线 | 高级 | 1. 准备 | 1.1 能识读电原理图，识别高、低电平线<br>1.2 能识别交、直流电源线与高、低频信号线 | 1.1 电原理图识读知识<br>1.2 线缆特性工艺知识 |
| | | 2. 线束制作 | 2.1 能分开布置高、低电平线<br>2.2 能分开布置交、直流电源线<br>2.3 能分开布置高、低频信号线<br>2.4 能进行接地导线的布置<br>2.5 能进行线束内多余导线的保护处理<br>2.6 能采用焊接或压接的方式进行同类导线的续接处理<br>2.7 能根据最短路径布线<br>2.8 能根据发热元件位置或其他隔离要求进行线束布置<br>2.9 能根据电磁兼容要求选择布线路径 | 2.1 整机电气特性工艺知识<br>2.2 防护工艺知识<br>2.3 线缆续接工艺要求 |
| | | 3. 检查 | 3.1 能使用线缆测试仪检测线束质量<br>3.2 能进行线束加固措施检查 | 3.1 线缆测试仪操作工艺要求<br>3.2 线束加固工艺要求 |

（4）编制电子产品生产过程中指导初级人员的工艺培训需求，如表6-12所示。

表6-12 指导初级人员的工艺培训需求

| 等级 | 工作项目 | 工艺内容 | 工艺培训需求 |
|---|---|---|---|
| 初级 | 生产装配前的准备工艺 | 1．常用元器件识别与万用表检测工艺 | 1.1 电阻器、电容器、电感器的识别工艺和质量判断知识<br>1.2 常用半导体器件的引脚识别工艺和质量判断知识 |
| | | 2．元器件引线成形工艺 | 2.1 元器件引线成形的工艺要求<br>2.2 元器件引线成形的工艺方法 |
| | | 3．导线加工的方法工艺 | 3.1 绝缘导线的加工工艺方法和要求<br>3.2 屏蔽导线端头的加工工艺方法和要求 |
| | | 4．线扎的制作与电缆的加工工艺 | 4.1 线扎的制作方法和工艺要求<br>4.2 电缆的加工方法和工艺要求 |
| | | 5．浸锡方法工艺 | 5.1 芯线浸锡的方法和工艺要求<br>5.2 裸导线浸锡的方法和工艺要求<br>5.3 元器件的焊片、引线浸锡的方法和工艺要求 |
| | 焊接技术工艺 | 1．手工烙铁焊技术工艺 | 1.1 焊锡的手法和工艺要求<br>1.2 手工烙铁焊锡的基本步骤和工艺要求 |
| | | 2．印制电路板的装连技术工艺 | 2.1 印制电路板的插装准备和工艺要求<br>2.2 一般元器件的插装方法和工艺要求<br>2.3 特殊器件的插装方法和工艺要求<br>2.4 印制电路板的手工焊接工艺和要求<br>2.5 装连质量检验的工艺要求 |
| | 一般电子产品的制作 | 1．稳压电源的制作工艺 | 1.1 电路工作原理简介<br>1.2 装接前准备和工艺要求<br>1.3 印制电路板的插装与焊接和工艺要求<br>1.4 总装和工艺要求<br>1.5 检查和测试的工艺要求 |
| | | 2．超外差收音机的整机装配工艺 | 2.1 准备工序和工艺要求<br>2.2 总装和工艺要求 |

（5）编制电子产品生产过程中指导中级人员的工艺培训需求，如表6-13所示。

表6-13 指导中级人员的工艺培训需求

| 等级 | 工作项目 | 工艺内容 | 工艺培训需求 |
|---|---|---|---|
| 中级 | 零件、部件的检测技术 | 1．元器件仪表检测方法工艺 | 1.1 万用表检测电阻、电容、电感的工艺要求<br>1.2 晶体管图示仪测量晶体管工艺要求<br>1.3 万用表对特殊器件的检测工艺要求 |
| | | 2．电气零件、部件的检测工艺 | 2.1 接插件检测的工艺要求<br>2.2 继电器检测的工艺要求<br>2.3 开关件检测的工艺要求<br>2.4 指示灯、熔断器检测的工艺要求 |
| | | 3．机械部件的检测工艺 | 3.1 机械零部件检测的工艺要求<br>3.2 面板、机壳检查的工艺要求 |
| | 较复杂产品的整机装配技术 | 1．整机安装工艺 | 1.1 安装的工艺要求<br>1.2 总装安装工艺方法和工艺要求<br>1.3 总装安装工艺的工艺原则 |

续表

| 等级 | 工作项目 | 工艺内容 | 工艺培训需求 |
|---|---|---|---|
| 中级 | 较复杂产品的整机装配技术 | 2．总装接线工艺 | 2.1 接线的工艺要求<br>2.2 总装接线的工艺要求 |
| | | 3．整机装配实例工艺 | 3.1 收录机的总装工艺要求<br>3.2 黑白电视机的总装工艺要求 |
| | 装接图的绘制与装接工序安排 | 1．电路图的作用及绘制工艺规定 | 1.1 电路图的绘制规定和工艺要求<br>1.2 根据装配图测绘电路图的方法和工艺要求 |
| | | 2．接线图的作用及绘制工艺规定 | 接线图的绘制规定和工艺要求 |
| | | 3．印制电路板图的绘制工艺 | 3.1 手工绘制印制电路板图的方法和工艺要求<br>3.2 布线的方法和工艺要求 |
| | | 4．装接工序的工艺安排 | 4.1“器件→组件（部件）→整机总装”工序型的工艺要求<br>4.2“器件→组件（部件）”工序型的工艺要求<br>4.3“部件→整机”工序型的工艺要求 |

（6）编制电子产品生产过程中指导高级人员的工艺培训需求，如表6-14所示。

**表6-14　指导高级人员的工艺培训需求**

| 等级 | 工作项目 | 工艺内容 | 工艺培训需求 |
|---|---|---|---|
| 高级 | 复杂试制样机的装接 | 1．试制样机装接草案的拟订 | 1.1 产品的工作环境对其产品的工艺要求<br>1.2 产品的可靠性的工艺要求<br>1.3 产品的使用的工艺要求<br>1.4 产品的装配必须适应生产条件的工艺要求 |
| | | 2．试装过程中关键技术问题及解决办法 | 2.1 放热、散热措施及装置结构的选择的工艺要求<br>2.2 密闭措施及装置结构的选择的工艺要求<br>2.3 无线电设备防冲击、防振动的措施及装接结构的选择的工艺要求<br>2.4 无线电器件抗干扰的措施的工艺要求 |
| 高级 | 复杂产品装接实例 | 有线电视机顶盒装配 | 1．零件装配工艺要求<br>2．印制电路板装配工艺要求<br>3．线束绑扎工艺要求<br>4．接插件装配工艺要求<br>5．电性能总检和安全检验的工艺要求<br>6．前壳贴控制标牌、铭牌的工艺要求 |

# 6.2　指导

指导的定义：指示教导，指点引导。

## 6.2.1　生产实际问题的解决措施及要求

### 1．生产实际问题的总结

1）实际作业应把握的内容

（1）生产作业计划的合理性、生产计划与实际困难、计划调整的影响。

（2）人员状况、员工的技能、缺料设备故障引起的停产、不良品对策及处理。

（3）零部件、工装夹具、生产辅料是否齐全，生产是否正常，工作方法可否改善。

2）日常管理的方法

采用P—D—C—A管理循环，如作业管理，其目标为生产计划的达成、生产效率的提高。

P（计划）：达成生产。

D（实施）：实行计划—作业设定。

C（检查）：检查目标与实绩的差别。

A（行动）：采取对策或改善。

3）现场管理方针

（1）生产部的工作口号：不接受不良，不制造不良，不传递不良。

（2）品质管理方针：质量第一，高效准时，客户满意，不断提高。

（3）生产管理方针：创新技术，改进生产工艺；科学管理，强化运作和谐；挖掘潜力，充分调动积极性；追求卓越，全面提升生产效率。

4）生产现场管理的原则

当问题（异常）发生时，首先去现场了解情况，检查现场有关的产品发生的问题特征。并当场采取暂行处理措施，处理措施要以书面文字形式体现。然后，根据现象发掘问题产生的真正原因，落实改进措施，将问题排除。最后，将问题归零，通用问题现象要细化到标准里，防止此类问题再次发生。

### 2. 生产实际问题的分类

生产实际管理的核心要素有以下几项。

（1）人员（Man）：数量、岗位、技能、资格等。

（2）机器（Machine）：检查、验收、保养、维护、校准。

（3）材料（Material）：纳期、品质、成本。

（4）方法（Method）：生产流程、工艺、作业技术、操作标准。

（5）环境（Environment）：6S安全的作业环境。

### 3. 生产实际问题的分析、整理

生产活动的6条基本原则。

（1）后工序是客户：作业的好坏由后工序的评价来定。不接受不合格，不制造不合格，不传递不合格。

（2）生产计划必达：年计划、月计划，每日、每小时按计划生产——生产计划的保证。

（3）彻底排除浪费：合理使用人力、财物、时间杜绝浪费。

（4）作业的标准化：仅有标准作业书不是标准化，标准化是输出规定，遵守而且改善这个规定，不停地进行改善—遵守—再改善这样的活动才可称为标准化。

（5）有附加价值的工作：管理的目的是谋求更大的附加价值（利润），现场要有大局观，辨别生产瓶颈，采取最优对策。

（6）积极应对变化：基本要求——养成遵守标准作业书中规定的习惯。

### 4. 生产实际问题的解决方法和措施

生产现场避免出现："三忙"现象。

（1）忙乱：表面上看每个人都很忙，其实都在做多余的事情，或者所做的事无功效。

（2）盲目：由于太忙，人们总是机械地做事，没有工作方向，效率不高。

（3）迷茫：长期盲目地工作导致人们对未来缺乏明确的规划和目标。

### 5. 生产准备

生产准备是新产品从开始试产到批量正常生产的整个过程中，为了确保新产品能够按计划顺利进行试产、批量生产，保证产品质量，而进行的相关人员培训、指导书制订、物流调达、设备（含工装、量具、工具）的准备活动。

现场管理中的生产准备包括以下几个方面。

（1）生产工艺和资料准备：流程图、作业指导书、图纸、QC 标准等。

（2）工装夹具、工具、辅助材料、劳保用品等的准备。

（3）设备、仪器、工装的安装、调试。

（4）人员的岗位安排和产能设定。

（5）现场员工的生产前培训。

（6）物料、设备、工艺、资料异常的检查和反馈。

### 6. 执行作业指导书

（1）班组长要熟悉作业指导书，并教会员工。

（2）有可能不是最佳的方法，但作为标准，任何时候作业人员必须遵守。

（3）如果任何人有更好的方法，都可以提出修改意见，待修订批准后才可执行。

### 7. "5 他法"

"5 他法"包括讲给他听、做给他看、让他试做、帮他确认、给他表扬。

### 8. 成本管理

降低成本的最佳方法，就是剔除过度的资源耗用。

（1）改进质量：工作过程的质量，合理的工艺质量。

（2）提高生产力以降低成本：不断地改善。

（3）降低库存：流动资金、储藏、搬运、质量隐患、新产品。

（4）缩短生产线：合理的生产线工人。

（5）减少机器停机时间。

（6）减少空间。

（7）现场对总成本降低的作用。

### 6.2.2 计算机操作及软件知识

#### 1. 计算机操作

计算机是人们日常生活中最常用的工具之一，可以根据学员现有的基础水平加以指导练习。

培训包含的主要内容如下。

（1）认识计算机：了解计算机的发展和应用；认识计算机的组成；计算机使用的注意事项；操作技能训练。

（2）使用 Windows 操作系统：Windows 系统基本操作；文件和文件夹操作；Windows 系统设置；操作技能训练。

（3）键盘操作和输入法：计算机键盘操作；中文输入法；操作技能训练。

（4）使用 Word 软件编辑文档：文档基本操作；文档编辑与排版；Word 表格操作；图文混排；操作技能训练。

（5）使用 Excel 软件编制电子表格：工作表的创建及基本操作；工作表的编辑及格式化；操作技能训练。

（6）使用 IE 浏览器访问因特网：IE 浏览器的基本操作；电子邮件的基本操作；操作技能训练。

#### 2. 计算机软件安装

一般软件的安装方法如下。

（1）网上搜索相关的软件，单击“下载”按钮，下载软件压缩包。

（2）下载完成之后，对压缩包进行解压。

（3）打开解压出来的文件夹，找到里面的安装程序，一般为 EXE 格式，双击启动，单击“安装”按钮。

（4）安装时，在路径的旁边单击“浏览”按钮，可以更换安装的路径位置，一般软件都是安装在 C:\Program Files 文件夹里的。

（5）安装时，一般都会提示是否在计算机桌面上创建快捷方式，单击选择该选项。

（6）安装完成以后，计算机桌面上就会出现软件的快捷方式，双击它即可启动软件程序。

#### 3. 软件的升级、维护和报废

软件日常维护工作就是保证软件正常运行和升级。软件出错时，负责人应能够定位错误状态并解决，以保持软件稳定运行。

（1）软件升级：需求调整分析、软件功能拓展、优化系统等。

（2）软件维护：软件数据库管理、用户跟踪培训、故障分析解决等。

（3）报废处理：软件不能适应业务发展、新软件项目立项、企业数据信息备份等。

### 6.2.3 办公软件应用知识

#### 1. 办公软件的使用

常用办公软件的使用，培训内容要以应用为主线，突出对学员的实际操作能力的培养。可以采用案例式结构，提出一个与日常工作相关的案例，并根据案例的任务给出具体的操作步骤；归纳案例中涉及的各知识点，指出操作技巧；再提出一个与案例类似的上机操作任务，让学员模仿案例，自己动手完成该任务。

常用办公软件主要包括：文档编辑软件 Word、数据处理软件 Excel、文稿演示软件 PowerPoint、网页制作软件 FrontPage，以及防病毒软件和压缩工具软件等。

#### 2. 办公软件的维护

（1）办公软件更新：小的修补称为更新，一般只是对软件进行完善或补充，基本不涉及功能的增加和框架的变化。

（2）办公软件升级：大的修补一般称为升级，一般会有功能的升级或增加，或框架的变化，也是更新累积到一定数量的结果。

### 6.2.4 计算机系统维护服务

计算机系统维护服务内容主要包括病毒防治、数据备份、数据整理、故障排除、硬件清洗、计算机硬件维修、免费指导和定制维护 8 项内容。

（1）病毒防治：病毒是计算机系统的杀手，它能感染应用软件、破坏系统，甚至损坏硬件，必须及时查杀。

（2）数据备份：将整个系统的数据或者一部分关键数据通过一定的方法从主计算机系统的存储设备中复制到其他存储设备的过程。其主要目的是防止系统故障导致的数据丢失。

（3）数据整理：经常整理计算机数据，清除无用的数据，修复错误的数据，维护系统的稳定性。

（4）故障排除：发生故障及时排除以免发生更大的故障，造成更大的损失。

（5）硬件清洗：经常清扫硬件，保持硬件清洁，有效保护硬盘等易损硬件，延长计算机使用寿命。

（6）计算机硬件维修：主要包括恢复计算机系统，计算机网络维护、调试，计算机技术咨询，系统集成及局域网搭建等。

（7）免费指导：指导计算机管理人员重要的操作规程，提高他们的计算机应用水平。

（8）定制维护：按照企业的要求进行维护工作。

## 练 习 题

### 一、填空题

1. 生产现场管理包含 6 个因素，即__________、__________、__________、__________、

__________、__________。

2．职业技术指导方法有__________、__________、__________、__________。

二、简述题

1．在培训方案中，对工艺问题有哪些控制措施？

2．编写电子产品装接工艺技术培训计划包括哪几项内容？

3．怎样编写培训计划提纲？

4．生产活动的6条基本原则是什么？

# 第 7 章　可靠性基本概念

## 7.1　可靠性的定义

产品的“可靠性”越来越受到人们的关注，因为任何产品都存在着可靠性的问题，尤其是电子产品的可靠性则更加令人关注。1966 年，美国军用标准 MIL-STD –721《可靠性维修性术语定义》中给出了可靠性的定义，即 “产品在规定的条件下和规定时间内完成规定功能的能力”。该定义已经被世界上多个国家的标准所引用，我国的国家标准《电工术语 可信性（GB/T2900.99—2016)》中对可靠性给出的定义也与此相同。

## 7.2　产品质量与可靠性的关系

现代的质量观认为，既要重视产品“符合规定要求”，也要重视产品的适用性要求，也就是只有产品在使用时能够成功地适应需求才是高质量的。一个好的产品不仅要具备所应有的功能，还要长期保证其应有的功能。产品在使用中应尽量少发生故障、不发生故障，一旦发生故障则应尽快排除，使其恢复原有功能。

产品质量主要用 4 个指标来描述。

（1）技术指标：电气性能、结构及加工工艺。

（2）可靠性指标：可靠度、不可靠度、失效概率密度、失效率、平均寿命、完成规定功能的能力等。

（3）经济指标：生产、使用、维修费用。

（4）安全指标：保证人身和设备的安全，防止造成生命财产的重大损失、环境影响等。

可见质量指的是产品的适用性，是产品满足需求所具备的自然属性。产品的质量指标是一个综合性指标，其中包含了可靠性指标，只有当产品用到了可靠性指标后才能与其他质量指标一起对产品的质量做出全面的评定。

根据可靠性的定义，可靠性与规定功能、规定条件和规定时间 3 个基本要素密不可分。下面对可靠性定义中 3 个“规定”分别做出解释。

（1）规定功能。规定功能应该包括产品的功能指标和性能指标两个方面。功能是指产品所具备的工作能力，只需定性地描述。例如，收音机可以用来收听广播电台的广播节目内容，而电视机既可以收听还可以收看电视台的广播节目。这些都属于产品应具备的功能。性能是对功能的定量描述，如整机的消耗功率、灵敏度、选择性、音频信号输出功率大小、失真度、视频图像信号的清晰度、亮度等。

（2）规定时间。产品的可靠性与工作时间长短密切相关，可靠性指标是随着时间的变化而变化的，因此产品的可靠性是时间的函数（函数是用来研究各种变量之间相互关系的）。在电子产品中，有的属于不可修复产品，如用在成套设备或整机中的电阻器、电容器、电感器、晶体管、集成电路等元器件，一旦损坏就直接用好的将其替换掉。例如，成套设备和整机就属于可修复产品。

对于不可修复产品和可修复产品的平均寿命都可以用“平均无故障时间”（MTTF）来表示，它是指产品从投入使用到发生故障时经历的平均时间，也可以称为平均故障前时间。

对于可修复产品，如成套设备或整机在使用过程中有的可能会发生一次以上的故障修理。因此就有了相邻两次故障之间的时间问题，这种情况就用“平均故障间隔时间”(MTBF）来表示。根据以上所述可以看出，MTBF只能用于可修复产品。

另外，根据产品不同，“规定时间”的时间单位不只是小时（h），有的产品可以用其他相应指标表示，如汽车用行程公里数、开关用动作次数、存储器用重写次数等。

（3）规定条件。规定条件可分为使用条件和环境条件。

① 使用条件：如设备工作时需要的供电电源是交流电还是直流电、供电电源功率要多少瓦、供电电压是多少伏等。

② 环境条件：如气候环境中的温度、湿度、气压、风、雪、雨、霜冻等；生物与化学环境中的霉菌、盐雾等；机械环境中的振动、冲击、跌落、加速度等；电磁环境中的电场、磁场、电磁场等。同样的产品在良好环境下的失效率与在恶劣环境下的失效率可能会相差数十倍之多。

保证产品质量除要保证产品技术指标、经济指标、安全指标外，更重要的是要保证产品工作稳定可靠。从产品使用者的角度出发，产品的可靠性是产品质量的时间属性，是产品质量的核心内容。所以，当产品出厂时，厂家应该向用户提供产品的可靠性指标。

## 7.3 可靠性的主要指标

可靠性指标是质量指标中的一个，与其他质量指标有着紧密的联系。对于产品而言，可靠性高的产品，可以正常工作的时间长；可靠性差的产品，可以正常工作的时间短。定量表示可靠性水平的指标又称“可靠性特征量”。产品的可靠性指标不同于产品的电气性能指标，它有时间性、综合性、统计性等特点，它不能像电气性能指标那样用仪器仪表可以直接测量出来。可靠性指标一般是通过以下两种途径获得的。

一种是产品在使用现场的使用累计时间和累计失效数，经过数理统计方法计算出来的。这种数据称为“产品现场使用可靠性的统计平均值”；另一种是通过在实验室用一种规定的受控工作及环境条件下，模拟现场的使用条件，模拟产品在现场所遇到的环境应力进行试验，将累计试验时间和累计失效数，经过数理统计方法计算出来的。因此，在实验室中，用模拟现场工作条件和环境条件进行试验，来确定产品的可靠性，就称为“可靠性试验”。通过可靠性试验获得的可靠性相关数据称为“产品可靠性试验的验证值”。显然，获取“产品可靠性试验的验证值”要比获取“产品现场使用可靠性的统计平均值”所用的时间要短得多。因此，绝大多数产品的可靠性数据指标是通过“可靠性试验”得到验证值的。

产品无论在可靠性试验中还是在实际使用中，人们都无法准确预计产品何时失效，只能预计到产品大概在何时失效的可能性，或者只能得到多个产品失效时间的平均值，所以可靠性指标的定量表示通常用概率①或平均值。

### 7.3.1 可靠度

产品在规定的条件下和规定时间内完成规定功能的概率称为产品的可靠度。一般将可靠度用 $R$ 表示，它是时间 $t$ 的函数，因此也记为 $R(t)$，称为可靠度函数。就概率分布而言，可靠度函数又称可靠度分布函数。它表示在规定的条件下和规定时间内完成规定功能而工作的产品占全部工作产品的百分率②。因此可靠度的取值范围为

$$0 \leqslant R(t) \leqslant 1 \tag{7-1}$$

用 $T$ 表示产品的寿命，用 $t$ 表示规定使用时间，显然产品的寿命（$T$）大于或等于产品的规定使用时间（$t$）是一个随机事件③。因为产品的可靠度是用概率来度量的，所以产品可靠度的数学表达式可写为

$$R(t)=P(T \geqslant t) \tag{7-2}$$

式中，$T$ 为产品寿命；$t$ 为规定使用时间。

当 $t$=0 时，$R(0)$=1，（产品刚投入时，不会失效，故可靠度为 1）

当 $t$=∞时，$R(\infty)$=0，（产品使用时间足够长，一定会失效，故可靠度为 0）

$$R(t)=\frac{N_0-\gamma(t)}{N_0} \tag{7-3}$$

式中，$N_0$ 为当 $t$=0 时，在规定条件下工作的产品数；

$\gamma(t)$ 为在 0 到 $t$ 时刻内，产品累计的故障数。

【例 1】某型号电视机 100 台，在用户家连续使用 5 年（每年按 365 天计算），5 年内每天平均使用 5h，5 年内有 4 台发生故障，求这批电视机的可靠度 $R(t)$。

解：$R(t)=\dfrac{N_0-\gamma(t)}{N_0}$

$$R(9125)=\frac{100-4}{100}=96\%$$

这批电视机工作 5 年（9125h）后的可靠度为 96%。

【例 2】抽取某型号手机 15 部做寿命试验，各部手机发生失效的时间（h）分别为 380h、450h、580h、1010h、1200h、1300h、1400h、1500h、1600h、1800h、1900h、2200h、2900h、3400h、4500h。求：这批手机工作到 1000h 的可靠度？

---

① 概率。概率是用来表示随机事件发生的可能性大小的一个量。某种事件在相同条件下可能发生或不发生，这类事件称随机事件。例如，一枚硬币的两个面，当你往高处掷一次时，带数字的一面朝上的情况可能发生也可能不发生，这就是随机事件。当你往高处掷的次数越多，落地时硬币两个面分别出现朝上的次数越接近，就可以说两个面分别出现朝上的概率各是 50%。

② 百分率。百分率也称为百分数或百分比，百分率是表示一个数是另一个数的百分之几，百分率通常不会写成分数的形式，而是采用百分号（%）来表示。

③ 随机事件。某种事件在相同条件下可能发生或不发生，这类事件称随机事件。

解：可靠度 =（工作到 1000h 的台数）÷（试验的总台数）

1000 小时以内出现 3 台失效（380h、450h、580h 各 1 台）

$$R(1000)=\frac{15-3}{15}=80\%$$

该批手机工作到 1000 小时的可靠度为 80%。

### 7.3.2 不可靠度

不可靠度（也称累计失效概率）是指产品在规定条件下，在规定时间内，产品失效完不成规定功能的概率，它也是时间 $t$ 的函数，用 $F(t)$表示。它的数学表达式为

$$F(t)=P(T\leqslant t) \tag{7-4}$$

式中，$T$ 为产品寿命。

若 $N$ 个产品工作到 $t$ 时间有 $n$（$t$）个产品失效，则 $F(t)$的值为

$$F(t)=1-R(t)=\frac{n(t)}{N} \tag{7-5}$$

显然，在同一时间 $t$，产品只有失效和不失效两种情况，所以

$$F(t)+R(t)=1 \tag{7-6}$$

即不可靠度加上可靠度等于 1，也可以说，累计失效率加上可靠度等于 1。

同样，可以理解：$F(0)=0$（0%）（产品刚投入时间 $t$ 为 0 时，不会失效，失效率为 0）；$F(\infty)=1$（100%）（产品使用时间 $t$ 足够长，肯定会失效，失效率为 1）。

【例 3】抽取 500 只电阻器做实验，观测实验记录如表 7-1 所示。试求 $t=500$h 和 $t=1000$h 时的不可靠度（累计失效概率）。

表 7-1 500 只电阻器实验记录

| 时间 $t$/h | 100 | 2000 | 300 | 400 | 500 | 600 | 700 | 800 | 900 | 1000 |
|---|---|---|---|---|---|---|---|---|---|---|
| 失效数/只 | 3 | 3 | 2 | 1 | 1 | 0 | 0 | 1 | 1 | 0 |
| 累计失效数 | 3 | 6 | 8 | 9 | 10 | 10 | 10 | 11 | 12 | 12 |
| 正常工作数 | 497 | 494 | 492 | 491 | 490 | 490 | 490 | 489 | 488 | 498 |

根据表 7-1 中的记录，可以算出 $t=500$h 的不可靠度为

$$F(t)=\frac{n(t)}{N} \qquad F(500)=\frac{10}{500}=0.02$$

$t=1000$h 的不可靠度为

$$F(t)=\frac{n(t)}{N} \qquad F(1000)=\frac{12}{500}=0.024$$

### 7.3.3 失效概率密度函数

失效概率密度函数 $f(t)$ 是不可靠度（累计失效概率）$F(t)$的导数，可以用下式表示为

$$f(t)=\frac{\mathrm{d}F(t)}{\mathrm{d}t} \tag{7-7}$$

失效概率密度函数 $f(t)$ 对不可靠度（累计失效概率）$F(t)$求导，是研究不可靠度 $F(t)$

在某个时间变化快慢的。

假设 $N$ 为实验产品总数，$\Delta N$ 是时刻 $t+\Delta t$ 时间间隔内产生的失效产品数，当实验产品数量足够大，变化时间 $\Delta t$ 足够小时，$f(t)$ 可以用下式表示为

$$f(t) \approx \frac{\Delta N(t)}{N \cdot \Delta t} \text{或} f(t) \approx \frac{1}{N} \cdot \frac{\mathrm{d}N}{\mathrm{d}t} \tag{7-8}$$

它表示在 $t$ 时刻的单位时间的失效概率。

显然，产品的不可靠度（累计失效概率）$F(t)$ 与失效概率密度函数 $f(t)$ 之间的关系可用下式表示为

$$F(t)=\int_0^t f(t)\mathrm{d}t \tag{7-9}$$

累计失效概率函数 $F(t)$ 是对失效概率密度函数 $f(t)$ 的积分。

而产品的可靠度为

$$R(t)=1-F(t)=1-\int_0^t f(t)\mathrm{d}t=\int_t^{\infty} f(t)\mathrm{d}t \tag{7-10}$$

可见，要弄清楚可靠度 $R(t)$ 可以从不可靠度 $F(t)$ 入手，而弄清楚不可靠度 $F(t)$ 又可以从失效概率密度函数 $f(t)$ 入手。

### 7.3.4 失效率

失效率又称瞬时失效率或故障率，失效率定义为工作到某时刻 $t$ 时尚未失效的产品，在该时刻 $t$ 以后的下一个单位时间内发生失效的概率。失效率的观测值是“在该时刻 $t$ 以后的下一个单位时间内失效的产品数与工作到该时刻尚未失效的产品数之比”。

假设有 $N$ 个产品，从 $t=0$ 开始工作，到时刻 $t$ 时产品的失效数为 $n(t)$，而到时刻 $t+\Delta t$ 时产品的失效数为 $n(t+\Delta t)$，即在（$t$，$t+\Delta t$）时间区间内有 $\Delta N(t)=n(t+\Delta t)-n(t)$ 个产品失效，当 $N$ 足够大、$\Delta t$ 足够小时，产品在时间区间（$t$，$t+\Delta t$）内的失效率为

$$\lambda(t) \approx \frac{n(t+\Delta t)-n(t)}{[N-n(t)] \cdot \Delta t} \approx \frac{\Delta N(t)}{\Delta t} \cdot \frac{1}{N-n(t)} \tag{7-11}$$

由式（7-11）得出

$$\lambda(t) \approx \frac{\Delta N(t)}{\Delta t} \cdot \frac{1}{N(1-\dfrac{n(t)}{N})} \approx \frac{\Delta N(t)}{N \cdot \Delta t} \cdot \frac{1}{1-\dfrac{n(t)}{N}}$$

$$\lambda(t) \approx f(t) \cdot \frac{1}{1-F(t)} \approx \frac{f(t)}{R(t)} \tag{7-12}$$

因为失效率 $\lambda(t)$ 是时间 $t$ 的函数，所以 $\lambda(t)$ 又称失效率函数。

在产品可靠性工作中，大多关注正常工作的产品到 $t$ 时刻后，单位时间内有多少百分比的产品会失效。因此，在可靠性工作中经常用“失效率”这个概念来表示产品发生故障的程度。从式（7-12）可以看出失效率 $\lambda(t)$ 与失效概率密度 $f(t)$ 及可靠度 $R(t)$ 三者之间的关系。

**【例 4】** 求失效率。用 5000 只晶体管做实验，当实验到 1000h 时累计失效 50 只，实验到 1100h 累计失效为 60 只，求这 5000 只晶体管在实验到 1000h 的失效率。

解：实验 1000h 未失效数为 $N-n(t)=5000-50=4950$（只）

$$\Delta t = 1100-1000=100\text{（h）}$$

$\Delta t$ 时间内失效数为 $n(t+\Delta t)-n(t)=60-50=10$（只）

代入公式 $\lambda\left(t\right)\approx\dfrac{n(t+\Delta t)-n(t)}{[N-n(t)]\cdot\Delta t}$ 得

$$\lambda(1000)\approx\frac{60-50}{(5000-50)\cdot(1100-1000)}\approx 2.02^{-5}(\text{h}^{-1})$$

失效率是电子元器件可靠性常用的指标之一，失效率越高，可靠性越差。通常用每小时或每千小时的百分比作为产品失效率的单位。一般元器件常用的单位是%/1000h（$10^{-5}\text{h}^{-1}$）或更小的单位“菲特”（Fit）。

菲特这一个单位的数量概念为

$$1\text{Fit}=10^{-9}/\text{h}=10^{-6}/1000\text{h}$$

也就是 1Fit 表示 10 亿个产品中，在 1h 内只允许发生一个产品失效；或者说每千小时内，只允许百万分之一的失效概率。

例如，某种型号电阻器的失效率为 $2\times10^{-7}\text{h}^{-1}$，即 1000 万个电阻器工作 1h，只允许有两个失效。也可以说，在 1000h 内失效率为 0.02%。

### 7.3.5　产品的寿命

产品的寿命也是表示产品可靠性的一个重要的定量指标。一批产品中某个产品在失效之前，很难说出其寿命确切值，但是运用产品寿命的统计规律可以计算出产品寿命在某一范围内的概率。在可靠性工程的产品寿命指标中，有平均寿命、寿命方差、寿命均方差、可靠寿命、中位寿命和特征寿命等作为检验产品可靠性的指标。在产品的寿命指标中，最常用的是平均寿命，平均寿命也就是产品寿命的平均值，即产品的寿命就是产品的无故障工作时间。以下仅对产品寿命的平均值进行讨论。

产品平均寿命这个概念对于不可修复（失效后无法修复或不修复直接更换）产品和可修复产品的含义有所不同。

对于不可修复产品，它的寿命是指失效前的工作时间，因此，平均寿命是指该产品从开始到失效前的工作时间（或工作次数）的平均值，用 MTTF 表示。其数学表达式为

$$\text{MTTF}\approx\frac{1}{N}\sum_{i=1}^{N}t_i$$

式中，$N$ 为实验产品总数；$t_i$ 为第 $i$ 个产品失效前的工作时间（h）；$\sum\limits_{i=1}^{N}t_i$ 是每个产品失效前工作时间的总和。

对于可修复产品，它的寿命是指相邻两次故障间的工作时间。因此，它的平均寿命就是平均无故障工作时间或称为平均故障间隔，用 MTBF 表示。其数学表达式为

$$\text{MTBF}=\frac{1}{\sum\limits_{i=1}^{N}n_i}\sum_{i=1}^{N}\sum_{j=1}^{n_i}t_{ij}$$

式中，$N$ 为实验产品总数；$n_i$ 为第 $i$ 个实验产品的故障数；$t_{ij}$ 为第 $i$ 个产品从第 $j-1$ 次故障到第 $j$ 次故障的工作时间；$\sum_{i=1}^{N} n_i$ 为总的故障次数；$\sum_{i=1}^{N}\sum_{j=1}^{n_i} t_{ij}$ 为所有产品总的工作时间。

通过 MTTF 与 MTBF 的理论意义及数学表达式可以看出，它们的实质内容都是相同的，因此可以通称为平均寿命。这样，如果从一批产品中抽取 $N$ 个产品进行寿命试验，得到第 $i$ 个产品的寿命数据为 $t_i$，那么该产品的平均寿命"$\theta$"的数学表达式为

$$\theta \approx \frac{1}{N}\sum_{i=1}^{N} t_i$$

或者表达为

$$\theta \approx 所有产品总的工作时间/总的故障次数$$

**【例 5】**电子设备的平均寿命计算。抽取某种电子设备 20 台，从开始使用到每台初次发生失效的时间数据（单位：h）分别为 450h、480h、580h、2000h、2200h、2300h、2400h、2500h、2600h、2800h、2900h、3000h、3200h、3300h、3500h、3600h、3700h、3800h、3900h、3900h。求：20 台电子设备的平均寿命。

解：$N=20$，$\sum_{i=1}^{N} t_i = 450+480+\cdots+3900 = 53110$（h）

$$\theta \approx \frac{1}{N}\sum_{i=1}^{N} t_i \approx \frac{53110}{20} \approx 2656\text{（h）}$$

20 台电子设备的平均寿命是 2656h。

## 7.4 典型失效率曲线

常用的电子元器件、电子整机和成套设备的失效率随时间变化的规律如图 7-1 所示。

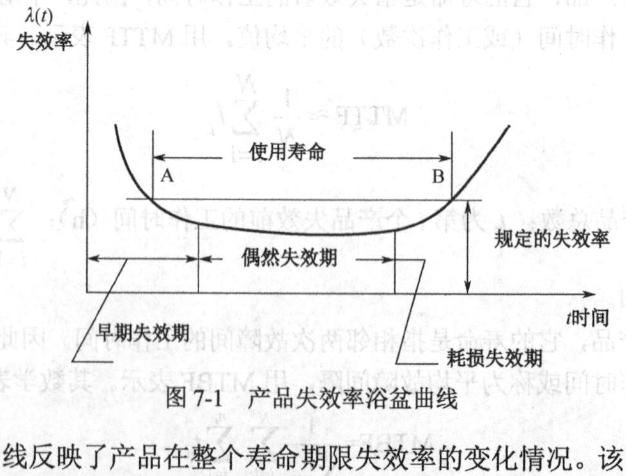


图 7-1 产品失效率浴盆曲线

这个失效率曲线反映了产品在整个寿命期限失效率的变化情况。该曲线的形状酷似浴盆，因此被形象地称为"浴盆曲线"，浴盆曲线呈现两头高、中间低状态。将这条曲线的变化过程分为 3 个阶段，下面分别进行描述。

### 1. 第一阶段早期失效期

早期失效期刚开始时失效率较高，但是很快呈下降趋势，这个时期的失效主要是由产品的设计不完善、工艺不成熟、管理不当等造成的。但是可以通过改进设计、加强工艺管理、制定筛选老化方案等措施，在产品出厂之前尽量剔除产品的早期失效，使之提高出厂产品的可靠性。

### 2. 第二阶段是偶然失效期

偶然失效期失效率曲线平坦，该阶段失效率比较低，而基本保持在一个常数状态。它是产品较长的最佳有效工作时期。偶然失效的主要原因是由使用不当、操作失误及意外的不明情况造成的，由于失效原因大多是偶然因素造成的，因此称为偶然失效期。

### 3. 第三阶段耗损失效期

耗损失效期失效率呈上升趋势，此阶段的产品失效主要是由零部件长期磨损疲劳、元器件寿命接近终止等一系列原因造成的。对此只能应用提前维修、更换零部件、元器件等办法解决。

# 练 习 题

## 一、单选题

（1）反映产品在 $\Delta t$ 时间内失效概率的特性参数是（　　）。

A．可靠度　　B．不可靠度

C．失效概率密度　　D．失效率

（2）代表失效率的符号是（　　）。

A．$R(t)$　　B．$F(t)$

C．$f(t)$　　D．$\lambda(t)$

（3）元器件的失效率单位常采用“菲特”，1 菲特单位的数量概念是 1Fit=（　　）。

A．$10^{-6}$/h　　B．$10^{-7}$/h

C．$10^{-8}$/h　　D．$10^{-9}$/h

（4）从浴盆曲线上看，在（　　）产品的失效率较高，而且呈上升趋势。

A．早期失效期　　B．偶然失效期

C．耗损失效期　　D．偶然失效期和耗损失效期

## 二、判断题

（1）产品可靠性是时间的函数。（　　）

（2）产品可靠度 $R(t)$是一个不随时间变化的常数。（　　）

（3）产品不可靠度 $F(t)$是规定条件下和规定时间内，产品的累计失效概率。（　　）

（4）对于不可修复产品的寿命可以用 MTBF 表示。（　　）

（5）“浴盆曲线”是反映产品失效率随时间变化而变化的，两头低，中间高的一条曲线。 （ ）

（6）产品出厂前进行筛选老化，可以剔除产品的早期失效，提高产品的可靠性。 （ ）

（7）产品的平均寿命是约值或估算值。 （ ）

（8）MTBF 用来表示不可修复产品的平均寿命。 （ ）

# 第 8 章　工艺与质量

## 8.1　工艺与质量监督

### 8.1.1　工艺技术标准知识

#### 1. 工艺文件概述

1）工艺文件的定义

按照一定的条件选择产品最合理的工艺过程（生产过程），将实现这个工艺过程的程序、内容、方法、工具、设备、材料及每个环节应该遵守的技术规程，用文字的形式表示出来，称为工艺文件。工艺文件要根据产品的生产性质、生产类型、产品的复杂程度、重要程度及生产的组织形式编制。

应该按照产品的试制阶段编制工艺文件。一般设计性试制阶段，主要是验证产品的设计（结构、功能）和关键工艺，要求具备零件、部件、整件工艺过程卡片及相应的工艺文件。生产性试制阶段主要是验证工艺过程和工艺装备是否满足批量生产的要求，不仅要求工艺文件正确、成套，在定型时还必须完成会签、审批及归档手续。

2）工艺文件的分类

（1）基本工艺文件是供企业组织生产、进行生产技术准备工作最基本的技术文件，它规定了产品的生产条件、工艺路线、工艺流程、工具设备、调试及检验仪器、工艺装置、工时定额。一切在生产过程中进行组织管理所需要的资料，都要从中取得有关的数据。主要内容包括零件工艺过程、装配工艺过程、元器件工艺表、导线及加工表等。

（2）指导技术的工艺文件是不同专业工艺的经验总结，或者是通过生产实践编写出来的用于指导技术和保证产品质量的技术条件文件。主要内容包括专业工艺规程、工艺说明及简图、检验说明（方式、步骤程序等）。

（3）统计汇编资料是为企业管理部门提供的各种明细表，作为管理部门规划生产组织、编制生产计划、安排物资供应、进行经济核算的技术依据。主要内容包括专用工装、准备工具、材料消耗定额、工时消耗定额。

（4）管理工艺文件主要内容包括工艺文件封面、工艺文件目录、工艺文件更改通知单、工艺文件明细表。

#### 2. 工艺文件的作用

为了便于组织生产，建立良好的生产秩序，对每种产品都要编制工艺文件；工艺文件是编制生产计划、考核工时定额的依据；是保证产品顺利生产，确保工艺要求，保障产品质量的规定。

调度人员根据工艺文件规程，合理组织、调整工作顺序；合理安排物资供应，包括工具、工装、模具等。

可以根据工艺文件来进行经济核算；在外协生产时作为产品资料提供给外协企业；还可以作为企业间经验交流的参考资料。

### 8.1.2 生产现场工艺管理知识

高级技师必须具备扎实的专业操作知识和先进的技能水平，同时需要掌握编写操作指导培训讲义的方法。

#### 1. 编写电子产品组装工艺流程培训讲义

（1）电子产品组装工艺流程培训计划的制订。

培训计划是根据学期授课计划详细地安排和落实教学内容、教学方法及与培训教学有关工作安排的具体计划。在教学中，每次培训教学都必须有培训计划。

培训计划要结合学员和设备的实际情况，根据培训内容确定教学的组织形式和教学方法。培训计划包括总课题、分课题、工时及操作工件质量评分标准等内容。

（2）编写电子产品组装工艺流程指导讲义的一般方法。

工艺流程指导讲义是根据操作训练计划的要求，在授课前拟订的操作工艺教学计划书，并以此去组织教学活动。

编写工艺流程指导讲义的过程是教学设计的过程，它是教学最基本也是最重要的组成部分。在教学过程中，应围绕教学的目的要求，结合学员情况及具体训练内容，做教学方法的改进；同时对如何组织教学的方法做出设计；采用哪些教学方法；使用哪些教具和设备；怎样进行操作的示范演示；巡回指导和结束指导的重点是什么；需要哪些工具、仪表，时间如何分配，以及布置相关作业等，都应周密细致地考虑并做出妥善的安排，把工艺流程操作指导设计得周密合理。

#### 2. 任务考核评价

围绕培训指导的内容，对学员进行学习任务评价，使培训达到预期的目标，任务评价内容如表 8-1 所示。

表 8-1 任务考核评价表

| 班级： | | 姓名： | 学号： | | 指导教师： | | | |
|---|---|---|---|---|---|---|---|---|
| 评价项目 | 评价标准 | 评价依据（佐证） | 评价方式 | | | 权重 | 得分小计 | 总分 |
| | | | 小组评价 | 学校评价 | 企业评价 | | | |
| | | | 0.1 | 0.9 | | | | |
| 职业素质 | 1. 遵守企业管理规定及劳动纪律<br>2. 按时完成学习及工作任务<br>3. 工作积极主动、勤学好问 | 实习表现 | | | | 0.2 | | |
| 专业能力 | 1. 讲义项目齐全，格式规范<br>2. 讲义内容详略得当，重点、难点体现分明<br>3. 严格遵守安全生产工艺规范 | 1. 书面作业（讲义）<br>2. 工作总结 | | | | 0.7 | | |

续表

| 班级： | | 姓名： | | 学号： | | 指导教师： | | |
|---|---|---|---|---|---|---|---|---|
| 评价项目 | 评价标准 | 评价依据（佐证） | 评价方式 | | | 权重 | 得分小计 | 总分 |
| | | | 小组评价 | 学校评价 | 企业评价 | | | |
| | | | 0.1 | 0.9 | | | | |
| 创新能力 | 能够推广、应用国内相关职业的新工艺、新技术、新材料、新设备 | “四新”技术的应用情况 | | | | 0.1 | | |
| 指导教师评价 | 指导教师签名： | | | | 日期： | | | |

### 3. 编写电子产品组装工艺生产组织培训讲义

生产组织是指为了确保生产的顺利进行所进行的各种人力、设备、材料等生产资源的配置。生产组织是生产过程的组织与劳动过程组织的统一。生产过程的组织主要是指生产过程的各个阶段、各个工序在时间上、空间上的衔接与协调。它包括安全文明生产教育、生产准备、工艺流程和工艺参数的确定等。

电子产品组装的生产线有两种类型：一种是单一品种、大批量的类型；另一种是多品种、小批量类型。后一种不适合采用高效率、高速的自动生产线和固定工位的流水作业。所以要针对具体产品，有序地组织和管理生产过程。

编写电子产品组装工艺生产组织培训讲义要考虑以下内容。

（1）安全文明教育和安全文明生产教育的主要内容。

安全文明教育在生产组织中占有很重要的地位。教育学员安全文明生产，是培养学员职业责任感和职业纪律性及提高生产效率、提高生产产品质量的重要措施。

安全生产主要是指学员在生产中，能够做到安全生产，不出人身、质量及设备事故。文明生产主要是指学员的操作环境、车间和工作位置的整齐、卫生，一切生产设备工具、原料、半成品和产品的存放井井有条。所以说，安全操作是文明生产的前提，文明生产是安全操作的保证。强调注重学员安全文明生产的培养。

培养学员的职业责任感和纪律性，教育学员经常保持操作场所环境、工具、教具、仪器仪表等的良好状态，加强维护保养；教育学员经常保持操作场所环境、车间和工位的整洁卫生；培养学员善于准确安排自己的工作，珍惜时间，精打细算，以养成学员文明朴素的工作作风；教育学员严格遵守安全文明制度，如操作规程、文明生产、设备维护制度、检验制度和清洁卫生制度等。

牢固树立“安全第一”的思想；要将对学员的安全教育贯穿于整个电子产品组装工艺生产过程中；要在操作中切实加强各项安全生产的措施；要注意对学员在操作中注意力运用的培养；要总结和掌握事故发生的规律。

（2）生产组织准备工作内容。

了解工艺流程图掌握产品的生产步骤，各项设备的耗能；对可用空间作生产的布置；编制生产进度表；研查生产材料的供应与库存情况，以及生产材料的供应来源和可替用的材料；分析每个工作任务的细节；确定维护、材料处理、控制程序、运输等环节的工作要求。

产品的组装生产过程一般分为准备作业和产品组装两个步骤，如表8-2所示。

表 8-2 准备作业和产品组装的工艺要求

| 产品组装生产过程 | 工作任务 | 工艺指导书（样例） |
|---|---|---|
| 准备作业 | 是对整机中全部元器件和零部件进行准备性加工 | 见下表 |

| 适用机种 | ×××主板 | 料号 | RS-GN-0014ZB | 站别名称 | 主板元件成型 | 站别编号 | CX1 | 文件编号 | BS/GC-IE-001-2022 | 标准工时 | | 人数 | | 本页 | 1 | 总页数 | 1 | 版本 | A |
|---|---|---|---|---|---|---|---|---|---|---|---|---|---|---|---|---|---|---|---|

| 一 序号 | 名称 | 规格 | 成形尺寸（mm）长度（L） | 成形尺寸（mm）高度（H） | 位置 | 数量 | 二 | 作业内容 |
|---|---|---|---|---|---|---|---|---|
| | | | | | | | 1 | 取待成形的元件（电阻、电容、电感等），核对规格，如图示 |
| 1 | 电解电容 | CD210-10V-220μF±20% | / | 3.5 | EC6、EC102、EC308、RE3 | 4 | 2 | 按上表中的相应规格的成形尺寸调整成形机，具体调节方法参照《成形机操作作业指导书》 |
| 2 | 电解电容 | CD210-10V-1000μF±20% | / | 3.5 | RE1 | 1 | 3 | 先成形出一两个元件，然后把元件插到 PCB 上试验，如果尺寸误差太大，成形的元件无法轻松插到 PCB 内，那么根据具体尺寸情况，重新调整成形机的尺寸 |
| 3、4 | 电解电容 | CD210-25V-47μF±20% | / | 3.5 | EC302、EC305、EC306、EC506 | 4 | 4 | 重复操作步骤 3，直到调到合理的尺寸，使得成形出的元件能轻松插到 PCB 内，然后再批量加工 |
| 5 | 电感 | LGA-0410-10μH±10% | 10 | 3.5 | RL2 | 1 | 5 | 在成形加工过程中，每隔半小时就取一个刚刚成形好的元件，插到 PCB 上试验，如果能轻松插到 PCB 内，则继续成形加工，如果尺寸有了误差，无法轻松插到 PCB 内，那么马上停止成形加工，重新调整成形机，直到成形出的元件尺寸合理，能轻松插到 PCB 内，再继续成形加工 |
| 6 | 三极管 | S8550 | | 6 | Q2、Q4、Q7 | 3 | | |
| 7 | 二极管 | 1N 4007<br>成形后竖装 | / | 3.5 | D503、D504、D505 | 3 | | |
| 8 | 晶体振荡器 | 6MHz | 5 | 3.5 | RX1 | 1 | 6 | 一种元件加工结束后，在另外一种元件时，必须核对规格，然后重复操作步骤 2 至步骤 5 |

续表

| | | |
|---|---|---|
| 准备作业 | 是对整机中全部元器件和零部件进行准备性加工 | 续表<br>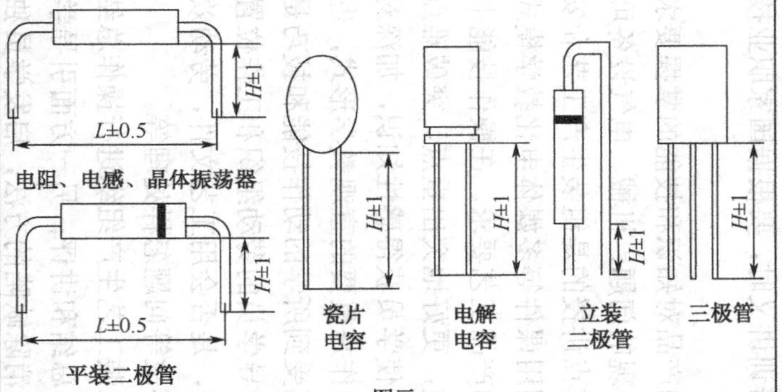<br>图示 |
| | 三 注意事项<br>1 手上必须带上静电环，做好静电防护<br>2 注意工作台面的整洁<br>3 批量成形前必须试插以确定成形尺寸正确<br>4 成形过程中必须间隔半小时就检查成形尺寸是否正确<br>核准： | 治工具明细：序号 1，名称 静电环，数量 1；序号 2；序号 3<br>版本变更记录（序号｜版本｜变更内容）：1；2；3<br>生产部：　制作人：　制作日期： |
| 产品组装 | 印制电路板进行组装式加工，一般是采用流水作业方式 | |

在编写电子产品组装工艺生产组织培训讲义时，要根据国家职业技能标准操作技能的不同题目，设计不同的电子产品课题。

讲义中讲授的内容主要包括：组装的产品对知识和技能的掌握要求；工艺方案及工艺过程；合理的操作方式、方法和操作易出现的问题；机械、电气设备可能发生的故障及防止的方法和相关安全文明操作规程等。重点讲授的是组装生产工艺和安装方法。

讲授的形式可以是讲授，也可以是利用课件等多媒体电化教学模式，讲授的方式、方法应灵活多样，应适合不同的产品内容和产品工艺要求。在操作技能中，可采用顺口溜形式讲解线路的安装步骤，引起学员的兴趣，更好地突出重点、突破难点。

讲义中示范操作又称为教学演示，它使学员获得感性知识，加深对学习内容的印象，把理论知识和实际操作联系起来。示范操作是重要的直观教学形式，也是操作指导的重要步骤，可以使学员具体、生动、直接地感受到所学的动作技能和技巧是如何形成的。

讲义中巡回指导部分主要是检查、指导学员的劳动组织和工作位置是否合理，操作姿势、方法是否正确，安全规程遵守得如何，是否会用工艺文件，劳动效果怎样，怎样预防废品和故障的发生，遇到技术、质量、事故等问题怎样处理等。

讲义中的课后总结要针对电子产品组装工艺生产组织进行操作总结并示范。总结一方面是完成情况，对组装工艺操作情况进行总结和讲评；另一方面引导学员认真总结在操作中积累的生产经验，分析操作效果，找出消除缺陷的方法，启发学员独立找出操作的最佳方法，并得出结论。帮助学员把实践经验逐步提升，形成自己的知识技能。因此，课后总结和评价在操作指导教学中尤为重要。

**4．编制培训方案**

培训方案的编制要依据职业技能等级标准，结合培训需求和学员的职业工种和等级的具体情况来考虑。

编写培训方案一般包括培训时间、培训讲师、培训对象、培训目的、培训内容、培训课程、培训形式、培训管理、培训费用等内容。

了解培训单位和学员的行业及职业现状，结合职业技能标准及教材设置培训内容，要有针对性、指导性地制定培训方式和培训过程，以及培训要达到的效果。

遵循以下 5 点要求。

（1）编制培训方案要有计划性。编制方案时要根据事物的发展趋势，确定实施目标，要有计划地设计实施的步骤。

（2）编制培训方案要有针对性。编制方案要解决实际问题，因此编制方案一定要紧紧围绕要解决的问题进行写作，做到有的放矢，具有明显的针对性。

（3）编制培训方案要有指导性。培训方案不仅要反映培训工作的目标和步骤，而且要明确培训工作的性质和指导思想及具体措施。对整个培训工作的全过程都具有指导意义。

（4）编制培训方案要有预见性。编制方案时必须对事物的发展趋势做出分析，对事物发展结果做出估计，对事物发展或执行方案过程中可能出现的问题做出预测。

（5）编制培训方案要有可行性。编制方案的目的是执行方案，因此不能脱离实际，必须切实可行，要把实现的可能性与实施的可行性结合起来。

### 5. 编制培训实施方案

编制培训实施方案的目的就是为培训工作提供保障，并达到预期的学习目标。

（1）指导思想和培训目标。依据当前工作形势和工作需求，通过培训实现职业能力的提升，到达需求等级标准。

（2）培训规划和培训重点。根据培训对象提升的需求，针对培训对象开展相关等级培训重点内容。

（3）培训计划、培训大纲和教材。依据国家职业技能标准制订相应等级的培训计划、培训大纲和选取相适应的职业培训教材。

（4）培训形式和方法。根据参加培训人员的职业工种和等级，拟定脱产、半脱产、业余等形式开展培训，在方法上课采用单独组班、集中授课、网上学习等。

（5）管理办法。为保障培训顺利实施，对参培人员的日常管理。

（6）相关要求。特殊的事宜或具体的重要要求。

（7）考核、发证。经过相应职业工种和等级的培训、考核，考取相应的证书。

## 8.1.3 生产现场质量监督管理知识

（1）在电子产品制造全程按工艺要求对五级/初级工进行现场工艺指导，如表 8-3 所示。

表 8-3 对五级/初级工的现场工艺指导和要求

| 职业功能 | 工作内容 | 技能要求 | 现场工艺指导和要求 |
|---|---|---|---|
| 印制电路板组装 | 1. 成形 | 1.1 能识读轴向、径向电阻、电容、电感、二极管等两个引线的元器件型号、规格<br>1.2 能按照技术文件要求使用平口钳、手动成形工具（或工装）进行轴向、径向电阻、电容、电感、二极管等两个引线元器件、短接线成形<br>1.3 能使用留屑钳等剪切工具剪切元器件引线 | 1.1 插装元器件工艺指导<br>1.2 印制电路板的插装工艺指导<br>1.3 成形工具、剪切工具使用方法 |
| | 2. 搪锡 | 2.1 能使用橡皮擦、细砂纸等工具进行电阻、电容、电感、二极管等元器件引线表面轻微氧化层去除、污染物的清洁处理<br>2.2 能根据技术文件要求设置电烙铁搪锡温度<br>2.3 能根据技术文件要求设置锡锅搪锡温度<br>2.4 能使用电烙铁或锡锅进行两个引线插装元器件引线搪锡 | 2.1 电烙铁使用方法<br>2.2 锡锅搪锡操作工艺要求<br>2.3 元器件表面清洁方法<br>2.4 插装元器件搪锡工艺要求 |
| | 3. 安装 | 3.1 能进行轴向、径向电阻、电容、电感、二极管等两个引线元器件的安装<br>3.2 能按技术文件要求进行印制电路板上短接线的安装 | 3.1 插装元器件安装工艺要求<br>3.2 短接线安装工艺要求 |
| | 4. 手工焊接 | 4.1 能使用电烙铁进行轴向、径向电阻、电容、电感、二极管等两个引线元器件的焊接<br>4.2 能使用温控电烙铁进行手工焊接<br>4.3 能根据技术文件要求设置电烙铁焊接温度<br>4.4 能识别和使用不同形状的烙铁头<br>4.5 能使用清洗溶剂手工清洁焊点 | 4.1 温控电烙铁焊接工艺方法<br>4.2 电烙铁、烙铁头知识<br>4.3 焊点质量判断知识<br>4.4 焊点清洁方法 |

续表

| 职业功能 | 工作内容 | 技能要求 | 现场工艺指导和要求 |
|---|---|---|---|
| 导线加工 | 1. 导线下线 | 1.1 能使用卷尺、不锈钢直尺等工具量取导线长度<br>1.2 能使用剪刀、剪线钳等工具进行导线下线<br>1.3 能按照技术文件要求套入标识套管 | 1.1 导线下线工具使用方法<br>1.2 标识套管方向标识工艺要求 |
| | 2. 端头处理 | 2.1 能使用剥线工具剥除导线外绝缘层<br>2.2 能处理含有纤维包绕层的导线<br>2.3 能进行导线芯线绞合<br>2.4 能使用电烙铁或锡锅进行导线芯线搪锡 | 2.1 导线剥线工具使用方法<br>2.2 导线绝缘层处理工艺要求<br>2.3 导线芯线绞合工艺要求 |
| | 3. 焊接 | 3.1 能使用电烙铁手工焊接导线<br>3.2 能进行导线与 O 形、U 形焊接端子的焊接<br>3.3 能使用清洗溶剂手工清洁导线焊接处<br>3.4 能使用热风枪进行导线热收缩套管的收缩 | 3.1 导线焊接工艺要求<br>3.2 导线端头清洁工艺<br>3.3 热风枪使用方法 |
| 螺接 | 1. 准备 | 1.1 能根据技术文件要求准备螺接工具<br>1.2 能识读机械制图中的主视图及螺接部位剖视图<br>1.3 能使用清洗溶剂进行装配前装配件的清洁处理 | 1.1 机械制图中主视图及螺接部位剖视图识图<br>1.2 螺接工具的使用<br>1.3 紧固件工艺知识 |
| | 2. 操作 | 2.1 能使用螺接工具进行印制电路板上低频连接器、小型扼流圈等元器件的螺接<br>2.2 能进行印制板组装件的螺接<br>2.3 能进行螺母、螺钉、平垫圈、弹簧垫圈等紧固件的顺序安装 | 2.1 小型元器件螺接工艺要求<br>2.2 紧固件安装工艺要求 |
| | 3. 检查 | 3.1 能检查螺接件安装正确性<br>3.2 能检查紧固件安装质量 | 3.1 螺接件质量控制工艺要求<br>3.2 紧固件安装质量控制工艺要求 |

（2）在电子产品制造全程按工艺要求对四级/中级工进行现场工艺指导，如表 8-4 所示。

**表 8-4　对四级/中级工的现场工艺指导和要求**

| 职业功能 | 工作内容 | 技能要求 | 现场工艺指导和要求 |
|---|---|---|---|
| 印制电路板组装 | 1. 成形 | 1.1 能识读多引线插装元器件与 4 个以下（含 4 个）多引线的表面贴装元器件<br>1.2 能使用工具、工装或设备进行插装元器件引线校直处理<br>1.3 能使用专用成形工装或设备对采用侧装、倒装、反装安装方式的元器件引线进行成形<br>1.4 能使用专用成形工装或设备进行连接器引线插针成形<br>1.5 能使用工具进行印制电路板焊接用导线成形<br>1.6 能检查元器件成形质量 | 1.1 4 个以下（含 4 个）多引线表面贴装元器件成形工艺要求<br>1.2 多引线插装元器件成形工艺要求<br>1.3 成形质量工艺控制要求 |
| | 2. 搪锡 | 2.1 能使用电烙铁或锡锅进行单列、双列及多引线插装元器件引线搪锡<br>2.2 能使用电烙铁或锡锅进行印制电路板插装连接器插针搪锡<br>2.3 能检查元器件、连接器搪锡质量 | 2.1 连接器搪锡工艺要求<br>2.2 多引线插装元器件搪锡工艺要求<br>2.3 搪锡质量工艺控制要求 |

续表

| 职业功能 | 工作内容 | 技能要求 | 现场工艺指导和要求 |
|---|---|---|---|
| 印制电路板组装 | 3．安装 | 3.1 能进行 4 个以下（含 4 个）多引线表面贴装元器件的安装<br>3.2 能进行多引线插装元器件的安装<br>3.3 能进行印制电路板插装连接器的安装<br>3.4 能使用胶粘、绑扎、紧固辅助措施固定元器件<br>3.5 能检查元器件安装质量 | 3.1 元器件辅助加固工艺方法<br>3.2 元器件安装质量控制工艺要求<br>3.3 胶粘工艺 |
| | 4．手工焊接 | 4.1 能使用电烙铁进行 4 个以下（含 4 个）多引线的表面贴装元器件的焊接<br>4.2 能使用电烙铁进行多引线插装元器件的焊接<br>4.3 能根据不同的焊接对象设置电烙铁焊接温度<br>4.4 能根据不同的焊接对象选择焊锡丝规格 | 4.1 助焊剂知识<br>4.2 焊料知识 |
| | 5．浸焊 | 5.1 能进行浸焊设备工艺参数设置<br>5.2 能操作浸焊设备进行单面插装印制电路板元器件的焊接 | 5.1 浸焊设备工艺参数控制要求<br>5.2 浸焊设备操作要求 |
| | 6．波峰焊 | 6.1 能进行波峰焊设备工艺参数设置<br>6.2 能操作波峰焊设备进行单面插装印制电路板元器件的焊接 | 6.1 波峰焊设备工艺参数控制要求<br>6.2 波峰焊设备操作要求 |
| | 7．检查 | 7.1 能使用万用表测量电阻、电感、电容参数<br>7.2 能目检手工焊接、浸焊、波峰焊的焊点外观质量 | 7.1 万用表使用方法<br>7.2 阻容元件测量工艺 |
| | 8．返修 | 8.1 能使用工具拆除及更换 4 个以下（含 4 个）多引线表面贴装元器件<br>8.2 能使用工具拆除及更换插装元器件 | 8.1 拆焊工具使用方法<br>8.2 表面贴装元器件返修工艺要求<br>8.3 插装元器件返修工艺要求 |
| 线缆加工 | 1．线缆下线 | 1.1 能使用工具或设备进行双绞线下线<br>1.2 能使用工具或设备进行高频电缆下线<br>1.3 能根据线缆使用长度确定下线偏差<br>1.4 能检查线缆下线质量 | 1.1 线缆下线长度偏差工艺要求<br>1.2 线缆来料检查工艺要求<br>1.3 线缆下线机操作工艺要求 |
| | 2．屏蔽层处理 | 2.1 能进行双绞线屏蔽层处理<br>2.2 能进行高频电缆屏蔽层处理 | 2.1 导线屏蔽层剥除长度工艺要求<br>2.2 屏蔽层处理工艺要求 |
| | 3．焊接 | 3.1 能进行双绞线焊接<br>3.2 能进行高频电缆焊接 | 3.1 双绞线加工工艺要求<br>3.2 高频电缆加工工艺要求 |
| | 4．压接 | 4.1 能使用手动压接钳进行多芯导线坑压式压接<br>4.2 能使用手动压接钳进行多芯导线模压式压接 | 4.1 模压式压接工艺要求<br>4.2 坑压式压接工艺要求 |
| 布线 | 1．准备 | 1.1 能根据接线图、接线表准备导线及其他辅助材料<br>1.2 能根据导线颜色识别电源线、控制线、信号线 | 1.1 接线图、接线表识读知识<br>1.2 导线颜色与用途基本知识 |
| | 2．线束制作 | 2.1 能根据布线工艺要求进行顺序布线<br>2.2 能将电源线、信号线、控制线等分别布线<br>2.3 能进行线束整理<br>2.4 能使用扎线带、绑扎绳进行线束绑扎<br>2.5 能使用隔离、加护套等方式进行线束保护 | 2.1 线束布线工艺要求<br>2.2 线束整理工艺要求<br>2.3 线束绑扎工艺要求 |
| | 3．检查 | 3.1 能使用万用表或通断测试仪进行通断检查<br>3.2 能检查线束绑扎间距、折弯半径、松紧等外观质量<br>3.3 能用放大镜等工具进行产品多余物目视检查 | 3.1 线束通断测量工艺<br>3.2 线束外观质量控制工艺要求 |

（3）在电子产品制造全程按工艺要求对三级/高级工进行现场工艺指导，如表 8-5 所示。

表 8-5　对三级/高级工的现场工艺指导和要求

| 职业功能 | 工作内容 | 技能要求 | 现场工艺指导和要求 |
|---|---|---|---|
| 印制电路板组装 | 1. 成形 | 1.1 能识读 4 个以上多引线的表面贴装元器件<br>1.2 能使用工装或设备进行 4 个以上多引线表面贴装元器件引线校正处理<br>1.3 能使用工装或设备进行 4 个以上多引线表面贴装元器件引线成形<br>1.4 能根据元器件安装空间确定成形形状<br>1.5 能根据元器件散热要求、安全间距要求、抗振要求等确定成形形状<br>1.6 能进行与接线柱连接的有引线元器件成形<br>1.7 能根据元器件类别选择不同的成形工装或设备 | 1.1 4 个以上多引线表面贴装元器件成形工艺要求<br>1.2 有散热要求、安全间距要求及抗振要求的元器件成形工艺要求<br>1.3 与接线柱连接的元器件成形工艺要求 |
| | 2. 搪锡 | 2.1 能使用电烙铁或锡锅进行 4 个以上多引线的表面贴装元器件搪锡<br>2.2 能进行热敏元器件搪锡 | 2.1 4 个以上多引线表面贴装元器件搪锡工艺要求<br>2.2 热敏元器件搪锡工艺要求 |
| | 3. 安装 | 3.1 能根据元器件种类、封装尺寸、静电敏感等级等确定元器件安装顺序<br>3.2 能根据元器件安装要求提出工装要求<br>3.3 能进行印制电路板压接连接器的安装 | 3.1 辅助工装使用方法<br>3.2 印制电路板组装工艺<br>3.3 印制电路板压接件压接工艺要求 |
| | 4. 手工焊接 | 4.1 能根据焊料成分设置焊接温度<br>4.2 能根据被焊物选择烙铁头形状<br>4.3 能使用电烙铁进行 4 个以上多引线表面贴装元器件焊接 | 4.1 焊料与助焊剂匹配工艺<br>4.2 4 个以上多引线表面贴装元器件焊接工艺要求 |
| | 5. 波峰焊 | 5.1 能进行波峰焊设备焊接前状态检查<br>5.2 能使用温度曲线测试仪测试印制电路板波峰焊焊接温度曲线<br>5.3 能进行波峰焊辅助工装设计 | 5.1 温度曲线测试仪使用方法<br>5.2 波峰焊工装设计工艺<br>5.3 波峰焊焊接工艺 |
| | 6. 表面贴装 | 6.1 能操作手动点胶机点涂焊膏<br>6.2 能使用印刷网板在印制电路板上手工印刷焊膏<br>6.3 能进行表面贴装生产线组装前状态检查<br>6.4 能操作印刷机或喷印设备涂覆焊膏<br>6.5 能操作贴片机贴装元器件<br>6.6 能操作再流焊机进行印制电路板焊接 | 6.1 焊膏涂覆工艺要求<br>6.2 手动点胶机操作工艺要求<br>6.3 印刷设备操作工艺要求<br>6.4 喷印设备操作工艺要求<br>6.5 贴片机操作工艺要求<br>6.6 再流焊机操作工艺要求 |
| | 7. 检查 | 7.1 能使用万用表判断二极管极性<br>7.2 能使用万用表检查三极管引脚极性<br>7.3 能操作自动光学检测仪等设备检查印制电路板组装质量 | 7.1 自动光学检测仪操作工艺要求<br>7.2 半导体器件基本知识 |
| | 8. 返修 | 8.1 能使用专用设备进行多引线插装元器件拆除及更换<br>8.2 能检查印制板组件返修质量 | 8.1 多引线插装元器件拆焊工艺要求<br>8.2 印制板组件返修质量控制工艺要求 |

续表

| 职业功能 | 工作内容 | 技能要求 | 现场工艺指导和要求 |
|---|---|---|---|
| 线缆加工 | 1. 半刚性电缆加工 | 1.1 能使用设备或工装进行半刚性电缆校直<br>1.2 能使用设备进行半刚性电缆成形<br>1.3 能使用设备或工具进行半刚性电缆端头处理 | 1.1 半刚性电缆校直工艺要求<br>1.2 半刚性电缆成形工艺要求<br>1.3 半刚性电缆端头处理工艺要求 |
| | 2. 光纤电缆加工 | 2.1 能进行光纤电缆下线<br>2.2 能进行光纤电缆剥头处理<br>2.3 能进行光纤电缆连接 | 2.1 光纤电缆代号、结构知识<br>2.2 光纤电缆端别及纤序知识<br>2.3 光纤电缆连接工艺要求 |
| | 3. 焊接 | 3.1 能进行柔性及半柔性电缆焊接<br>3.2 能进行半刚性电缆焊接 | 3.1 柔性及半柔性电缆焊接工艺要求<br>3.2 半刚性电缆焊接工艺要求 |
| | 4. 压接 | 4.1 能使用压接工装或设备进行连接器与导线的压接<br>4.2 能使用压接工具进行多根独立导线压接<br>4.3 能使用压接工具进行排线压接 | 4.1 多根独立导线压接工艺<br>4.2 排线压接工艺 |
| | 5. 绕接 | 5.1 能使用绕接工具进行导线与接线柱绕接<br>5.2 能使用绕接工具进行抗振型绕接<br>5.3 能使用退绕器拆除绕接导线 | 5.1 绕接工艺要求<br>5.2 退绕工艺要求 |
| | 6 检查 | 6.1 能使用万用表检测压接及绕接接触电阻<br>6.2 能使用拉力检测仪检测压接及绕接点的拉脱力<br>6.3 能操作剖面测试仪判断压接质量<br>6.4 能检查柔性、半柔及半刚性电缆加工质量 | 6.1 压接质量控制工艺要求<br>6.2 拉力检测仪操作工艺要求<br>6.3 拉脱力检测要求<br>6.4 剖面测试仪操作工艺要求 |
| 布线 | 1. 准备 | 1.1 能识读电原理图，识别高、低电平线<br>1.2 能识别交、直流电源线与高、低频信号线 | 1.1 电原理图识读知识<br>1.2 线缆特性工艺 |
| | 2. 线束制作 | 2.1 能分开布置高、低电平线<br>2.2 能分开布置交、直流电源线<br>2.3 能分开布置高、低频信号线<br>2.4 能进行接地导线的布置<br>2.5 能进行线束内多余导线的保护处理<br>2.6 能采用焊接或压接的方式进行同类导线的续接处理<br>2.7 能根据最短路径布线<br>2.8 能根据发热元件位置或其他隔离要求进行线束布置<br>2.9 能根据电磁兼容要求选择布线路径 | 2.1 整机电气特性工艺要求<br>2.2 防护工艺要求<br>2.3 线缆续接工艺要求 |
| | 3. 检查 | 3.1 能使用线缆测试仪检测线束质量<br>3.2 能进行线束加固措施检查 | 3.1 线缆测试仪操作工艺要求<br>3.2 线束加固工艺要求 |

（4）在电子产品制造全程按工艺要求对二级/技师进行现场工艺指导，如表 8-6 所示。

表 8-6　对二级/技师的现场工艺指导和要求

| 职业功能 | 工作内容 | 技能要求 | 现场工艺指导和要求 |
| --- | --- | --- | --- |
| 印制电路板组装 | 1．成形 | 1.1 能进行细间距、高密度表面贴装元器件成形<br>1.2 能根据器件成形需要提出成形工装设计要求 | 1.1 成形工装设计知识<br>1.2 细间距、高密度表面贴装元器件成形工艺要求 |
| | 2．搪锡 | 2.1 能确定不同类型元器件引线根部搪锡的长度<br>2.2 能根据元器件种类设置搪锡温度和时间<br>2.3 能根据元器件种类确定搪锡保护措施<br>2.4 能进行新型封装元器件搪锡处理 | 2.1 元器件保护措施工艺要求<br>2.2 元器件耐热等级工艺知识<br>2.3 元器件去金处理工艺要求 |
| | 3．安装 | 3.1 能根据元器件安装条件设计工装<br>3.2 能进行异形件及特殊元器件的安装 | 3.1 安装工装设计知识<br>3.2 印制电路板加工过程防护工艺 |
| | 4．手工焊接 | 4.1 能根据元器件焊端镀层选择焊料及助焊剂<br>4.2 能使用焊接工具焊接细间距表面贴装元器件<br>4.3 能进行异形件、特殊元器件焊接 | 4.1 元器件焊端镀层工艺<br>4.2 细间距表面贴装元器件焊接工艺要求<br>4.3 异形件、特殊元器件焊接工艺 |
| | 5．表面贴装 | 5.1 能识读球栅阵列、柱阵列等封装元器件<br>5.2 能进行异形、特殊元器件贴装操作<br>5.3 能进行表面贴装生产线设备编程 | 5.1 球栅阵列、柱阵列等封装元器件贴装工艺要求<br>5.2 异形、特殊元器件贴装工艺要求<br>5.3 表面贴装生产线设备编程工艺要求 |
| | 6．检查 | 6.1 能操作焊膏测厚仪、X 光检测仪等设备检查印制电路板组装质量<br>6.2 能记录、整理组装质量问题 | 6.1 焊膏测厚仪设备操作工艺要求<br>6.2 印制板组件 X 光检验工艺要求 |
| | 7．返修 | 7.1 能编制返修工艺方案<br>7.2 能操作返修设备进行返修 | 7.1 返修工艺方案编制知识<br>7.2 返修设备操作工艺要求 |
| 整机组装 | 1．现场生产文件准备 | 1.1 能进行现场生产文件齐套性检查<br>1.2 能进行线束图绘制 | 1.1 现场生产文件检查相关<br>1.2 线束图绘制工艺 |
| | 2．安装 | 2.1 能选用不同的安装工具、工装和设备安装组件、部件、整件<br>2.2 能根据安装对象设置安装力矩<br>2.3 能在安装过程中采取必要的保护措施<br>2.4 能利用结构件、紧固件等进行线束固定 | 2.1 力矩设置工艺要求<br>2.2 机电元器件、组件、部件、整件安装工艺要求 |
| | 3．接线 | 3.1 能使用电烙铁进行导线钩焊<br>3.2 能使用电烙铁进行导线绕焊<br>3.3 能使用大功率电烙铁进行热容量大的焊端的焊接 | 3.1 钩焊工艺<br>3.2 绕焊工艺<br>3.3 大功率电烙铁焊接工艺要求 |
| | 4．检查 | 4.1 能检查整机产品组装质量<br>4.2 能编制整机检验记录卡 | 4.1 多余物控制工艺要求<br>4.2 加工过程质量记录卡编制要求 |

续表

| 职业功能 | 工作内容 | 技能要求 | 现场工艺指导和要求 |
| --- | --- | --- | --- |
| 培训与指导 | 1. 培训 | 1.1 能根据生产现场容易出现的操作问题编制培训方案<br>1.2 能编写印制电路板组装、线缆加工、布线等专项内容培训需求 | 1.1 现场示范教学知识<br>1.2 培训需求编写方法 |
| | 2. 指导 | 2.1 能在整个电子产品生产过程中按工艺要求对初、中、高级工及以下级别人员进行现场操作指导<br>2.2 能指导高级工及以下级别人员进行设备操作、维护、保养<br>2.3 能编制印制电路板、线缆、布线等专项内容加工工艺文件 | 2.1 生产实际问题解决措施及要求<br>2.2 计算机操作、软件安装知识<br>2.3 办公软件运用知识 |

### 1. 编制现场加工工艺文件

1）电子产品的组装流程

电子产品是由整机组成的；整机是由部件组成的；部件是由零件、元器件等组成的。由整机组成产品的工作主要是连接和调试，生产的工作不多，这里讲的电子产品生产工艺是指整机的加工工艺。

电子产品的装配过程是先将零件、元器件组装成部件，再将部件组装成整机，其核心工作是将元器件组装成具有一定功能的电路板部件或称为组件（PCBA）。这里所指的电子工艺基本上是指电路板组件的装配工艺。

在电路板组装中，可以划分为机器装配和人工装配两类。机器装配主要是指自动贴片装配（SMT）、自动插件装配（AI）和自动焊接；人工装配是指手工插件、手工补焊、修理和检验等。

生产准备主要包括对将要投入生产的原材料、元器件进行整形处理。这一环节涉及将元器件的引脚弯曲成所需的形状，并根据需要进行预先剪脚。同时，导线也会被整理成所需的长度，并装上插接端子等必要部件。

机器装配是指将印制电路板经过锡膏印刷后，送至自动贴片机上。机器将可安装的元器件精确地放置到印制电路板上的指定位置。然后，通过回流焊接的方式，使这些元器件与电路板牢固焊接在一起。最后，经过自动光学检测仪，对焊接后的组件进行全面检测。

人工装配是指将那些不适合机器装配的元器件，通过手工方式插装到电路板上。然后将电路板送入波峰焊机或浸焊炉中进行焊接。焊接后，个别不合格的部分还需要人工进行补焊和修理。最后，经过ICT静态测试、功能性能的检测和调试以及外观检测等工序，确保电路板的质量，之后即可进入整机装配流程。

2）工艺文件管理格式与成套性

管理工艺文件用的格式有工艺文件封面、工艺文件目录、工艺文件更改通知单、工艺文件明细表等。

工艺文件的成套性：根据产品的具体情况，按照一定的规范和格式配套齐全，保证文件的成套性。

我国电子行业标准SJ/T10324—1992对工艺文件的成套性提出了明确的要求，分别规定了产品在设计定型、生产定型、样机试制或一次性生产时的工艺文件成套性标准。

整机类电子产品在生产性试制定型时的工艺文件至少应该具备下列内容：工艺文件封面、工艺文件明细表、装配工艺过程卡片、自制工艺装备明细表、材料消耗工艺定额明细表、材料消耗工艺定额汇总表等。

**2. 生产现场质量监督管理**

生产现场工艺监督管理就是对于产品总质量的把控，因为它与产品的质量有着直接的关系，如果不能很好地把控生产工艺，那么很难实现产品的完全优质化管理。生产现场工艺监督管理需要注意以下事项。

（1）严格按照生产流程工作，生产车间的工作安排非常细致，每个人负责的事情不一样，每个人需要做好自己的本职工作，不能擅离职守，不能随意改变生产流程和顺序。

（2）严格执行生产工艺，按照规定的标准、工艺、图纸生产，对于图纸和工艺文件中的工艺参数，技术要求等要严格执行，按照规定进行检查，做好每项工作记录。

（3）员工要做好技能培训，对于一些要求比较高的岗位，只有考试合格的员工才能上岗。同时，需要有专门的技术员进行相应指导操作。

（4）对于产品的原材料、半成品等零配件需要入库并做好仔细的检筛，并且安排专人负责接收，只有符合标准和规范的原材料才能进入生产加工流程。

（5）严格按照生产工艺的标准流程进行生产加工，如果需要进行修改或变更，需要提出书面申请，经过专家小组研究再进行决定是否需要改革。技术的修改需要做好记录并做归档处理。对于合理的技术改进，必须实现进行试验、鉴定、审批之后才能使用。

（6）生产用工装需要建立一个完整的库存工装台账，按照合理的规定办理领出、维修、报废手续，做好各个项目的操作记录，合理进行规划管理。

（7）正确使用生产设备，不得破坏生产设备，量具、工位器具等，保持精度和良好的技术状态才能让生产工艺更加流畅合理。

（8）生产管理人员需要每天到生产现场监控管理，查看车间生产的最新状态，了解生产状况，在生产出现异常情况的时候及时解决问题。

# 8.2 质量管理

## 8.2.1 质量程序文件知识

**1. 编写电子产品组装工艺质量控制培训讲义**

电子产品的质量是在设计、制造和使用过程中形成的。

质量的构成因素如表 8-7 所示。

表 8-7 质量的构成因素

| | | |
|---|---|---|
| 质量 | 工作质量 | 人的因素 |
| | | 原材料因素 |
| | | 仪器、仪表因素 |
| | | 生产工艺因素 |
| | | 环境因素 |

续表

| | | | |
|---|---|---|---|
| 质量 | 产品质量 | 功能 | 物理性能 |
| | | | 操作性能 |
| | | | 结构性能 |
| | | | 外观性能 |
| | | | 经济性能 |
| | | 可靠性 | 固有可靠性 |
| | | | 使用可靠性 |
| | | | 环境可靠性 |
| | | 有效性 | 规定条件下实现的功能 |

电子产品组装工艺质量控制是产品制造过程中的质量管理，决定了产品质量能否稳定地达到设计标准。

质量控制培训应包括提升质量意识、质量管理体系知识、技能知识培训。

（1）提升质量意识。质量意识是企业质量培训的首要内容，加强所有人员的素质培养，努力提升全员质量素质。各级员工要认识到质量信誉对企业的重要性，各工序、各工种在制造中的各环节都需要严格执行工艺纪律，严把质量关。做到不合格的原材料不投产，不合格的零部件不转入下道工序，不合格的产品不出厂。

（2）质量管理体系知识。对所有从事与质量有关的员工进行不同层次的质量知识培训。

（3）技能知识培训。技能是指直接为保证和提高产品质量所需的专业技术和操作技能。技能知识培训是质量控制培训中不可缺少的重要组成部分。技能知识培训应本着因人施教、因材施教、因工施教的原则，对员工进行专业理论知识、技能技巧、典型案例等内容进行指导。

### 2. 编写电子产品组装工艺产品防护技术培训讲义

防护技术培训讲义的内容、工艺方法和要求，如表 8-8 所示。

表 8-8　防护技术培训讲义的内容、工艺方法和要求

| 类别 | 防护技术包含内容 | 工艺方法和要求 |
|---|---|---|
| 环境防护设计 | 1．散热设计 | 1.1 妥善放置热源的位置（热源外置、热源单置） |
| | | 1.2 通风散热（通风孔、用风扇强迫风冷） |
| | | 1.3 用散热片加大散热面积并减小热阻 |
| | | 1.4 散热表面涂黑处理帮助热辐射 |
| | | 1.5 采用有源制冷等方法降温 |
| | 2．屏蔽设计 | 2.1 电屏蔽 |
| | | 2.2 磁屏蔽 |
| | | 2.3 电磁屏蔽 |
| | | 2.4 屏蔽线 |
| | 3．防潮、防腐设计 | 3.1 防潮措施 |
| | | 3.2 防腐措施 |
| | 4．防震设计 | 4.1 震动对整机造成的危害 |
| | | 4.2 通常采用的防震措施 |

### 3．编写培训大纲

培训大纲由培训对象、授课时长、课程内容、课程重点、培训方式、预期效果构成。

在编写本次培训大纲时，要对课程针对的是哪类层次的培训学员；预计完成本次课程的时间；本次培训内容的摘要；本次课程中阐述的重点学习内容（理论、技能、技巧、新知识等）；培训采取的方式是什么（面授、实操、视频、网课等），一般都配备课程表；通过本次课程的学习，要使学员达到什么样的学习效果，都要体现在培训大纲的内容之中。

### 4．编写电子产品装接工艺技术培训计划

工艺技术培训计划的内容、工艺方法和要求，如表 8-9 所示。

**表 8-9　工艺技术培训计划的内容、工艺方法和要求**

| 类别 | 装接技术包含内容 | 装接工艺包含内容 | 工艺方法和工艺要求 |
|---|---|---|---|
| 电子产品组装工艺技术 | 安装工艺 | 1. 安装工艺要求 | 1.1 正确装配<br>1.2 保护好产品外观 |
| | | 2. 总装配安装工艺要求 | 2.1 装配工位应按照工艺指导卡进行操作<br>2.2 采用完全互换法安装<br>2.3 在总装流水线上，注意均衡生产，保证产品的产量和质量<br>2.4 在组装过程中出现问题应及时调整工艺方法<br>2.5 电子产品结构不同，安装方法会有区别，安装的工艺方法应有所改变 |
| | | 3. 总装安装工艺原则 | 先轻后重、先小后大、先铆后装、先装后焊、先里后外、先低后高、上道工序不得影响下道工序、下道工序不应该改变上道工序的安装，注意前后工序的衔接，使操作者感到方便，节约工时 |
| | 总装工艺 | 1. 接线要求 | 1.1 接线要整齐、美观<br>1.2 接线的放置要安全、可靠和稳固<br>1.3 连接线要避开整机内锐利的棱角、毛边，防止损坏导线的绝缘层，避免短路或漏电故障<br>1.4 绝缘导线要避开高温元件，防止导线绝缘层老化或降低绝缘强度。<br>1.5 传输信号的连接线要用屏蔽线，防止信号对外干扰或外界对信号形成干扰。避开高频和漏磁场强度大的元器件，减少外界干扰<br>1.6 安装电源线和高压线时，连接点应消除应力，防止连接点发生松脱现象<br>1.7 整机电源引线孔的结构应保证当电源引线传进或以后移动时，不会损伤导线绝缘层。如果引线孔是导电材料，在引线上要加绝缘套<br>1.8 交流电源的接线，应绞合布线，减少对外界的干扰<br>1.9 整机内导线要敷设在空位，避开元器件密集区域，为其他元器件维修提供方便<br>1.10 接线的固定可以使用金属、塑料的固定卡或搭扣，单根导线或导线不多的线束可用黄色胶粘剂进行固定 |
| | | 2. 接线工艺 | 2.1 配线要求<br>2.2 布线原则<br>2.3 布线方法 |
| | | 3. 整机装配 | 3.1 总装工艺是无线电装接工艺技术中重要的环节<br>3.2 电缆组件对接正确性<br>3.3 线束固定<br>3.4 机壳装配 |

### 8.2.2 质量管理体系知识

#### 1. 编写技术文件的实施方案

良好的技术文件不仅是质量管理的基础，还是质量保证体系不可或缺的重要部分。因此，公司每个员工必须执行各种技术文件的规定。

技术文件的管理是指文件的起草、修订、审核、批准、生效、废除、复印、分发、收回及保管一系列过程的活动。所有技术文件必须有系统的编号，以便识别、控制和追踪。

1）编写技术文件的实施方案包含的内容

建立一个技术标准文件的编制规范及编订、审核、批准程序体系，由相关专业技术人员编制所有技术文件。

（1）编订和编订的基本要求：文件标题要明确，能确切表明文件的性质。文件内容要求详尽，数据可靠，术语规范，保证技术标准文件可以被准确理解和使用；内容和法定标准及产品标准文件中的有关部门一致，不得随意修改、偏移；企业内控标准原则上要高于国家法定标准和行业标准，以确保产品始终可以达到法定的规格标准即质量标准；文件要包含所有的项目及参数，不要多余的项目和参数；文件格式按 SOP-DC-001-01 执行，统一用蓝色文件装订；各种文件、技术、质量参数和技术经济定额的度量衡单位均按国家计量法规定执行，采用国际标准计量单位；成品名称按国家法定标准的通用名、英文名及拉丁名为准；成品、中间体、原料分子量一律以最新原子量表计算，取最小数点后两位；化学结构式以最新版本法定标准为准，要与其成品形态一致，注明结晶水。

（2）编订工作程序：编订人依据有关法定标准（或注册标准文件）或验证的结果及资料，参照有关的文件编制规程，起草有关技术标准文件；起草文件后，根据文件编订情况起草一份“文件编订说明”；阐述文件编订的背景及理由、各项指标、标准、程序的编订依据及其他有关事宜；将起草文件的“文件编订说明”一并由编订人员签名、起草日期后送交质量保证部组织有关部门会审。

（3）修订和修订复审条件：法定标准或其他依据文件更新版本导致有所改变；新设备、新工艺、新工房的实施；物料的供货厂家变化，认为有必要的修订标准文件；产品用户意见或回顾性验证结果说明应修订文件；技术标准文件根据经济水平及技术水平的发展需要，每隔 3～5 年复审一次，分别做出予以确认、修订或废止决定。

（4）文件的修订要求同“编订”。文件的修订的工作程序是：由技术文件的实施部门或有关部门提出文件修改申请，填写“文件修订申请单”经质量保证部门批准后（或有资格的技术人员）进行文件修订；文件修订后，要编写“文件修订说明”内容同“编订”，同时要注明原文件编号、修订后文件编号、修订人签字；修订人将修订后的文件，附上“文件修订申请单”及“修订说明”一同交到质量保证部组织会审。

2）审核分为会审和终审

（1）会审：文件编订（或修订）的初稿交到质量保证部的审核人处，由审核人根据文件内容所涉及的部门填写“会审单”，组织传阅文件，进行会审；会审后文件，按规定程序验证，验证合格后进行终审。

（2）终审：文件的初稿及会审意见返回质量保证不后，审核人请编订（修订）人对文件初稿进行修改定稿（如果需再次会审，仍需要会审程序），经审核人送质量保证部经理终审后签字。

（3）批准：上述终审通过的文件报公司总经理进一步审批（需附上编订或修订的说明、会审单），审批无误后，签字批准，签署执行日期，执行“文件发布程序”；上述文件及附件的原稿全部归档，执行文件归档程序。

该文件经主管领导批准后执行。

该文件由生产质量管理部门编写并负责解释。

**2．编写管理规定的实施方案**

电子工业飞速发展，质量是衡量产品适用性的一种度量方式。产品质量的优劣决定产品的销路，也体现出企业的管理水平。

全面质量管理不单纯限于产品的质量，还涉及与之有关的工序质量（人、材料、设备、工艺、环境）和工作质量（组织、管理、技术），以及影响产品质量的各种直接或间接的工作。TQC（全面质量管理）要贯穿于产品生产全过程，企业全员要参与培训管理，质量管理贯穿于编写管理规定的实施方案中。

1）工作现场“6S”管理的实施方案

“6S”具体内容如下。

（1）整理（Seiri）：将现场物品加以分类（不使用的、偶尔使用的和经常使用的）。把不用的清理掉，改善和增加作业面积，提高工作效率；把偶尔用的东西摆放到指定位置，减少磕碰机会，保障生产安全，提高工作质量；把经常使用的东西存放在容易拿到的地方。工作现场要整洁、卫生、有序。过道上绝对不允许堆放任何东西，现场整洁、无杂物；将工作、办公用品摆放整齐；改变作风，提高工作情绪，消除管理上的混放、混料等差错事故。

（2）整顿（Seiton）：人、事、物要加以定量和定位。工作区、物品放置区，通道设置要明确标识；现场所有物品要按规划合理放置；通道畅通，通道上不能放置任何物品。现场要整洁，物品摆放要科学合理，有利于工作。仪器设备、工模夹具及工作台要摆放整齐，按规定编好编号并对应放置；物品要摆放在规定的地点和区域，便于寻找，消除因混放而造成的差错；物品摆放目视化，使定量装载的物品做到过目知数，摆放不同物品的区域采用不同的色彩和标记加以区别；生产现场物品的合理摆放有利于提高工作效率和产品质量，保障生产安全。

（3）清扫（Seiso）：自己使用的物品（如设备、工具等）要自己清扫，而不要依赖他人。地面、墙上要随时打扫干净，无灰尘和乱杂物；工作台要清扫干净、无灰尘，仪器设备、工模具要清理干净；各部门或个人的工作区域在上下班之前一定要进行整理清扫，随时保持厂区整洁；每个员工做到“工作间隙勤清扫、下班之前小清扫、每周结束大清扫”，清除工作场所内的脏污。设备的清扫要着眼于对设备的维护保养及对破损物品的修理。设备清扫要与设备的维检结合起来，清扫设备要同时做设备的润滑工作；清扫也是为了改善，当清扫地面发现有飞屑和油水泄漏时，要查明原因，并采取措施加以改进。随时保持车间的整洁。要求随时保持工作间的整洁，离岗之前要按照要求做好一切善后工作；为使工作能够正常高效地进行，减少故障多发，保证或提高产品质量，使人工作时心情舒畅。必须清扫、清除那些脏物，创建一个明快、舒畅的工作环境。

（4）清洁（Setketsu）：整理、整顿、清扫之后要认真维护。每天上下班花10min做好“6S”工作，每个组员做到随时清除工作场所内的脏污；工作现场要及时清扫，保持整洁有序，对不符合现场或操作规定的情况要及时处理、纠正；随时做好自我检查和互助检查，定期和不定期地检查；要使环境不受污染，消除混浊的空气、粉尘、噪声和污染源，消灭职业病。车间环境整齐，清洁卫生的同时，工人本身要做到清洁：如工作服要清洁，仪表要整洁，及时理发、刮须、修指甲、洗澡等；工人不仅要做到形体上的清洁，而且要做到精神上的“清洁”，待人要讲礼貌、要尊重别人。

（5）素养（Shitsuke）：严格遵守公司的规章制度。员工带工卡，穿工作服且整洁得体，仪容整齐大方；员工运输货物时要小心谨慎，以防止碰伤；员工的时间观念强，不迟到早退；严禁惹是生非，无理取闹，起哄，散布谣言、消极怠工，扰乱正常生产工作秩序，严禁在厂区内赌博、斗殴等违纪违法行为；明确自己的工作标准，按质按量按时完成自己的工作。

提高自身的思想道德素质：员工言谈举止文明，对人要热情大方；员工工作精神饱满，爱护公司公共财物；员工要有团队精神，互相帮助，积极参加“6S”活动；自觉维护公司的整体形象和信誉，上班和工作时间、不准穿拖鞋、不准赤脚、赤膊，男生不允许穿短裤、女生不允许穿超短裙、露背装等不良行为；培养良好的素养、营造团队力量、注重团队合作；积极参与公司的各项活动，尽量提出自己建设性的建议和意见。积极参与公司日常管理，随时向公司提供关于管理、技术、生产作业等各方面的意见和建议。

（6）安全（Safety）：严格遵守各项安全规程，严禁违章指挥和违章作业。谁主管谁负责，严格遵守安全操作规程；操作人员离开岗位要停机，严禁空机运转；遵守劳动纪律、工艺纪律严明，生产井然有序，环境清洁、设备工装保养精良，场地、工位器具布置整齐、合理，厂房通风照明良好。安全文明生产保证体系要明确规定车间或工段工序直至每个生产岗位的任务职责权限和工作标准。安全第一，预防为主。认真执行消防管理细则，不得私自动用各种消防设施和器材、器具，禁烟区内严禁携带火种入内；安全用电，非电工人员不准乱接、拆装电器；保安人员有权在厂区范围内进行检查，发生治安案件，及时进行报告和查破，有关人员应积极协助，对外来人员未经公司办公室批准不得擅自留宿；在生产、工作中必须确保人身、设备、设施的安全，严守国家和公司的机密；各级主管必须进行安全检查，发现的安全隐患必须及时更正。

2）坚持“6S”的三原则

“6S”的三原则包括自我管理的原则、勤俭办厂的原则、持之以恒的原则。

### 3. 职业技术指导方法

1）普通授课

操作介绍：由技术专家或经验丰富的技术员讲解相关知识；应用广泛，费用低，能增加受训人员的实用知识；单向沟通，受训人员参加讨论的机会较少。

适用范围：企业及产品知识、技术原理、心态及职业素养培训。

2）工作指导

操作介绍：由人力资源部经理指定指导专员对受训人员进行一对一指导；受训人员在

工作过程中学习技术、运用技术。

适用范围：操作流程、专业技术技能培训。

3）安全研讨

操作介绍：由生产安全、信息安全管理者主持、受训人员参与讨论；双向沟通，有利于掌握“安全”的重要性和相关规定。

适用范围：安全生产、操作标准培训。

4）录像、多媒体教学

操作介绍：将生产过程录下来，供受训人员学习和研究；间接的现场式教学，节省了指导专员的时间。

适用范围：工艺操作方法等操作标准培训。

4．职业标准知识

国家职业技能标准是在职业分类的基础上，根据职业（工种）的活动内容对从业人员工作能力水平的规范性要求。它是从业人员从事职业活动，接受职业教育培训和职业技能鉴定，以及用人单位录用、使用人员的基本依据。国家职业技能标准由人力资源和社会保障部组织制定并统一颁布。

国家职业技能标准的内容包括职业概况、基本要求、工作要求和比重表4个部分，其中工作要求为国家职业技能标准的主体部分。

职业概况是对本职业的基本情况的描述，包括职业名称、职业定义、职业等级、职业环境条件、职业能力特征、培训要求、鉴定要求等。

基本要求包括职业道德和基础知识。职业道德是指从事本职业工作应具备的基本观念、意识、品质和行为的要求，一般包括职业道德知识、职业态度、行为规范。基础知识是指本职业各等级从业人员都必须掌握的通用基础知识，主要是与本职业密切相关并贯穿于整个职业的基本理论知识、有关法律知识和安全卫生、环境保护知识。

工作要求是在对职业活动内容进行分解和细化的基础上，从技能和知识两个方面对完成各项具体工作所需职业能力的描述。工作要求包括职业功能、工作内容、技能要求、相关知识。其中职业功能是指一个职业所要实现的活动目标，或者是一个职业活动的主要方面(活动项目)。根据不同职业的性质和特点，可按工作领域、项目或工作程序来划分。工作内容是指完成职业功能所应做的工作，可以按种类划分，也可以按照程序划分。每项职业功能一般包含两个或两个以上的工作内容。技能要求是指完成每项工作内容应达到的结果或应具备的技能。相关知识是指完成每项操作技能应具备的知识，主要指与技能要求相对应的技术要求、有关法规、操作规程、安全知识和理论知识等。

比重表包括理论知识比重表和技能比重表。其中，理论知识比重表反映基础知识和每项工作内容的相关知识在培训考核中应占的比例；技能比重表反映各项工作内容在培训考核中所占的比例。

国家职业技能标准作用意义是职业教育培训课程开发的依据。国家职业技能标准通过工作分析方法，描述了胜任各种职业所需的能力，反映了企业和用人单位的用人要求。职业教育和职业培训的课程按照国家职业技能标准进行设置，能够摆脱“学科本位教育”重理论、轻实践，重知识、轻技能和重学业文凭、轻职业资格证书的做法，保证职业教育密切结合生产和工作的需要，使更多的受教育者和培训对象的职业技能与就业岗位相适应。职业技能鉴定命题是按照国家职业技能标准，在对其所要求的知识和技能进行具体化和典型化的基础上，命制用来测量鉴定对象职业能力是否达标的试题或试题库。鉴定考核则是运用职业技能鉴定试题，按照国家职业技能标准规定的时间和方式，组织对鉴定对象的职业能力进行测试。开发制定国家职业技能标准，对于提高广大劳动者素质，引导职业教育培训，推动职业资格证书制度建设，促进就业和劳动力市场建设都将起到积极而重要的作用。

# 练习题

## 一、填空题

1. 基本工艺文件主要包括________、________、________等。
2. 指导技术的工艺文件主要包括________、________。
3. 统计汇编资料主要包括________、________、________。
4. 管理工艺文件用的格式主要包括________、________、________等。
5. 培训方案的特点要具有________、________、________。
6. 工作现场“6S”管理是________、________、________、________、________、________。

## 二、简述题

1. 工艺文件的作用是什么？

2. 工艺流程操作指导讲义的内容包括哪些？

3. 编写培训方案一般包括哪些内容？

4. 质量控制培训讲义应包括哪些内容？

# 参考文献


[1] 卢昆祥．电子设备可靠性实验[M]．北京：电子工业出版社，1984．

[2] 张文典．实用表面组装技术[M]．2 版．北京：电子工业出版社，2006．

[3] 张增照．以可靠性为中心的质量设计分析和控制[M]．北京：电子工业出版社，2010．

[4] 陈强，等．电子设备装接工（高级）[M]．北京：中国劳动社会保障出版社，2010．

[5] 李晓麟．整机装联工艺与技术[M]．北京：电子工业出版社，2011．

[6] 陈强，等．印制电路板的设计与制造[M]．北京：机械工业出版社，2012．

[7] 路文娟，陈华林．表面贴装技术（SMT）[M]．北京：人民邮电出版社，2013．

[8] 黄芹．7 天学会常用电子元器件识别与检测[M]．北京：中国电力出版社，2014．

[9] 沈百渭，等．无线电装接工（初级、中级、高级）[M]．2 版．北京：中国劳动社会保障出版社，2014．

[10] 华成英，等．模拟电子技术基础[M]．5 版．北京：高等教育出版社，2015．

[11] 朱敏波，等．电子设备可靠性工程[M]．西安：西安电子科技大学出版社，2016．

[12] GB/T 19247.2—2003 印制板组装 第 2 部分：分规范 表面安装焊接组装的要求．

[13] GB/T 19405.1—2003 表面安装技术 第 1 部分：表面安装元器件（SMDs）规范的标准方法．

[14] GJB 3835—1999 表面安装印制板组装件通用要求．

[15] GJB 5807—2006 军用印制板组装件焊后清洗要求．

[16] QJ 2465—1993 片状电阻器、电容器手工表面装联工艺技术要求．

[17] QJ 2711—1995 静电放电敏感器件安装工艺技术要求．

[18] QJ 2940A—2001 航天用印制电路板组装件修复和改装技术要求．

[19] QJ 3173—2003 航天电子电气产品再流焊接技术要求．

[20] QJ 3267—2006 电子元器件搪锡工艺技术要求．

[21] QJ 20023—2011 高可靠表面安装印制板组装件设计要求．

[22] QJ 3117A—2011 航天电子电气产品手工焊接工艺技术要求．

[23] QJ 165B—2014 航天电子电气产品安装通用技术要求．

[24] SJ/T 10669—1995 表面组装元器件可焊性试验．

[25] SJ 20882—2003 印制电路组件装焊工艺要求．

[26] 国家职业技能标准职业编码：6-25-04-07 广电和通信设备电子装接工．